高等职业教育机电类专业"十二五"规划教材

中国高等职业技术教育研究会推荐

数控机床调试与维修

曲小源　主编

国防工业出版社

·北京·

内 容 简 介

    本书内容分为数控机床的认识与操作、数控机床硬件连接、数控机床调试、数控机床故障维修四个模块,主要以数控车床和加工中心为典型数控机床,以 FANUC 和华中世纪星为典型数控系统,从浅入深介绍并扩展。每个模块配以相应实践项目,使读者逐步掌握数控机床维修的基本知识与技能,能对数控机床进行连接、调试、故障分析与维修。

    本书可作为高等职业技术院校、成人教育学院等数控技术专业、机电一体化技术专业的教材,亦可作为数控机床调试与维修工程师的参考书。

图书在版编目(CIP)数据

数控机床调试与维修/曲小源主编 . —北京:国防工业
出版社,2014.1
高等职业教育机电类专业"十二五"规划教材
ISBN 978-7-118-08881-6

Ⅰ.①数… Ⅱ.①曲… Ⅲ.①数控机床－调试方法－
高等职业教育－教材②数控机床－机械维修－高等职业
教育－教材 Ⅳ.TG659

中国版本图书馆 CIP 数据核字(2014)第 014517 号

※

国防工业出版社出版发行
(北京市海淀区紫竹院南路 23 号 邮政编码 100048)
腾飞印务有限公司印刷
新华书店经售
*
开本 787×1092 1/16 印张 21½ 字数 494 千字
2014 年 1 月第 1 版第 1 次印刷 印数 1—4000 册 定价 45.00 元

(本书如有印装错误,我社负责调换)

国防书店:(010)88540777   发行邮购:(010)88540776
发行传真:(010)88540755   发行业务:(010)88540717

高等职业教育制造类专业"十二五"规划教材
编审专家委员会名单

主任委员　　方　　新（北京联合大学教授）

　　　　　　　刘跃南（深圳职业技术学院教授）

委　　员　（按姓氏笔画排列）

　　　　　　　王　　炜（青岛港湾职业技术学院副教授）

　　　　　　　白冰如（西安航空职业技术学院副教授）

　　　　　　　刘克旺（青岛职业技术学院教授）

　　　　　　　刘建超（成都航空职业技术学院教授）

　　　　　　　米国际（西安航空学院副教授）

　　　　　　　孙　　红（辽宁省交通高等专科学校教授）

　　　　　　　李景仲（江苏财经职业技术学院教授）

　　　　　　　段文洁（陕西工业职业技术学院副教授）

　　　　　　　徐时彬（四川工商职业技术学院副教授）

　　　　　　　郭紫贵（张家界航空工业职业技术学院副教授）

　　　　　　　黄　　海（深圳职业技术学院副教授）

　　　　　　　蒋敦斌（天津职业大学教授）

　　　　　　　韩玉勇（枣庄科技职业学院副教授）

　　　　　　　颜培钦（广东交通职业技术学院教授）

总　策　划　　江洪湖

总　序

　　在我国高等教育从精英教育走向大众化教育的过程中,作为高等教育重要组成部分的高等职业教育快速发展,已进入提高质量的时期。在高等职业教育的发展过程中,各高校在专业设置、实训基地建设、双师型师资的培养、专业培养方案的制定等方面不断进行教学改革。高等职业教育的人才培养还有一个重点就是课程建设,包括课程体系的科学合理设置、理论课程与实践课程的开发、课件的编制、教材的编写等。这些工作需要每一位高职教师付出大量的心血,高职教材就是这些心血的结晶。

　　高等职业教育制造类专业赶上了我国现代制造业崛起的时代,中国的制造业要从制造大国走向制造强国,需要一大批高素质的、工作在生产一线的技能型人才,这就要求我们高等职业教育制造类专业的教师们担负起这个重任。

　　高等职业教育制造类专业的教材一要反映制造业的最新技术,因为高职学生毕业后马上要去现代制造业企业的生产一线顶岗,我国现代制造业企业使用的技术更新很快;二要反映某项技术的方方面面,使高职学生能对该项技术有全面的了解;三要深入某项需要高职学生具体掌握的技术,便于教师组织教学时切实使学生掌握该项技术或技能;四要适合高职学生的学习特点,便于教师组织教学时因材施教。要编写出高质量的高职教材,还需要我们高职教师的艰苦工作。

　　国防工业出版社组织一批具有丰富教学经验的高职教师所编写的机械设计制造类专业、自动化类专业、机电设备类专业、汽车类专业的教材反映了这些专业的教学成果,相信这些专业的成功经验又必将随着本系列教材这个载体进一步推动其他院校的教学改革。

方新

《数控机床调试与维修》
编 委 会

主　编　曲小源

副主编　李　文　杨　光　来庆忠

参　编　余运昌

主　审　沈景祥

前　言

随着数控技术在制造业中的迅猛发展,我国机械制造业急需大批的数控技能型人才,从而大大促进了数控机床调试与维修技术的快速发展。

"数控机床调试与维修"课程以培养"为现代制造业生产第一线培养具有良好的职业道德、科学工作方法与创新精神,掌握数控技术的理论知识、应用技术和操作技能,能从事数控机床操作、数控机床装调及数控机床维护维修等工作的高素质技能型人才"为目标。本课程是以数控机床为载体,由学校和企业共同对数控机床调试与维修的工作任务和职业能力进行分析,以数控机床的连接、调试及故障维修为主线,确定本课程的教学内容。

本书是从高职教育的实际出发,根据高等职业技术教训要求,确定了编写的指导思想和教材特色,以工程应用为目的,加强了针对性和实用性,强化了实践教学。本书是应示范性高职院校建设的需要,在进行课程整合后进行编写的。将"数控机床概论"、"数控机床电气控制及 PLC"、"数控系统"和"数控机床故障诊断与维修"课程整合为"数控机床调试与维修"这门课程。

本书由作者结合多年的教学实践编写而成,依据国家职业标准,注重理论与实际相结合。在结构安排和表达方式上,由浅入深,循序渐进,并通过实例和图解的生动表现,化繁为简。专业知识紧密联系培养目标,加强技能与能力提高,以期达到国家职业技能鉴定标准和就业能力要求。按照本专业的教学规律和学生的认识规律,使教、学、做融为一体。本书的编写是一项探索性工作,我们真诚希望与同行商榷研讨,以求使其更加适应高职教育的需要。

本书由曲小源任主编,李文、杨光、来庆忠任副主编,余运昌参编,沈景祥任主审。全书由曲小源统稿。本书在编写过程中,得到了青岛职业技术学院、厦门海洋职业技术学院以及诸多专家的大力支持,在此表示衷心感谢!

限于作者的水平和经验,书中难免有不少缺点和错误之处,恳请广大读者批评指正。

编　者

目　　录

模块一　数控机床的认识与操作

1.1　数控机床的了解与认识

一、定义与原理

1. 数控技术(Numerical Control Technique)

用数字化信号对工作过程进行自动控制的技术。

2. 数控系统(NC System)

是一种程序控制系统,它能够自动阅读输入载体上事先给定的程序,并将其译码,从而使机床运动和加工零件。早期数控系统的所有功能都由硬件实现,所以又称为硬件数控。

3. 计算机数控系统(Computerized Numerical Control System)

是一种数控系统,由装有数控系统程序的专用计算机、输入输出设备、PLC、存储器、主轴驱动及进给驱动装置等部分组成,习惯上称为 CNC 系统。

数字控制是相对于模拟控制而言的。数字控制系统或计算机数字控制(CNC)系统,用字长来表示不同精度信息,可进行复杂的算术运算、逻辑运算和信息处理。通过改变软件(而非电路或机械机构)实现信息处理方式和过程的转换,因此具有很好的柔性功能。

由于 CNC 系统方便、可靠及精度高,因而广泛应用于机械运动的轨迹、检测和辅助运动控制等各个方面,其中轨迹控制是机床和工业机器人的主要控制内容。

4. 数控机床(NC Machine)

采用了数控技术的机床或者说装备了数控系统的机床。

从机床应用来说就是将加工过程所需的各种操作(如主轴变速、松夹工件、进刀与退刀、开车与停车、选择刀具、供给冷却液等)和步骤,以及刀具与工件之间的相对位移量都用数字化的代码来表示,通过控制介质将数字信息送入专用的或通用的计算机,计算机对输入的信息进行处理与运算,发出各种指令来控制机床的伺服系统或其它执行元件,使机床自动加工出所需要的工件,如图 1-1 所示。

数控机床在加工前要分析零件图,拟定零件加工工艺方案,明确加工工艺参数,然后按编程规则编制数控加工程序。当加工零件的几何信息和工艺信息转换为数字化信息后,可以用不同方法输入到机床的数控系统中,经检查无误即可启动机床,运行数控加工程序,数控装置会自动完成数控加工程序发出的各种控制指令,直到加工程序运行结束,零件加工完毕为止。数控加工的控制过程与计算机控制打印机打印过程很相似。

图 1-2 为数控加工与传统加工的比较。数控机床与普通机床最显著的区别是:当加工对象(工件)改变时,数控机床只需要改变加工程序(软件),而不需要对机床作较大的调整,即能加工出各种不同的工件。

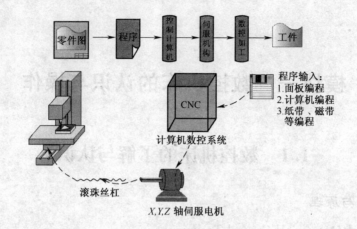

图 1-1 数控原理图

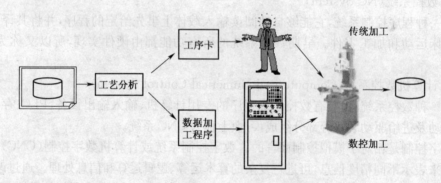

图 1-2 数控加工与传统加工的比较

关于数控机床的更多名词解释见附录 1。

二、产生、发展及今后趋势

随着科学技术的发展,机械产品的结构越来越合理,其性能、精度和效率日趋提高,因此对加工机械产品零部件的生产设备——机床也相应地提出了高性能、高精度与高自动化的要求。

大批大量的产品,如汽车、家用电器的零件等,为了解决高产优质的问题,多采用专用的工艺装备、专用自动化机床或专用的自动生产线和自动化车间进行生产。但是应用这些专用生产设备,生产准备周期长,产品改型不易,因而使新产品的开发周期增长。在机械产品中,单件与小批量产品占到 $70\% \sim 80\%$,这类产品一般都采用通用机床加工,当产品改变时,机床与工艺装备均需作相应的变换和调整,而且通用机床的自动化程度不高,基本上由人工操作,难于提高生产效率和保证产品质量。特别是一些由曲线、曲面轮廓组成的复杂零件,只能借助靠模和仿形机床,或者借助划线和样板用手工操作的方法来加工,加工精度和生产效率受到很大的限制。

数字控制机床,就是为了解决单件、小批量、特别是复杂型面零件加工的自动化并保证质量要求而产生的。

采用数字控制(Numerical Control,NC)技术进行机械加工的思想,最早是于20世纪40年代初提出来的。

1952年,美国麻省理工学院成功地研制出第一台数控铣床(NC Milling Machine),这是世界上公认的第一台数控机床,当时用的电子元件是电子管(Electron Tube)。

1958年,开始采用晶体管(Transistor)元件和印制电路板。美国出现带自动换刀装置(Automatic Tool Changer,ATC)的数控机床,称为加工中心(Machining Center,MC)。从1960年开始,其他一些工业国家,如联邦德国、日本也陆续开发生产出了数控机床。

1965年,数控装置开始采用小规模集成电路(Small Scale Integrated Circuit),使数控装置的体积减小、功耗降低及可靠性提高,但仍然是硬件逻辑数控系统。

20世纪60年代末,出现计算机群控系统,即直接数控(DNC Direct NC)系统。DNC系统使用一台较大型的计算机,控制与管理多台数控机床和数控加工中心,能进行多品种、多工序的自动加工。

1970年,美国芝加哥国际机床展览会首次展出用小型计算机控制的数控机床,这是世界上第一台计算机数字控制(Computer Numerical Control,CNC)的数控机床。

1974年,微处理器(Microprocessor)用于数控装置,促进了数控机床的普及应用和数控技术的发展。

20世纪80年代后期,出现了以加工中心为主体,再配上工件自动更换(AWC Automated Workpiece Changer)与检测装置的柔性制造单元(Flexible Manufacturing Cell,FMC)。

在多台加工中心机床或柔性制造单元的基础上,增加物流存储和必要的工件清洗及尺寸检查设备,并由高一级的计算机对整个系统进行控制和管理,就构成了柔性制造系统(Flexible Manufacturing System,FMS)。

FMC和FMS技术是实现计算机集成制造系统(Computer Integrated Manufacturing System,CIMS)的重要基础。CIMS不仅实现了车间制造过程的自动化,而且实现了从生产决策、产品设计、市场预测直到销售的整个生产活动的自动化,特别是技术和管理工作的自动化,这是当今自动化制造技术发展的最高阶段。

数控技术已经成为衡量现代制造技术水平高低的标志,其拥有量代表着一个国家工业的整体实力。数控技术的应用不但给传统制造业带来了革命性的变化,使制造业成为工业化的象征,而且随着数控技术的不断发展和应用领域的扩大,它对国计民生的一些重要行业(IT、汽车、轻工、医疗等)的发展起着越来越重要的作用,因为这些行业所需装备的数字化已是现代发展的大趋势。当前数控机床呈现以下发展趋势。

1. 高速、高精密化

高速、精密是机床发展永恒的目标。随着科学技术突飞猛进的发展,机电产品更新换代速度加快,对零件加工的精度和表面质量的要求也越来越高。为满足这个复杂多变市场的需求,当前机床正向高速切削、干切削和准干切削方向发展,加工精度也在不断地提高。另一方面,电主轴和直线电机的成功应用,陶瓷滚珠轴承、高精度大导程空心内冷和滚珠螺母强冷的低温高速滚珠丝杠副及带滚珠保持器的直线导轨副等机床功能部件的面市,也为机床向高速、精密发展创造了条件。

数控机床采用电主轴,取消了皮带、带轮和齿轮等环节,大大减少了主传动的转动惯量,提高了主轴动态响应速度和工作精度,彻底解决了主轴高速运转时皮带和带轮等传动的振动和噪声问题。采用电主轴结构可使主轴转速达到10000r/min以上。

直线电机驱动速度高,加减速特性好,有优越的响应特性和跟随精度。用直线电机作伺服驱动,省去了滚珠丝杠这一中间传动环节,消除了传动间隙(包括反向间隙),运动惯量小,系统刚性好,在高速下能精密定位,从而极大地提高了伺服精度。

直线滚动导轨副,由于其具有各向间隙为零和非常小的滚动摩擦,磨损小,发热可忽略不计,有非常好的热稳定性,提高了全程的定位精度和重复定位精度。

通过直线电机和直线滚动导轨副的应用,可使机床的快速移动速度由目前的10～20m/mim提高到60～80m/min,甚至高达120m/min。

2. 高可靠性

数控机床的可靠性是数控机床产品质量的一项关键性指标。数控机床能否发挥其高性能、高精度和高效率,并获得良好的效益,关键取决于其可靠性的高低。

3. 数控机床设计CAD化、结构设计模块化

随着计算机应用的普及及软件技术的发展,CAD技术得到了广泛发展。CAD不仅可以替代人工完成繁琐的绘图工作,更重要的是可以进行设计方案选择和大件整机的静、动态特性分析、计算、预测及优化设计,可以对整机各工作部件进行动态模拟仿真。在模块化的基础上,在设计阶段就可以看出产品的三维几何模型和逼真的色彩。采用CAD,还可以大大提高工作效率,提高设计的一次成功率,从而缩短试制周期,降低设计成本,提高市场竞争能力。

通过对机床部件进行模块化设计,不仅能减少重复性劳动,而且可以快速响应市场,缩短产品开发设计周期。

4. 功能复合化

功能复合化的目的是进一步提高机床的生产效率,使用于非加工辅助时间减至最少。通过功能的复合化,可以扩大机床的使用范围、提高效率,实现一机多用、一机多能,即一台数控机床既可以实现车削功能,也可以实现铣削加工,有的还可以实现磨削加工。宝鸡机床厂已经研制成功的CX25Y数控车铣复合中心机床同时具有X、Z轴以及C轴和Y轴,通过C轴和Y轴,可以实现平面铣削和偏孔、槽的加工。该机床还配置有强动力刀架和副主轴,副主轴采用内藏式电主轴结构,通过数控系统可直接实现主、副主轴转速同步。该机床工件一次装夹即可完成全部加工,极大地提高了效率。

5. 智能化、网络化、柔性化和集成化

21世纪的数控装备将是具有一定智能化的系统。智能化的内容包括在数控系统中的各个方面:为追求加工效率和加工质量方面的智能化,如加工过程的自适应控制,工艺参数自动生成;为提高驱动性能及使用连接方面的智能化,如前馈控制、电机参数的自适应运算、自动识别负载自动选定模型、自整定等;简化编程、简化操作方面的智能化,如智能化的自动编程、智能化的人机界面等;还有智能诊断、智能监控等方面的内容,以方便系统的诊断及维修等。

网络化数控装备是近年来机床发展的一个热点。数控装备的网络化将极大地满足生产线、制造系统、制造企业对信息集成的需求,也是实现新的制造模式,如敏捷制造、虚拟企业、全球制造的基础单元。

数控机床向柔性自动化系统发展的趋势是：从点(数控单机、加工中心和数控复合加工机床)、线(FMC、FMS、FTL、FML)向面(工段车间独立制造岛、FA)、体(CIMS、分布式网络集成制造系统)的方向发展，另一方面向注重应用性和经济性方向发展。柔性自动化技术是制造业适应动态市场需求及产品迅速更新的主要手段，是各国制造业发展的主流趋势，是先进制造领域的基础技术。其重点是以提高系统的可靠性、实用化为前提，以易于联网和集成为目标，注重加强单元技术的开拓和完善。CNC 单机向高精度、高速度和高柔性方向发展。数控机床及其构成柔性制造系统能方便地与 CAD、CAM、CAPP 及MTS 等连接，向信息集成方向发展。网络系统向开放、集成和智能化方向发展。

三、数控机床的分类

(一) 按加工方式和工艺用途分类

这种分类方法和普通机床的分类方法相似，按切削方式不同，可分为数控车床、数控铣床、数控钻床、数控镗床、数控磨床等。有些数控机床具有两种以上切削功能，例如以车削为主兼顾铣、钻削的车削中心；具有铣、镗、钻削功能且带刀库和自动换刀装置的镗铣加工中心(简称加工中心)。另外，还有数控线切割、数控电火花、数控激光加工、数控板材成型、数控冲床、数控剪床、数控液压机等各种功能和不同种类的数控加工机床。

本书着重介绍数控车床、数控铣床和加工中心机床。部分数控机床如图 1-3 所示。

(a) 加工中心 　　　　　　　　　　　　　(b) 数控线切割机床

(c) 数控车床 　　　　　　　　　　　　　(d) 数控铣床

图 1-3　按加工方式分类的典型数控机床

（二）按加工路线分类

数控机床按其刀具与工件相对运动的方式,可以分为点位控制、直线控制和轮廓控制,如图1-4所示。

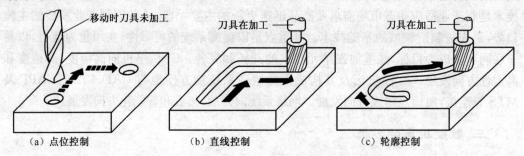

(a) 点位控制　　　　(b) 直线控制　　　　(c) 轮廓控制

图1-4　按加工路线分类的控制方式

（三）按可控制联动的坐标轴分类

所谓数控机床可控制联动的坐标轴,是指数控装置控制几个伺服电动机,同时驱动机床移动部件运动的坐标轴数目。

1. 两坐标联动

数控机床能同时控制两个坐标轴联动,即数控装置同时控制 X 和 Z 方向运动,可用于加工各种曲线轮廓的回转体类零件。或机床本身有 X、Y、Z 三个方向的运动,数控装置中只能同时控制两个坐标,实现两个坐标轴联动,但在加工中能实现坐标平面的变换,如图1-5(a)所示的零件沟槽。

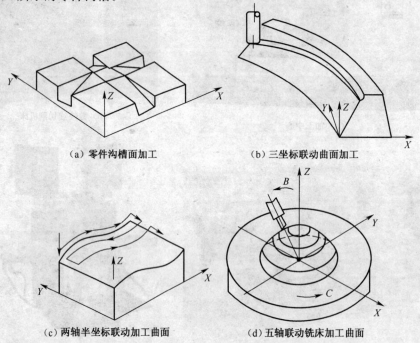

(a) 零件沟槽面加工　　　　(b) 三坐标联动曲面加工

(c) 两轴半坐标联动加工曲面　　　　(d) 五轴联动铣床加工曲面

图1-5　按联动轴数分类的机床加工

2. 三坐标联动

数控机床能同时控制三个坐标轴联动,此时,铣床称为三坐标数控铣床,可用于加工曲面零件,如图1-5(b)所示。

3. 两轴半坐标联动

数控机床本身有三个坐标,能作三个方向的运动,但控制装置只能同时控制两个坐标,而第三个坐标只能作等距周期移动,可加工空间曲面,如图1-5(c)所示零件。数控装置在ZX坐标平面内控制X、Z两坐标联动,加工垂直面内的轮廓表面,控制Y坐标作定期等距移动,即可加工出零件的空间曲面。

4. 多坐标联动

数控机床能同时控制四个以上坐标轴联动,多坐标数控机床的结构复杂、精度要求高、程序编制复杂,主要应用于加工形状复杂的零件。五轴联动铣床可加工曲面形状零件,如图1-5(d)所示。六轴加工中心运动坐标系示意图,如图1-6所示。

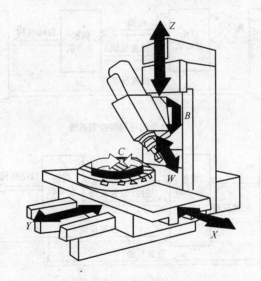

图1-6 六轴加工中心坐标系示意图

（四）按伺服系统有无检测装置分类

按伺服系统有无检测装置可分为开环控制和闭环控制数控机床。在闭环控制系统中,根据检测元件的位置不同又可分为半闭环、全闭环和混合闭环,如图1-7所示。

（五）按数控系统的功能水平分类

数控系统一般分为高级型、普及型和经济型三个档次。数控系统并没有确切的档次界限,其参考评价指标包括CPU性能、分辨率、进给速度、联动轴数、伺服水平、通信功能和人机对话界面等。

四、数控机床的主要组成

总的来说,数控机床由机床本体和计算机数控系统两大部分组成,如图1-8所示。其中,机床本体主要指机床的机械部分。计算机数控系统主要由输入/输出装置、数控装置、PLC及机床外围电路和伺服系统组成。

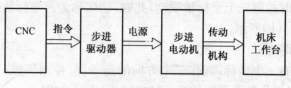

（a）开环伺服控制系统

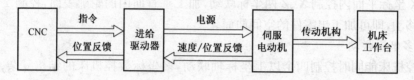

（b）半闭环伺服控制系统

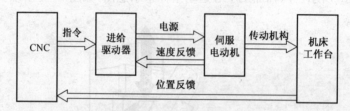

（c）全闭环伺服控制系统

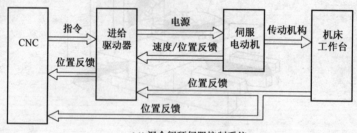

（d）混合闭环伺服控制系统

图 1-7　按检测元件分类的伺服系统

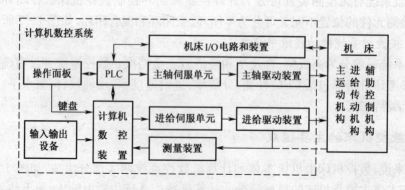

图 1-8　CNC 系统的组成

1. 机床本体

数控机床的本体与普通机床基本类似，即由床身、主轴箱、刀架、进给系统、冷却和润滑系统等部分组成。

2. 输入/输出装置

输入装置将程序、控制参数和补偿数据等通过 CF 卡输入、MDI 手动数据输入、DNC 直接数据输入等形式输入至数控装置。输出装置将各种信息和数据提供给操作人员，以便及时了解控制过程的情况。常用的输出装置有显示器、打印机等。

3. 数控装置

数控机床的核心（相当于"大脑"），其功能是接受输入的加工信息，经过数控装置的系统软件和逻辑电路进行译码、运算和逻辑处理，向伺服系统发出相应的脉冲，并通过伺服系统控制机床运动部件按加工程序指令运动。其中，系统软件包含管理软件（零件程序的输入输出、显示、诊断）和控制软件（译码、刀具补偿、速度控制、插步运算、位置控制）。图 1-9 为常用典型数控装置。

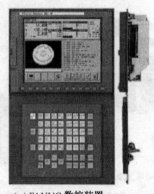 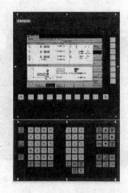

(a) FANUC 数控装置　　　　　　　　　　(b) 西门子数控装置

图 1-9　常用典型数控装置

4. PLC 及机床外围电路

PLC 及机床外围电路是介于数控装置和机床机械、液压部件之间的控制系统。其主要作用是接收数控装置输出的主运动变速、刀具选择变换、辅助装置动作等指令信号，经必要的编译、逻辑判断、功率放大后直接驱动相应的电器、液压、气动和机械部件，以完成指令所规定的动作。PLC 及机床外围电路如图 1-10 所示。

5. 伺服系统

伺服系统由伺服电机、伺服驱动单元、检测反馈系统等组成，也可分为进给伺服系统和主轴伺服系统。通常所说数控系统是指数控装置与伺服系统的集成，因此说伺服系统是数控系统的执行系统。每个进给运动的执行部件都配备一套伺服系统，数控装置发出的速度和位移指令控制执行部件按进给速度和进给方向位移。目前，大部分伺服系统都带有检测装置，在进给系统中直接或间接测量执行部件的实际位移量，并反馈给数控装置，对加工的误差进行补偿；在主轴系统中实现主轴位置及速度的控制，完成数控机床的主轴与进给的同步控制及主轴定向控制等。图 1-11 为某伺服系统组成。

机械侧I/O

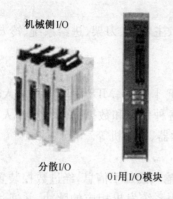

分散I/O　　　0i用I/O模块

(a) I/O 模块

(b) 机床外围电路

图 1-10　PLC 及机床外围电路

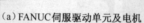

(a) FANUC 伺服驱动单元及电机

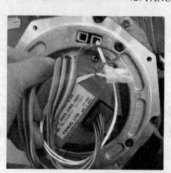

(b) 内装型检测元件

(c) 独立型检测元件

图 1-11　某伺服系统组成

项目 1-1　数控机床的认识

一、目标

认识并了解数控机床各部件及其作用。

二、工具

CAK3675V 数控车床、CK6136 数控车床、XH7132 加工中心等。

三、内容

找出数控机床各主要部件并简述其作用。

	部件名称	个　数	作　用
	数控装置		
伺服系统	主轴驱动器		
	主轴电机		
	主轴编码器		
	进给驱动器		
	进给电机		
	进给编码器		
机床外围	空气开关		
	接触器		
	继电器		
	变压器		
	稳压电源		
机床本体	主轴传动		
	主轴		
	进给传动		
	滚珠丝杠螺母副		
	导轨副		
	行程挡块		
	换刀装置		
补充:			

1.2　数控机床的基本操作

数控机床加工过程主要包括零件的工艺分析、编程、程序的输入、机床加工前的检查、工件及刀具的安装、坐标系的建立、程序校验、零件的自动加工、零件检验和关机后清理。

不同类型、不同数控系统的机床的操作是不同的,但对于数控机床这种自动化机床来说又有许多类似、相通之处。在这里以 FANUC 0iD 和华中 HNC-21/22 数控系统为例介绍。

一、FANUC 0iD 数控系统

1. 数控机床 MDI 面板（图 1-12）

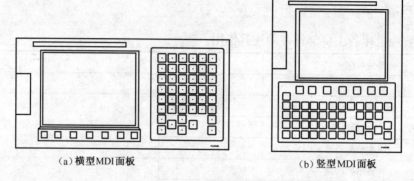

（a）横型MDI面板 　　　　　　　　　　（b）竖型MDI面板

图 1-12　FANUC 0iD 数控系统 MDI 面板

MDI 面板各键说明见表 1-1。

表 1-1　MDI 面板各键说明

图形名称	说　　明
功能键	用于切换不同功能的显示页面
软键	根据不同画面，软键有不同功能。显示在屏幕底端。◁:返回 ▷:继续
地址和数字键	按下这些键可以输入字母，数字或者其他字符
编辑键	编辑程序时按这些键。 ALTER:替换　 INSERT:插入　 DELETE:删除
光标键	→:用于将光标向右或向前移动。光标以小的单位向前移动。 ←:用于将光标向左或往回移动。光标以小的单位往回移动。 ↓:用于将光标向下或向前移动。光标以大的单位向前移动。 ↑:用于将光标向上或往回移动。光标以大的单位往回移动
翻页键	PAGE↑:用于在屏幕上朝前翻页；　PAGE↓:用于在屏幕上朝后翻页
换挡 SHIFT	键盘上有些键具有两个功能，按此键可以在这两个功能之间进行切换。当一个键右下脚的字母可被输入时，就会在屏幕上显示一个特殊字符∧
键入 INPUT	当按下字母键或数字键时，数据被输入到缓冲区，并显示在屏幕上。要将输入缓冲区的数据拷贝到寄存器中，按下此键。这个键与软键中的[INPUT]键是等效的
取消 CAN	按下此键可删除最后一个进入输入缓冲区的字符或符号

12

图形名称	说　明
RESET 复位	按此键可使 CNC 复位,用以消除报警等
HELP 帮助	按此键用来显示如何操作机床,可在 CNC 发生报警时提供报警的详细信息（帮助功能）

功能键说明如下：

POS：按此键显示位置画面；PROG：显示程序画面；OFS/SET：显示刀偏画面/设定画面；SYSTEM：按此键显示系统画面；MESSAGE：显示信息画面；CSTM/GRPH：显示用户宏画面/图形画面。

2. 数控机床 MCP 面板（图 1-13）

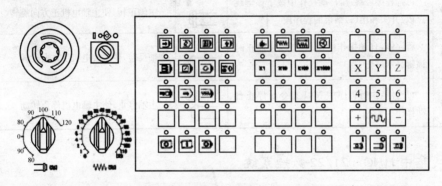

图 1-13　FANUC 标准 MCP 面板

MCP 面板各键说明见表 1-2。

表 1-2　MCP 面板各键说明

图形	说　明	图形	说　明
→	AUTO 方式选择:设定自动运行方式	→□	程序重启,由于刀具破损或节假日等原因自动操作停止后程序可从指定程序段重新启动
⬦	EDIT 方式选择:设定程序编辑方式	WW	空运行,自动方式下按下此键,各轴以空运行速度运动,用于无工件装夹只检查刀具运动
🖐	MDI 方式选择:设定 MDI 方式	→	机械锁住,自动方式下按下此键,各轴不运动,只在屏幕上显示坐标值的变化
⭳	DNC 运行方式选择:设定 DNC 运行方式	⌷	循环启动,自动操作开始

（续）

图形	说明	图形	说明
	参考点返回方式选择：设定返回参考点方式		循环停止，自动操作停止
	JOG 进给方式选择：设定 JOG 进给方式	×1 ×10 ×100 ×1000	手轮进给倍率：1 倍、10 倍、100 倍、1000 倍
	步进进给方式选择：设定步进进给方式		
	手轮进给方式选择：设定手轮进给方式	X Y Z 4 5 6	手动进给轴选择，在手动进给或步进进给方式下，用于轴选择
	手动示教方式选择：设定手动示教方式	+ －	手动进给轴方向选择，在手动进给或步进进给方式下，用于选择相应轴的运动方向
	单程序段信号，一段一段执行程序，该键用来检查程序		快速进给，按下此键执行手动快速进给
	可选程序段跳过，自动操作中按下该键跳过以/开头和用（；）结束的程序段		主轴正转，使主轴电机正方向旋转
	程序停，自动操作中用 M00 程序停止时该键显示灯亮		主轴反转，使主轴电机反方向旋转
	可选停，执行程序中 M01 指令时停止自动操作		主轴停止，使主轴电机停止转动

二、华中 HNC－21/22 数控系统

华中 HNC－21/22 数控系统的操作界面、MDI 面板及 MCP 面板如图 1－14、图 1－15所示。

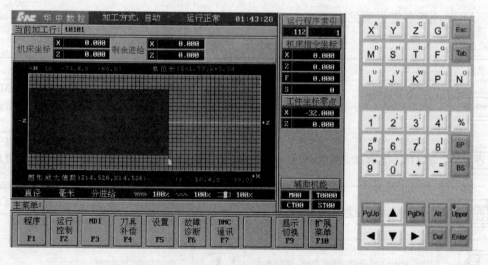

图 1－14　HNC－21/22T 系统操作界面及 MDI 面板

图 1-15　HNC-21/22M 系统机床 MCP 面板

项目 1-2　数控机床的使用

一、目标

能使用数控机床,初步了解机床各部分正常工作时的状态情况。

二、工具

CAK3675V 数控车床、CK6136 数控车床等。

三、内容

简单操作数控机床并认真观察。

1. 开机(顺序、注意事项)

2. 回零

(1) 观察回参考点过程中,"+Z"、"+X"按键指示灯的变化情况。

(2) 观察回参考点过程中,机床坐标系的变化情况。

(3) 观察确定各轴硬极限、参考点位置的挡块和行程开关位置。

3. 换刀操作(安全位置、观察显示屏辅机功能)

(1) 将刀具移到安全位置,并手动换刀。

(2) MDI 下运行换刀操作。

(3) 注意观察上述操作中的换刀过程和刀号显示。

4. 主轴不同转速转动与停止

(1) 手动方式下主轴正转、主轴反转、主轴停止、主轴点动、主轴倍率修调。

(2) MDI 下运行 M、S 指令,自动调速。

(3) 观察主轴实际运转情况和显示屏主轴转速 S。

5. 刀架进给、快移

(1) 在"手动"工作方式、各种进给倍率修调下,按+X、-X、+Z、-Z 移动机床,注意观察进给速度 F 的显示和机床坐标变化,感觉按键的连续控制能力。

(2) 在"手轮/增量"工作方式、各种倍率修调下,摇动手轮,移动机床,注意观察进给速度 F 的显示,机床坐标位置,感觉手轮的连续控制能力。

(3) 回零后,将机床精确移到机床坐标系下的 X-52.316 Z-103.278 位置上。

15

6. 超程（软超程与硬超程）解除

导致软硬超程时，注意以较慢速度移动坐标轴，以免发生较大碰撞、损坏机床。

(1) 致软超程步骤：开机回零后，将刀具向坐标轴某个方向一直移动直至软超程。

解除方式：将刀具向坐标轴超程相反方向移动，解除软超程。

(2) 致硬超程步骤：开机未回零下，将刀具向坐标轴某个方向一直移动直至硬超程。

解除方式：按下超程解除按键（此时注意观察工作方式的变化，直到转换为手动类方式），同时将刀具向坐标轴超程相反方向移动，解除硬超程。观察机床运动情况。

7. 数控装置各菜单的使用

初步了解各菜单功能，特别学会调用故障诊断、参数、PLC 等维修常用菜单。

8. 关机

1.3 数控机床的日常维护

一、数控机床操作维护规程基本内容

数控机床操作维护规程是指导操作正确使用和维护设备的技术性规范，每个操作人员必须严格遵守，以保证数控机床正常运行，减少故障，防止事故发生。数控机床操作维护规程基本内容有以下几方面。

(1) 班前清理工作场地，检查控制装置、各操作手柄是否处于停机位置，安全防护装置是否完整、牢靠，查看电源是否正常，并做好记录。

(2) 查看润滑、液压装置的油质、油量，按润滑图表规定加油，保持油液清洁，油路畅通，润滑良好。

(3) 关好箱门，不允许有水、尘、铁屑等污物进入油箱及电气装置等。

(4) 确认各部位正常无误后，方可空车启动设备。先空车低速运转 3～5min，查看各部位运转正常、润滑良好之后，方可进行工作，不得超负荷、超规范使用。

(5) 工件必须装卡牢固，禁止在机床上敲击夹紧工件。

(6) 操纵变速装置必须切实转换到固定位置，使其啮合正常。

(7) 数控机床运转中要经常注意各部位定位情况，如有异常，应立即停机处理。

(8) 离开机床时必须切断电源。

(9) 数控机床的基准面、导轨、滑动面要注意保养，保持清洁，防止损伤。

(10) 工作完毕后和下班前应清扫机床设备，保持清洁，操作手柄、按钮等置于非正常工作位置，切断电源，办好交接手续。

二、数控机床的日常维护与保养

任何数控机床与普通机床一样，使用寿命的长短和效率的高低，不仅取决于机床的精度和性能，很大程度上也取决于它的正确使用与维护。对数控机床进行日常维护与保养，可延长电气元件的使用寿命，防止机械部件的非正常磨损，避免发生意外的恶性事故，使机床始终保持良好的状态，尽可能地保持长时间的稳定工作。

要做好数控机床日常维护与保养工作，就要求数控机床的操作人员必须经过专门培训,详细阅读数控机床的说明书,对机床有一个全面的了解,包括机床结构、特点和数控系统的工作原理等。不同类型的数控机床日常维护的具体内容和要求不完全相同,但各维护期内的基本原则不变,以此可对数控机床进行定点、定时的检查与维护。

数控机床在使用时应注意以下几点。

(1) 电源要求。电源电压波动必须在允许范围内(一般允许波动±10%),并保持相对稳定。

(2) 数控机床的使用环境(温度、湿度等)。特别注意防止数控装置过热,应经常检查各冷却风扇是否正常。

(3) 防止干扰和振动。

(4) 防止尘埃进入数控装置内(电控柜门不能常打开)。

(5) 数控机床不宜长期封存。

(6) 遵守数控机床操作规程。

(7) 保持清洁。

(8) 查看、保证润滑良好(油质、油量)。

(9) 存储器用电池定期检查与更换。

表1-3列举了一般数控机床各维护周期需要维护与保养的主要内容,发现问题应及时采取必要的措施。

表1-3　数控机床维护与保养的主要内容

序号	检查部位	检查内容			
		每天	每月	每半年	每年
1	切削液箱	观察箱内液面高度,及时添加	清理箱内积存切屑,更换切削液	清洗切削液箱、清洗过滤器	全面清洗、更换过滤器
2	润滑油箱	观察油标上油面高度,及时添加	检查润滑泵工作情况,油管接头松动、漏油否	清洁润滑箱、清洗过滤器	全面清洗、更换过滤器
3	各移动导轨副	清除切屑及脏物,用软布擦净,检查润滑情况,避免划伤	清理导轨滑动面上刮屑板	导轨副上的镶条、压板松动否	检验导轨运行精度,进行校准
4	压缩空气泵(气泵)	检查气泵控制的压力正常否	检查气泵工作状态正常否、滤水管道畅通否	空气管道渗漏否	清洗气泵润滑油箱、更换润滑油
5	气源分水器、自动空气干燥器	检查气泵控制的压力正常否、及时清理分油器滤出的水分	擦净灰尘、清洁空气过滤网	空气管道渗漏否、清洗空气过滤器	全面清洗、更换过滤器
6	液压系统	观察箱体内液面高度、油压力正常否	检查各阀正常否、油路畅通否、接头处渗漏否	清洗油箱、过滤器	全面清洗油箱、各阀,更换过滤器
7	防护装置	清除切削区内防护装置上的切屑与脏物、用软布擦净	用软布擦净各防护装置表面、检查有无松动	折叠式防护罩的衔接处松动否	因维护需要,全面拆卸清理
8	刀具系统	检查刀具夹持可靠否、位置准确否、刀具损伤否	注意刀具更换后,重新夹持的位置正确否	刀夹完好否、定位固定可靠否	全面检查、有必要时更换固定螺钉

17

序号	检查部位	检 查 内 容			
		每天	每月	每半年	每年
9	换刀系统	观察转塔刀架定位、刀库送到、机械手定位情况	检查刀架、刀库、机械手的润滑情况	检查换刀动作的圆滑性、以无冲击为宜	清理主要零部件,更换润滑油
10	显示屏及操作面板	注意报警显示、指示灯的显示情况	检查各轴限位及急停开关正常否、观察显示屏	检查面板上所有操作按钮、开关的功能	检显示屏线路、芯板等的连接,并清除灰尘
11	强电柜与数控柜	冷却风扇工作正常否,柜门关闭否	清洗控制箱散热风扇道的过滤网	清理控制箱内部,保持干净	检查所有电路板、插座、插头、继电器和电缆的接触情况
12	主轴箱	观察主轴运转情况,注意声音、温度的变化	检查主轴上卡盘、夹具、刀柄的夹紧情况,注意主轴的分度功能	检查齿轮、轴承的润滑情况,测量轴承温升正常否	清洗零部件,更换润滑油,检查主传动带,检验主轴精度
13	电气系统与数控系统	运行功能正常否,监视电网电压正常否	直观检查所有电气部件的可靠性。机床长期不用,则需通电空运行	检查一个试验程序的完整运转情况	注意检查存储器电池、检查数控系统的大部分功能情况
14	电动机	观察各电动机运转正常否	观察各电动机冷却风扇正常否	各电动机轴承噪声严重否,必要时可更换	检查电动机控制板情况、保护开关的功能。对于直流电动机要检查电刷磨损、及时更换
15	滚珠丝杠	用油擦净丝杠暴露部位的灰尘和切屑	检查丝杠防护套,清理螺母防尘盖上的污物,丝杠表面涂油脂	测量各轴滚珠丝杠的反向间隙,予以调整或补偿	清洗滚珠丝杠上润滑油,涂上新油脂

另外,还需不定期地检查排屑器,经常清理切屑,检查有无卡住等;不定期清理滤油池,及时取走滤油池中的废油,以免外溢;按机床说明书不定期调整主轴驱动带松紧程度。

思考与练习

1. 简述数控技术、数控机床、FMC、FMS、CIMS 的含义。
2. 数控机床的分类有哪些?
3. 简述数控机床的组成及各部分作用。
4. 简述数控技术和数控机床的发展前景及应用,查阅资料写出报告。
5. 结合实际,给某数控机床制定一份维护安排表。

模块二 数控机床硬件连接

2.1 电气系统初识

2.1.1 数控机床常用电器、基本回路和画法规则

一、数控机床常用控制电器

1. 低压断路器

低压断路器又称为自动空气开关,是将控制和保护的功能合为一体的电器。它常作为不频繁接通和断开的电路的总电源开关或部分电路的电源开关,当发生过载、短路或欠压等故障时能自动切断电路,有效地保护串接在它后面的电器设备,并且在分断故障电流后一般不需要更换零部件。因此,低压断路器在数控机床上使用越来越广泛。

低压断路器工作原理图如图 2-1 所示。

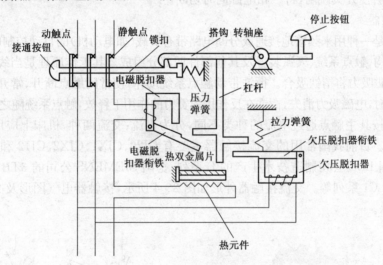

图 2-1 低压断路器工作原理图

低压断路器的主要参数有额定电压、额定电流、极数、脱扣器类型及其额定电流整定范围、电磁脱扣器整定范围、主触点的分断能力等。

数控机床常用的低压断路器有塑料外壳式断路器、小型断路器等。断路器按极数又有单极、二极、三极之分。常见断路器外形如图 2-2 所示,图形和文字符号如图 2-3 所示。

选择低压断路器时应注意:

19

（1）低压断路器的额定电流和额定电压应大于或等于线路、设备的正常工作电流和工作电压。

（2）低压断路器的极限通断电流应等于或大于电路的最大短路电流。

（3）欠电压脱扣器的额定电压等于线路的额定电压。

（4）过电流脱扣器的额定电流应等于或大于线路的最大负载电流。

（a）单极小型断路器

（b）塑料外壳式断路器

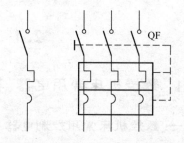
（a）单极断路器　（b）三极断路器

图2-2　断路器实物图　　　　　　　图2-3　断路器电气图形及文字符号

使用低压断路器实现短路保护要比使用熔断器优越。因为当电路短路时，若采用熔断器保护，很有可能只有一相电源的熔断器熔断，造成缺相运行。对于低压断路器来说，只要短路都会使开关跳闸，将三相电源同时切断。

2. 接触器

接触器是一种用来频繁地接通或分断电路带有负载（如电动机）的自动控制电器。接触器由电磁机构、触点系统、灭弧装置及其他部件四部分组成。其工作原理是当线圈通电后，铁芯产生电磁吸力将衔铁吸合。衔铁带动触点系统动作，使常闭触点断开，常开触点闭合。当线圈断电时，电磁吸力消失，衔铁在反作用弹簧力的作用下释放，触点系统随之复位。

接触器按其主触点通过电流的种类不同，分为直流、交流两种，机床上应用最多的是交流接触器。目前我国常用的交流接触器主要有 CJ20、CJX1、CJX2、CJ12 和 CJ10 等系列，引进德国 BBC 公司制造技术生产的 B 系列，德国 SIEMENS 公司的 3TB 系列，法国 TE 公司的 LC1 系列等。交流接触器外形如图2-4所示，接触器电气图形及文字符号如图2-5所示。

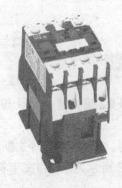

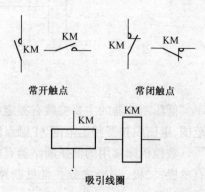
常开触点　　　　　常闭触点

吸引线圈

图2-4　交流接触器外形图　　　　　图2-5　接触器电气图形及文字符号

1) 接触器的主要技术参数

（1）额定电压。接触器铭牌上标注的额定电压是指主触点的额定电压。常用的额定电压等级见表2-1。

（2）额定电流。接触器铭牌上标注的额定电流是指主触点的额定电流。常用的额定电流等级见表2-1。

表2-1　接触器的额定电压和额定电流的等级表

	直流接触器	交流接触器
额定电压/V	110,220,440,660	127,220,380,500,660
额定电流/A	5,10,20,40,60,100,150,250,400,600	5,10,20,40,60,100,150,250,400,600

（3）线圈的额定电压。常用的额定电压等级见表2-2。选用时一般交流负载用交流接触器，直流负载用直流接触器，但交流负载需频繁动作时可采用直流线圈的交流接触器。

表2-2　接触器线圈的额定电压等级表

直流线圈额定电压/V	交流线圈额定电压/V
24,48,100,220,440	36,110,127,220,380

（4）接通和分断能力。指接触器主触点在规定条件下能可靠地接通和分断的电流值。在此电流值下，接触器接通时主触点不应发生熔焊；接触器分断时主触点不应发生长时间的燃弧。若超出此电流值，其分断则是熔断器、断路器等保护电器的任务。

（5）额定操作频率。指每小时的操作次数。交流接触器最高为600次/h，而直流接触器最高为1200次/h。操作频率直接影响到接触器的电寿命和灭弧罩的工作条件，对于交流接触器还影响到线圈的温升。

2) 交流接触器的选择

选择交流接触器时主要考虑主触点的额定电压、额定电流、辅助触点的数量与种类、吸引线圈的电压等级、操作频率等。

（1）根据接触器所控制负载的工作任务（轻任务、一般任务或重任务）来选择相应使用类别的接触器。

（2）交流接触器的额定电压（指触点的额定电压）一般为500V或380V两种，其应等于或大于负载电路的电压。

（3）根据电动机（或其他负载）的功率和操作情况来确定接触器主触点的电流等级。

（4）接触器线圈的电流种类（交流和直流两种）和电压等级应与控制电路相同。

（5）触点数量和种类应满足电路和控制电路的要求。

3. 继电器

继电器是一种根据输入信号的变化接通或断开控制电路的电器。继电器的输入可以是电流、电压等电量，也可以是温度、速度、压力等非电量，输出为相应点动作。

继电器的种类很多，按输入信号的性质分为电压继电器、电流继电器、时间继电器、温度继电器、速度继电器等。按工作原理可分为电磁式继电器、感应式继电器、电动式继电器、热继电器等。

1) 电磁式继电器

电磁式继电器的结构和工作原理与电磁式接触器相似,也是由电磁机构、触点和释放弹簧等部分组成。根据外来信号(电压或电流)使衔铁产生闭合动作,从而带动触点动作,使控制电路接通或断开,实现控制电路的状态改变。值得注意的是,继电器的触点不能用来接通和分断负载电路,这也是继电器和接触器的区别。

图 2-6 为电磁继电器外形图。电气图形与文字符号如图 2-7 所示。

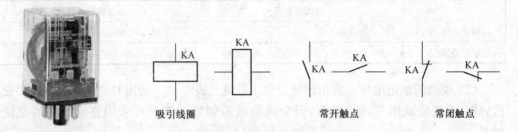

图 2-6 电磁继电器外形图   图 2-7 电磁继电器电气图形及文字符号

电磁式继电器的种类不同,常见有电压继电器、电流继电器和中间继电器。

中间继电器实质上是电压继电器的一种,但它触点多(多至六对或更多),触点电流容量大(额定电流为 5~10A),动作灵敏(动作时间不大于 0.05s)。其主要用途是当其他继电器的触点数或触点容量不够时,可借助中间继电器来扩大它们的触点数或触点容量,起到中间转换的作用。数控机床中使用最多的是小型中间继电器。

机床上常用的型号有 J27 系列交流中间继电器和 J28 系列交直流两用中间继电器。

中间继电器主要依据被控制电路的电压等级和触点的数量、种类及容量来选用。

(1) 线圈电源形式和电压等级应与控制电路一致。如数控机床的控制电路采用直流 24V 供电,则应选择线圈额定工作电压为 24V 的直流继电器。

(2) 按控制电路的要求选择触点的类型(是常开还是常闭)和数量。

(3) 继电器的触点额定电压应大于或等于被控制电路的电压。

(4) 继电器的触点电流应大于或等于被控制电路的额定电流,若是电感性负载,则应降低到额定电流的 50% 以下使用。

2) 时间继电器

时间继电器是一种用来实现触点延时接通或断开的控制电器,按其动作原理与构造不同,可分为电磁式、空气阻尼式、电动式和晶体管式等类型。机床控制电路中应用较多的是空气阻尼式时间继电器,晶体管式时间继电器也获得越来越广泛的应用。数控机床中一般由 PLC 实现时间控制,而不采用时间继电器方式来进行时间控制。

时间继电器有通电延时和断电延时两种,其电气图形及文字符号如图 2-8 所示。

3) 热继电器

热继电器是一种利用电流的热效应工作的保护电器。热继电器由发热元件(电阻丝)、双金属片、传导部分和常闭触点组成,当电动机过载时,通过热继电器中发热元件的电流增加,使双金属片受热弯曲,带动常闭触点动作。热继电器常用于电动机的长期过载保护。当电动机长期过载时,热继电器的常闭触点动作,断开相应的回路,使电动机得到

22

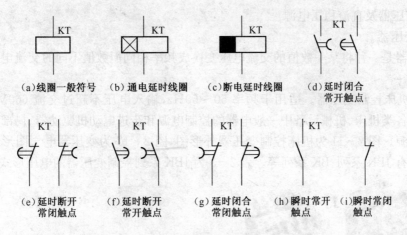

(a)线圈一般符号　(b)通电延时线圈　(c)断电延时线圈　(d)延时闭合
　　　　　　　　　　　　　　　　　　　　　　　　　　　　　常开触点

(e)延时断开　(f)延时断开　(g)延时闭合　(h)瞬时常开　(i)瞬时常闭
　常闭触点　　常开触点　　常闭触点　　触点　　　触点

图2-8　时间继电器的电气图形及文字符号

保护。由于双金属片的热惯性,即不能迅速对短路电流进行反应,而这个热惯性也是合乎要求的,因为在电动机启动或短时间过载时,热继电器不会动作,避免了电动机的不必要停车。

图2-9为热继电器外形图,图2-10为热继电器电气图形及文字符号。

图2-9　热继电器外形图

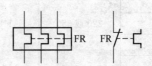

图2-10　热继电器电气图形及文字符号

热继电器选用是否得当,直接影响着其对电动机的过载保护的可靠性。选用时应按电动机形式、工作环境、启动情况及负荷情况等几方面综合加以考虑。

(1)原则上热继电器的额定电流应按电动机的额定电流选择。对于过载能力较差的电动机,其配用的热继电器(主要是发热元件)的额定电流可适当小些。通常,选取热继电器的额定电流(实际上是选取发热元件的额定电流)为电动机额定电流的60%～80%。

(2)在不频繁启动的场合,要保证热继电器在电动机的启动过程中不产生误动作。当电动机启动电流为热继电器额定电流的6倍以及启动时间不超过6s时,若很少连续启动,可按电动机的额定电流选取热继电器。

(3)当电动机为重复短时工作时,首先注意确定热继电器的允许操作频率。因为热继电器的操作频率是有限的,如果用它保护操作频率较高的电动机,那么效果很不理想,有时甚至不能使用。对于可逆运行和频繁通断的电动机,不宜采用热继电器来保护,必要时可采用装入电动机内部的温度继电器。

4. 变压器及直流稳压电源

1）变压器

变压器是一种将某一数值的交流电压变换成频率相同但数值不同的交流电压的静止电器。

（1）机床控制变压器。适用于频率 50～60Hz,输入电压不超过交流 660V 的电路。它常作为各类机床、机械设备中一般电器的控制电源和步进电动机驱动器、局部照明及指示灯的电源。图 2-11 为机床控制变压器外形图,图 2-12 为变压器电气图形及文字符号。常用有 JBK 系列、BK 系列等。表 2-3 为 JBK 系列控制变压器的电压形式。

JBK1   JBK2

图 2-11　机床控制变压器外形图　　　　图 2-12　双绕组变压器电气图形及文字符号

表 2-3　JBK 系列控制变压器的电压形式

额定容量/V·A	初级电压/V	次级电压/V		
		控　制	照　明	指示信号
40				
63				
160	220 或 380	110(127、220)	24(36、48)	6(12)
400				
1000				

（2）三相变压器。在三相交流系统中,三相电压的变换可用三台单相变压器也可用一台三相变压器来实现。从经济性和缩小安装体积等方面考虑,可优先选择三相变压器。在数控机床中三相变压器主要是给伺服驱动系统供电。图 2-13 为三相变压器外形图,图 2-14 为变压器电气图形及文字符号（星形-三角形连接）。

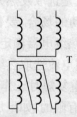

图 2-13　三相变压器外形图　　　图 2-14　三相变压器(星形-三角形连接)电气图形及文字符号

24

变压器的选择主要是依据变压器的额定值。

2）直流稳压电源

直流稳压电源的功能是将非稳定交流电源变成稳定直流电源。在数控机床电气控制系统中，需要稳压电源给驱动器、控制单元、直流继电器、信号指示灯等提供直流电源。在数控机床中主要使用开关电源和一体化电源。

（1）开关电源。开关电源称作高效节能电源，因为其内部电路工作在高频开关状态，所以自身消耗的能量很低，电源效率可达80%左右，比普通线性稳压电源提高近一倍。目前生产的无工频变压器的中、小功率开关电源，仍普遍采用脉冲宽度调制器PWM或脉冲频率调制器PFM专用集成电路。它们是利用体积很小的高频变压器来实现电压变化及电网的隔离，因此能省掉体积笨重且损耗较大的工频变压器。开关电源的外观如图2-15所示，图2-16为直流稳压电源的电气图形及文字符号。

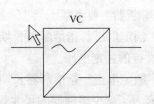

图2-15　开关电源外形图　　　　　图2-16　直流稳压电源电气图形及文字符号

（2）一体化电源。一体化电源是采用外壳传导冷却方式的AC/DC开关电源，作为直流供电电源常应用于数字电路、工业仪表、交通运输、通信设备、工控机等大型设备及科研与实验设备之中。一体化电源外形如图2-17所示。

图2-17　一体化电源外形图

选择电源时需要考虑的问题主要有：电源的输出功率输出路数；电源的尺寸；电源的安装方式和安装孔位；电源的冷却方式；电源在系统中的位置及走线；环境温度；绝缘强度；电磁兼容性；环境条件。

5. 熔断器

熔断器是一种广泛应用的最简单有效的保护电器。在使用时，熔断器串接在所保护的电路中，当电路发生短路或严重过载时，它的熔断体能自动迅速地熔断，从而切断电路，使导线和电气设备不致损坏。

熔断器主要由熔断体(俗称保险丝)和熔座(俗称保险座)两部分组成。熔断体一般由熔点低、易于熔断、导电性良好的合金材料制成。熔断体为一次性使用元件,熔断后,再次工作必须更换。图2-18为熔断体、熔断器及熔断隔离器外形图,图2-19为熔断器电气图形及文字符号。

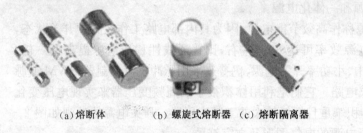

(a)熔断体 　(b)螺旋式熔断器　(c)熔断隔离器

图2-18　熔断器及熔断隔离器外形图　　　图2-19　熔断器电气图形及文字符号

1) 熔断器主要参数

(1) 额定电压。指熔断器长期工作时和分断后能够承受的电压,其值一般等于或大于电气设备的额定电压。

(2) 额定电流。指熔断器长期工作时,设备部件温升不超过规定值时所能承受的电流。厂家为了减少熔断器的尺寸规格,一般熔断管的额定电流等级比较少,而熔体的额定电流等级比较多,即在一个额定电流等级的熔断管内可以分装多种额定电流等级的熔体,但熔体的额定电流最大不能超过熔断管的额定电流。

(3) 极限分断能力。是指熔断器在规定的额定电压和功率因数(或时间常数)的条件下,能分断的最大电流值。在电路中出现的最大电流值一般是指短路电流值,所以,极限分断能力也反映了熔断器分断短路电流的能力。

2) 熔断器的选择

选择熔断器时主要是选择熔断器的类型、额定电压、额定电流及熔断体的额定电流。

(1) 熔断器的额定电压应大于或等于线路的工作电压。

(2) 熔断器的额定电流应大于或等于熔断体的额定电流。

(3) 熔断体的额定电流应大于或等于负载额定电流,即 $I_{re} \geq kI_e$,式中,I_{re} 为熔断体的额定电流,I_e 为负载的额定电流,k 为系数,保护负载越重、启动越频繁等,k 越大。

为防止发生越级熔断,上、下级(供电干、支线)熔断器间应有良好的协调配合,应使上一级(供电干线)熔断器的熔断额定电流比下一级(供电支线)大1~2个级差。

6. 开关电器

1) 行程开关

行程开关是根据运动部件位置而切换电路的自动控制电器,用来控制运动部件的运动方向、行程大小或位置保护。如果把行程开关安装在工作机械的各种行程终点处,限制其行程,它就称为限位开关或终端开关,因此行程开关、限位开关和终端开关是同一开关。它们广泛用于各类机床和起重机械,以控制这些机械的行程。当工作机械运动到某一预定位置时,行程开关就通过机械可动部分的动作将机械信号变换为电信号,以实现对机械的电气控制。图2-20所示为行程开关外形图,图2-21所示为行程开关电气图形及文

26

字符号。

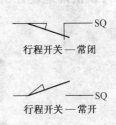

图 2-20　行程开关外形图　　　　　图 2-21　行程开关电气图形及文字符号

2) 接近开关

接近开关是非接触式的监测装置,当运动着的物体接近它到一定距离范围内,就能发出信号。从工作原理看,接近开关有高频振荡型、感应电桥型、霍耳效应型、光电型、永磁及磁敏元件型、电容型、超声波型等多种形式。图 2-22 为接近开关外形图,图 2-23 为霍耳接近开关电气图形及文字符号,图 2-24 为接近开关电气图形及文字符号。

其他开关还有刀开关、万能转换开关、钥匙开关、组合开关等。

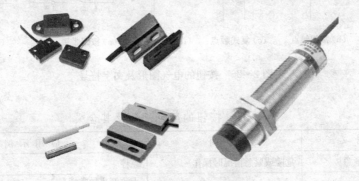

图 2-22　接近开关外形图

图 2-23　霍耳接近开关电气图形及文字符号　　　　图 2-24　接近开关电气图形及文字符号

7. 按钮、指示灯

1) 按钮

按钮通常用来接通或断开控制电路(其中电流很小),从而控制电气设备的运行。原

27

来就接通的触点，称为常闭触点；原来就断开的触点，称为常开触点。按钮外形图及文字符号如图 2-25、图 2-26 所示。国家标准 GB 5226 中对按钮的颜色和标志都有要求，根据这些要求可以正确地设计、识别按钮的功能及含义。按钮的颜色应符合表 2-4 的要求。

图 2-25　控制按钮外形图

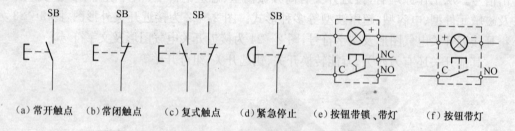

（a）常开触点　　（b）常闭触点　　（c）复式触点　　（d）紧急停止　　（e）按钮带锁、带灯　　（f）按钮带灯

图 2-26　按钮的电气图形及文字符号

表 2-4　按钮的颜色代码及其含义

颜色	含义	说　明	应 用 示 例
红	紧急	危险或紧急情况时操作	急停
黄	异常	异常情况时操作	干预制止异常情况 干预重新启动中断了的自动循环
绿	正常	正常情况时启动操作	
蓝	强制性的	要求强制动作的情况下操作	复位功能
白	未赋予特定含义	除急停以外的一般功能的启动	启动/接通（优先） 停止/断开
灰			启动/接通 停止/断开
黑			启动/接通 停止/断开（优先）

注：如果使用代码的辅助手段（如形状、位置、标记）来识别按钮操作件，则白、灰或黑同一颜色可用于不同功能。

急停和应急断开操作件应使用红色。

启动/接通操作件颜色应为白、灰或黑色，优先用白色，也允许用绿色，但不允许用

28

红色。

停止/断开操作件应使用黑、灰或白色，优先用黑色，不允许用绿色。也允许选用红色，但靠近紧急操作器件的位置，建议不使用红色。

作为启动/接通与停止/断开交替操作的按钮操作件的优选颜色为白、灰或黑色，不允许使用红、黄或绿色。

对于按动它们即引起运转而松开它们则停止运转（即保持－运转）的按钮操作件，其优选颜色为白、灰或黑色，不允许用红、黄或绿色。

复位按钮应为蓝、白、灰或黑色。如果它们还用做停止/断开按钮，最好使用白、灰或黑色，优先选用黑色，但不允许用绿色。

除上述颜色识别以外，建议按钮用下列符号标记，标记可做在其附近，最好直接标在操作件之上，见表2-5。

表2-5　按钮标记

启动和接通	停止或断开	启动或停止和接通或断开交替动作的按钮	按动即运转松开则停止运转的按钮（即保持-运转）
60417-2-IEC-5007	60417-2-IEC-5008	60417-2-IEC-5010	60417-2-IEC-5011

2）指示灯

指示灯用来发出下列形式的信息。

（1）指示。引起操作者注意或指示操作者应该完成某种任务。红、黄、绿和蓝色通常用于这种方式。

（2）确认。用于确认一种指令、一种状态或情况，或者用于确认一种变化或转换阶段的结束。蓝色和白色通常用于这种方式，某些情况下也可用绿色。

图2-27为指示灯外形图，图2-28为指示灯电气图形及文字符号。指示灯的颜色应符合表2-6的要求。

HL

图2-27　指示灯外形图　　　　图2-28　指示灯电气图形及文字符号

表2-6　指示灯的颜色及其相对应状态的含义

颜色	含义	说　明	操作者的动作
红	紧急	危险情况	立即动作去处理危险情况（如操作急停）

颜色	含义	说　明	操作者的动作
黄	异常	异常情况、紧急临界情况	监视和（或）干预（如重建需要的功能）
绿	正常	正常情况	任选
蓝	强制性	指示操作者需要动作	强制性动作
白	无确定含义	其他情况	监视

8. 导线、电缆及配线技术

数控机床上主要使用动力线、控制线、信号线 3 种类型的导线,相对应亦有 3 种类型的电缆。

导线和电缆的选择应适用于工作条件(如电压、电流、电击的防护,电缆的分组)和考虑可能存在的外界影响(如环境温度、存在水或腐蚀物质、燃烧危险和机械应力,包括安装期间的应力),因而导线的横截面积、材质(铜或铝等)、绝缘材料都是设计时需要考虑的,可以参照相关的技术选型手册。

1) 导线的分类

导线一般分为 4 种类型,见表 2-7。1 类导线主要用于固定的、不移动的部件之间,但它们也可用于出现极小弯曲的场合,条件是截面积应小于 0.5mm²。频繁运动(如机械工作每小时运动一次)的所有导线,均应采用 5 类或 6 类绞合软线。

表 2-7　导线的分类

类别	说　明	用 法/用 途
1	铜或铝圆截面硬线,一般至少 16mm²	只用于无振动的固定安装
2	铜或铝最少股的绞芯线,一般大于 25mm²	
5	多股细铜绞合线	用于有机械振动的安装,连接移动部件
6	多股极细铜软线	用于频繁移动

2) 连线和布线

一般要求如下:

(1) 所有连接,尤其是保护接地电路的连接应牢固,没有意外松脱的危险。

(2) 连接方法应与被连接导线的截面积及导线的性质相适应。对铝或铝合金导线,要特别考虑电蚀问题。

(3) 只有专门设计的端子,才允许一个端子连接两根或多根导线,但一个端子只应连接一根保护导线。

(4) 只有提供的端子适用于焊接工艺要求才允许焊接连接。

(5) 接线座的端子应清楚做出与电路图上相一致的标记。

(6) 软导线管和电缆的敷设应使液体能排离该装置。

(7) 当器件或端子不具备端接多股芯线的条件时,应按拢合绞心束的办法布线。不允许用焊接方式来达到此目的。

(8) 屏蔽导线的端接部位应防止绞合线磨损并应容易拆卸。

(9) 识别标牌应清晰、耐久,适合于实际环境。

（10）接线座的安装和接线应使内部和外部配线不要跨越端子（见 GB 14048.7—1998）。

导线和电缆敷设：

（1）导线和电缆的敷设应使两端子之间无接头或拼接点。如果不能在接线盒中提供端子（如可移式机械、机械带长软电缆等）允许接头或拼接。

（2）为满足连接和拆卸电缆和电缆束的需要，应提供足够的附加长度。

（3）电缆端部应夹牢，以防止导线端部的机械应力。

（4）只要可能就应将保护导线靠近有关的负载导线安装，以便减小回路阻抗。

不同电路的导线可以并排放置，只要这种安排不削弱各自电路的原有功能，可以穿在同一通道中（如导线管或电缆管道装置），也可以处于同一多芯电缆中。如果这些电路的工作电压不同，应把它们用适当的隔板彼此隔开，或者把同一管道的导线都用最高绝缘电压导线。

3）导线的标志

一般要求如下：

（1）导线应按照技术文件的要求在每个端部做出标记。

（2）当用颜色代码作导线标记时，可采用下列颜色：黑、棕、红、橙、黄、绿、蓝（包括浅蓝）紫、灰、白、粉红、青绿。

（3）如果采用颜色做标记，建议在导线全长上使用带颜色的绝缘或颜色标记。另一种可行办法是在选定的位置上增加附加标记。

（4）由于安全原因，在有可能与黄/绿双色组合发生混淆的场合，不应使用绿色或黄色。

（5）可以使用上面列出颜色的组合色标，只要不发生混淆和不使用绿或黄色，不过黄/绿双色组合标记除外。

保护导线的标志：

（1）应依靠形状、位置、标记或颜色使保护导线容易识别。当只采用色标时，应在导线全长上采用黄/绿双色组合。保护导线的色标绝对是专用的。

（2）对于绝缘导线，黄/绿双色组合应在任意 15mm 长度的导线表面上，一种颜色的长度占 30%～70%，其余部分为另一种颜色。

（3）如果保护导线能容易地从其形状、结构（如编织导线）上或位置上识别，或者绝缘导线一时难以购得，则不必在整个长度上使用颜色代码，而应在端头或易接近位置上清楚地标示 GB/T 5465.2—1996 中 5019 图形符号或用黄/绿双色组合标记。

中线的标志：

（1）如果电路包含有用颜色识别的中线，其颜色应为浅蓝色。在可能混淆的场合，不应使用浅蓝色来标记其他导线。

（2）如果采用色标，用做中线的裸导线应在每个 15～100mm 宽度的间隔或单元内，或在易接近的位置上用浅蓝色条纹作标记，或在导线整个长度上作浅蓝色标记。

其他导线的标志：

（1）其他导线应使用颜色（单一颜色或单色、多条纹）、数字、字母、颜色和数字或字母的组合来标志。采用数字时应为阿拉伯数字；采用字母时应为拉丁字母。

（2）建议绝缘导线使用下列颜色：

黑色——交流和直流动力电路。

红色——交流控制电路。

蓝色——直流控制电路。

橙色——由外部电源供电的连锁控制电路。

允许以下例外情况：

——外购的独立器件的内部配线。

——买不到所需颜色的绝缘导线时，可用其他颜色的导线。

——采用没有黄/绿双色组合的多芯电缆。

二、基本电气回路

1. 自锁控制

图 2-29 所示为三相异步电动机单向全压启动、停止控制线路。主电路由断路器 QF、接触器 KM 的主触点、电动机构成。控制回路由停止按钮 SB1、启动按钮 SB2、接触器线圈 KM 和接触器线圈辅助常开触点 KM 组成。启动时，合上 QF，按下 SB2，则 KM 线圈通电，KM 主触点和辅助常开触点闭合，电动机开始转动。当松开 SB2 后，由于 KM 线圈自身的辅助常开触点保持通电，KM 线圈仍处于通电状态，这种状态称为自锁。当按下停止按钮 SB1 时，KM 线圈断电释放，KM 主触点和辅助常开触点断开，控制回路解除自锁，电动机停止转动，松开 SB1 后控制回路也不能自行启动。自锁控制的电气原理图如图 2-29 所示。

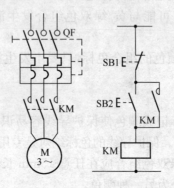

图 2-29 接触器自锁电路

接触器 KM 的辅助常开触点与启动按钮 SB2 并联，起到自锁作用。

2. 互锁控制

生产中常需要电动机能实现正反两个方向的转动，如数控机床主轴的正反转。由三相异步电动机的原理可知，只要将电动机接到三相电源中的任意两根连线对调，即可使电动机反转。

如图 2-30 所示，启动按钮 SB2、SB3 使用复合按钮，复合按钮的常闭触点用来断开转向相反的接触器线圈的通电回路，两个接触器的常闭触点 KM1、KM2 起互锁作用，即当一个接触器通电时，其常闭触点断开，使另一个接触器线圈不能通电。

按下启动按钮 SB2 时，KM1 吸合，KM2 断电；按下启动按钮 SB3 时，KM2 吸合，

32

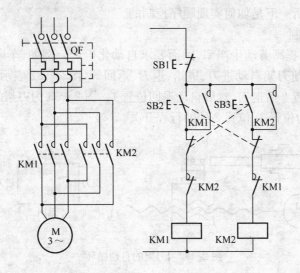

图 2-30 互锁控制线路

KM1 断电。按下停止按钮 SB1 时,KM1 和 KM2 断电。

KM1 和 KM2 是互锁的,KM1 和 KM2 不能同时通电吸合。

3. 实现按顺序工作的联锁控制

生产实践中经常要求各种运动部件之间能够实现按顺序工作。例如,车床主轴转动前要求油泵先给齿轮箱供油润滑,即要求保证润滑泵电动机启动后主轴电动机才允许启动。如图 2-31 所示,将油泵电动机接触器 KM1 常开触点串入主轴电动机接触器 KM2 的线圈电路中实现这一联锁。图 2-31 中 SB2、SB4 分别为油泵电动机的启动、停止按钮;SB3、SB5 分别为主轴电动机的启动、停止按钮。

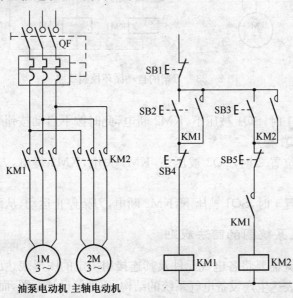

图 2-31 联锁控制线路

请读者自己分析一下是如何实现顺序控制的。

4. 自动循环控制

为了降低成本,提高劳动生产率,因而要求自动化生产。例如,车床车削螺纹时通过使用行程开关达到使刀架自动进刀、进给、退刀、返回等,图 2-32 表示刀架的自动循环,要求刀架移动到位置 2 后退刀,然后自动退回位置 1。图 2-33 为刀架的自动循环控制线路,SQ1、SQ2 分别为位置 1、位置 2 处的行程开关。

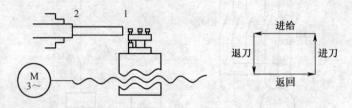

图 2-32　刀架的自动循环

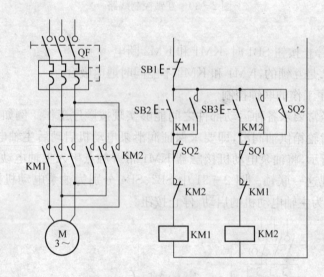

图 2-33　刀架的自动循环控制线路

当刀架在位置 1 时,SQ1 被压下,KM2 断电,此时按下启动按钮 SB2,KM1 吸合,刀架向位置 2 运动,SQ1 松开。

当刀架运动到位置 2 时,SQ2 被压下,KM1 失电,KM2 得电,刀架向位置 1 后退,SQ2 松开。

当刀架退至位置 1 时,SQ1 被压下,KM2 断电,刀架停止运动,从而实现了循环控制。

三、机床电气系统图的画法规则

电气系统的设计需要将各电气元件及其连接用一定的图形表达出来,这种图就是电气系统图。它不仅表达生产设备电气系统的结构、原理等设计意图,而且便于进行电气元件的装调、使用和维修。电气系统图有电路图、框图、接线图、安装图和设备元器件清单。各种图的图纸尺寸一般选用 210mm × 297mm、297mm × 420mm、297mm × 630mm、

297mm×841mm 四种幅面,特殊需要可按 GB/T 14689—1993 选用其他尺寸。

1. 图形符号及文字符号

在绘制电气系统图时,电气元件的图形符号和文字符号必须符合国家标准的规定,不能采用任何非标准符号。我国电气设备有关行业标准和国家标准有 JB/T 2739《工业机械电气图用图形符号》、JB/T 2740《工业机械电气设备电气图、图解和表的绘制》、GB 4728《电气图用图形符号》、GB/T 5226《工业机械电气设备》、GB 6988《电气制图》和 GB 7159《电气技术中的文字符号制订通则》(见附录 2)等。读者在设计时应采用最新的国家标准或行业标准。

2. 图面区域的划分

图面分区应是偶数。每一分区的长度等距离,一般不小于 25mm,不大于 75mm。竖边从上到下用拉丁字母,横边从左到右用阿拉伯数字分别编号。分区代号用该区域的字母和数字表示,如 B3、C5。分区便于检索电气线路,方便阅读分析。图区横向编号方向的"主轴电动机"、"刀架电动机"、"冷却电动机"等字样,表明它对应的下方元件或电路的功能,以利于理解全电路的工作原理。

3. 符号位置的索引

图中每个符号或元件的位置可以用代表行的字母、代表列的数字或代表区域的字母数字组合来表示。必要时还需注明图号、张次,也可引用项目代号。符号位置的索引,通常用图号/页次/位置的组合索引法。图 5789/16/B3 代表图号为 5789 的第 16 张图上的 B3 区。

4. 接触器和继电器触头图区索引

接触器和继电器线圈与触头的从属关系,应用附图表示。即在电路图下方相应线圈处给出触头的图形符号,并在其下面注明相应触头的索引号,未用触头不标。

5. 技术数据的标注

电气元件的技术数据,除在电气元件明细表中标明外,有时也可用小号字体注在其图形符号的旁边。例如,交流接触器 KM1 主触点图形符号的旁边的小号字体"9A"表示交流接触器 KM1 的主触点的额定电流为 9A。

6. 电路图的基本绘制原则

电路图是为了便于阅读和分析电气系统,它是采用简明、清晰、易懂的原则,根据电气系统的工作原理来绘制的。在电路图中只包括所有电气元件的导电部分和接线端子之间的相互关系,并不按照电气元件的实际布置和实际接线情况来绘制。下面结合后续介绍的典型数控机床的电路图,说明绘制电路图的基本规则和注意事项。

(1) 原理图中,所有电动机、电器等元件都应采用国家统一规定的图形符号和文字符号来表示。属于同一电器的线圈和触点,都要用同一文字符号表示。当使用相同类型电器时,可在文字符号后加注阿拉伯数字序号来区分。

(2) 原理图一般分为主电路和辅助电路两部分画出。主电路就是从电源到电动机绕组的大电流通过的路径。辅助电路包括控制回路、照明电路、信号电路及保护电路等,一般由继电器的线圈和触点、接触器的线圈和触点、按钮、照明灯、信号灯、控制变压器等电气元件组成。一般主电路用粗实线表示,画在左边(或上部);辅助电路用细实线表示,画在右边(或下部)。

（3）原理图中,各电气元件的导电部件如线圈和触点的位置,应根据便于阅读和分析的原则来安排,绘在它们完成作用的地方。同一电气元件的各个部件可以不画在一起。

（4）原理图中,所有电器触点都按没有通电或没有外力作用时的开闭状态画出。如继电器、接触器的触点,按线圈未通电时的状态画;按钮、行程开关的触点按不受外力作用时的状态画;控制器按手柄处于零位时的状态画等。

（5）原理图中,有直接电联系的交叉导线的连接点,要用黑圆点表示。无直接电联系的交叉导线,交叉处不能画黑圆点。

（6）原理图中,无论是主电路还是辅助电路,各电气元件一般应按动作顺序从上到下、从左到右依次排列,可水平或垂直布置。

7. 接线图的绘制原则

接线图,主要用来表明电气系统中所有电器元件、电机的实际位置,标出各电器元件及电机之间的接线关系和接线去向,为安装电气设备、在电器元件之间进行配线、检修电气故障提供必要的资料。接线图是根据电器位置布置最合理、连接导线最经济的原则来安排的。一般来说,绘制接线图应按照以下原则。

（1）各电器不画实体,以图形符号代表,各电器元件的位置均与实际安装位置一致。

（2）各电气元件的文字符号及接线端子的编号应与原理图一致,并按原理图连接。

（3）不在同一处的电器元件的连接应通过接线端子进行。

（4）画连接导线时,应标明导线的规格、型号、根数及穿线管的尺寸。

2.1.2　典型数控机床电气系统初识

本书重点以 CK6136 数控车床为例介绍。如图 2-34 所示,采用 FANUC 0i mate TD 数控系统,主轴变频无级调速,机床为两轴联动,FANUC βiSVU 伺服系统,配有四工位刀架,可满足不同需要的加工。具有可开闭的半防护门,确保操作人员的安全。机床适于多品种、中小批量产品的加工,对复杂、高精度零件更显示其优越性。

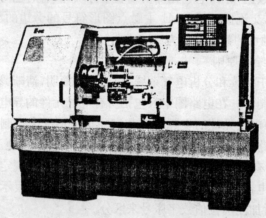

图 2-34　CK6136 数控车床

一、CK6136 数控车床的组成

机床由底座、床身、主轴箱、大拖板（纵向拖板）、中拖板（横向拖板）、电动刀架、尾座、

防护罩、CNC 系统、电气部分、冷却、润滑等部分组成。其传动系统如图 2-35 所示。

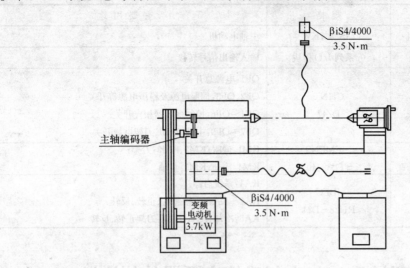

图 2-35 传动系统

机床主轴的旋转运动由 3.7kW 变频主轴电动机经皮带传动至主轴,获得全程范围内的无级变速。Z 坐标为大拖板左右运动方向,X 坐标为中拖板前后运动方向,它们的运动均由 βiS4/4000 交流永磁伺服电动机与滚珠丝杠直联实现。

为保证主轴转一圈,刀架移动一个导程,安装了一个主轴编码器来实现螺纹车削。主轴至编码器的传动比为 1∶1。主轴编码器配合纵向进给交流伺服电动机,保证主轴转一圈,刀架移动一个导程(即被加工螺纹导程)。

除上述运动外,还有冷却电动机的启、停,电动刀架的转位等控制。

二、CK6136 数控车床电气系统主要器件

CK6136 数控车床电气原理图见附录 4,其电气控制设备主要器件见表 2-8。

表 2-8 CK6136 数控车床电气控制设备主要器件

序号	名　称	规　格	主　要　用　途
1	数控装置	FANUC 0i mate TD	控制系统
2	控制变压器	AC380/220V 500W	交流接触器电源、主电机风机
		AC380/24V 500W	照明灯电源
3	伺服变压器	3P AC380/200V 2.5kW	伺服电源
			开关电源、MCC 回路电源
4	开关电源	AC200/DC24V 5A	CNC、I/O、伺服、中间继电器、三色灯电源
5	伺服驱动器	βiSV 20	X 轴电动机伺服驱动器
		βiSV 20	Z 轴电动机伺服驱动器
6	伺服电动机	βiS4/4000(3.5N·m)	X 轴进给电动机
		βiS4/4000(3.5N·m)	Z 轴进给电动机
7	主轴驱动器	FR-D740-3.7K-CHT	主轴电动机驱动器

序号	名 称	规 格	主 要 用 途
8	主轴电动机	MS/3.7KW	主轴电动机
9	I/O模块	0i系列I/O模块	输入输出信号转接
10	空气开关	CHNT DZ47	QF1:电源总开关 QF2、QF3:伺服电源及稳压电源等开关 QF4~QF6:控制变压器相应开关 QF7~QF9:主轴、冷却、刀架电源开关
11	接触器	SIEMENS 3TB39、40	KM1:伺服;KM2、KM3:刀架; KM4:冷却;KM5:主轴
12	继电器	IDEC RU28-D24	KA1:系统启停; KA2~KA4:主轴通电、正转、反转 KA5:冷却;KA6、KA7:刀架正转、反转

项目2-1　电气系统主要器件的认识

一、目标

认识并了解数控机床电气系统主要器件及其作用。

二、工具

CAK3675V数控车床、CK6136数控车床、XH7132加工中心等。

三、内容

找出数控机床各电气元件,并说明其主要功能。

部件名称	型号/规格	作 用
数控装置		
变压器		
直流稳压电源		
伺服驱动器		
伺服电动机		
主轴驱动器		
主轴电动机		
I/O模块		
空气开关		
接触器		
继电器		

2.2 数控系统

数控系统是数控机床的核心,数控机床根据功能和性能的要求配置不同的数控系统。系统不同,其性能、信号流程及故障维修方法也有差别,因此,应按所使用数控系统的特点进行维修。

目前,我国数控机床行业占据主导地位的数控系统有日本的FANUC(发那科)、德国的SIEMENS(西门子)、我国的华中等公司的数控系统及相关产品。本模块以FANUC和华中系列产品为例介绍现代数控系统的组成连接。在此之前,先来了解一下什么是数控装置的接口,以及接口电路的主要任务。

数控装置的接口,是数控装置与机床各功能部件(主轴模块、进给伺服模块、PLC模块等)进行信息传递、交换和控制的端口。接口在数控系统中占有重要的位置。不同功能模块与数控系统相连接,采用与其相应的接口。接口电路的主要任务如下:

(1) 进行信号的输入输出。

(2) 进行电平转换和功率放大。因为一般数控装置的信号是TTL逻辑电路产生的电平,而控制机床的信号则不一定是TTL电平,且负载较大,因此,要进行必要的信号电平转换和功率放大。

(3) 提高数控装置的抗干扰性能,防止外界的电磁干扰噪声而引起误动作。接口采用了光电耦合器件或继电器,避免信号直接连接。

2.2.1 FANUC数控系统的组成与连接

自1965年以来,FANUC一直致力于工厂自动化产品CNC的开发。公司采用了先进的开发手段及先进的生产制造设备,为全世界的机械工业提供了高性能、高可靠性的众多的系列数控产品和智能机械。

20世纪80年代,日本FANUC公司推出了FANUC 0C/0D数控系统,FANUC 0C/0D系列曾是中国市场上销售量最大的一种系统,它是一种采用高速32位微处理器的高性能CNC系统。

20世纪90年代,公司逐步推出了高可靠性、高性能、模块化的FANUC 16/18/21/0iA系列CNC系统。FANUC 16系统最多可控8轴,6轴联动;FANUC 18系统最多可控6轴,4轴联动;FANUC 21系统最多可控4轴,4轴联动。FANUC 0iA系统由FANUC 21系统简化而来,是具有高可靠性、高性价比的数控系统,最多可控4轴,4轴联动,只有基本单元,无扩展单元。

20世纪90年代末,随着网络技术的发展,FANUC公司开发出具有网络控制功能的超小型CNC系统FANUC 16i/18i/21i系列。在FANUC 21i系统的基础上先后开发出了适合我国经济情况的FANUC 0iB和FANUC 0iC系列的CNC系统。

近几年公司推出了FANUC 30i/31i/32i系列,适用于5轴加工机床,复合加工机床、多系统机床等复杂的高端机床。FANUC 0iD系统由FANUC 32i系统简化而来,适用于中小型机床及通用机床。

FANUC 0i Mate 系统是目前世界上最小的数控系统，它可靠性强、性价比卓越。国内数控机床厂家多以此系统作为性能要求不太高的数控车床、数控铣床的主要配置。

一、系统配置

图 2-36、图 2-37 为常见的 FANUC 16i/18i/21i 和 FANUC 0iD 的系统配置。

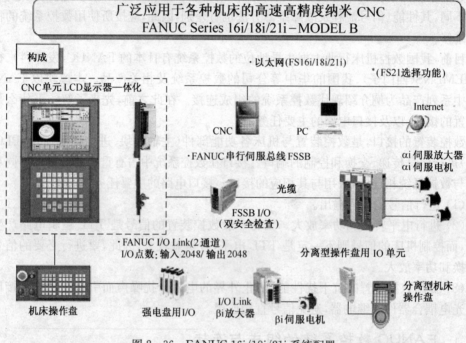

图 2-36　FANUC 16i/18i/21i 系统配置

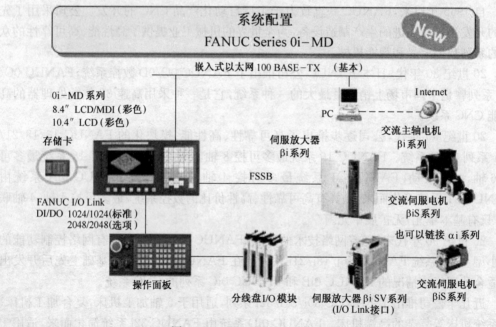

图 2-37　FANUC 0iD 系统配置

二、FANUC 0iD 数控系统主机

FANUC 0iD 系统 CNC 由主 CPU、存储器、数字伺服轴控制卡、主板、显示卡、内置 PMC、LCD 显示器、MDI 键盘等构成,将显示卡集成在主板上。FANUC 0iD 数控系统方框图如图 2-38 所示。系统主板及其位置、规格如图 2-39(a)所示,系统轴卡及其位置、规格如图 2-39(b)所示,系统存储卡及其位置、规格如图 2-39(c)所示。

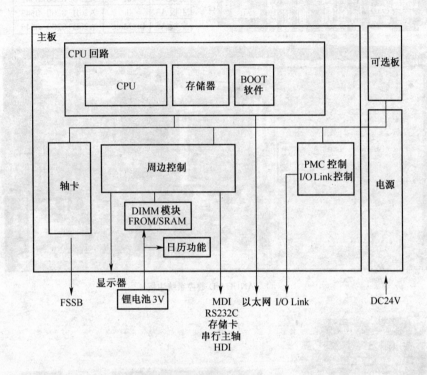

图 2-38　FANUC 0iD 数控系统方框图

主 CPU 负责整个系统的运算、中断控制等。

存储器包括 FLASH ROM、SRAM、DRAM。FLASH ROM 存放着 FANUC 公司的系统软件和机床应用软件,主要包括插补控制软件、数字伺服软件、PMC 控制软件、PMC 应用软件(梯形图)、网络通信控制软件、图形显示软件等。SRAM 存放着机床制造商及用户数据,主要包括系统参数、加工程序、用户宏程序、PMC 参数、刀具补偿及工件坐标系补偿数据、螺补数据等。DRAM 作为工作存储器,在控制系统中起缓存作用。

伺服控制中的全数字运算以及脉宽调制功能采用应用软件来完成,并打包装入 CNC 系统内(FLASH ROM)。支撑伺服软件运行的硬件环境就是数字伺服轴控制卡(简称轴卡),由 DSP 以及周边电路组成。

主板包括 CPU 外围电路、I/O Link、数字主轴电路、模拟主轴电路、RS232C 数据输入输出电路、MDI 接口电路、高速输入信号、闪存卡接口电路等。

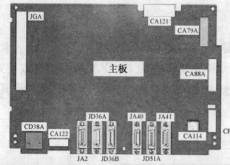

名称	机型	规 格
主板 A0	0i	A20B-8200-0540
主板 A1	0i	A20B-8200-0541
主板 A2	0i	A20B-8200-0542
主板 A3	0i	A20B-8200-0543
主板 A5	0i Mate	A20B-8200-0545

（a） FANUC 0iD 数控系统主板

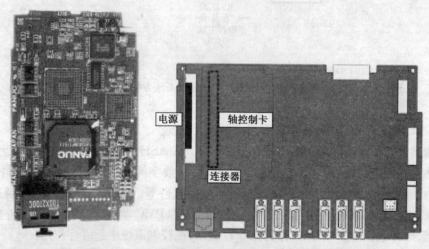

名称	规格	功能	备注
轴卡 A1	A20B-3300-0635	1 路径用 最大 2 轴	最大轴数
轴卡 A2	A20B-3300-0638	1 路径用 最大 4 轴	根据机型
轴卡 B2	A20B-3300-0632	2 路径车床用 最大 6 轴	而另行受
轴卡 B3	A20B-3300-0631	2 路径车床用 最大 8 轴	到限制
电源（无插槽）	A20B-8200-0560	无插槽	
电源（2 插槽）	A20B-8200-0570	2 插槽	

（b） FANUC 0iD 数控系统轴卡

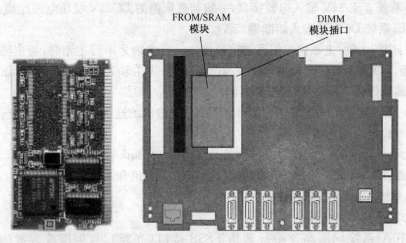

名称	规格	功能	备注
FROM/SRAM模块A1	A20B-3900-0242	FROM 64MB SRAM 1MB	FROM中存储有各类控制
FROM/SRAM模块B1	A20B-3900-0240	FROM 128MB SRAM 1MB	软件和用户软件。SRAM
FROM/SRAM模块B2	A20B-3900-0241	FROM 128MB SRAM 2MB	为有电池后备的存储器

（c）FANUC 0iD 数控系统存储卡

图 2-39　FANUC 0iD 数控系统主机

三、FANUC 0iD 数控系统接口与连接

图 2-40 是 FANUC 0iD 数控系统单元及接口。其接口主要包括电源接口 CP1、主轴接口 JA40 和 JA41、伺服接口 COP10A、I/O 接口 JD51A、通信接口 JD36A 和 JD36B 等。

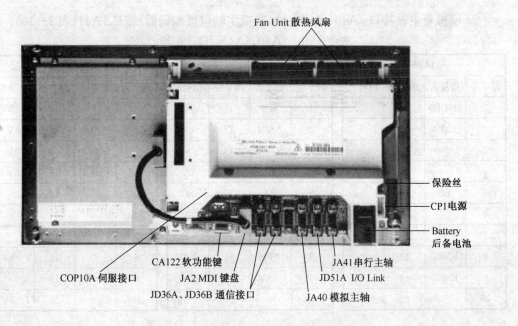

图 2-40　FANUC 0iD 系统单元及接口图

CP1：系统直流 24V 输入电源接口，一般与机床侧的 DC24V 稳压电源连接。

FUSE：系统 DC24V 输入熔断器(5A)。

JA41：串行主轴/主轴位置编码器信号接口。当主轴为串行主轴时，与主轴放大器的 JA7B 连接，实现 CNC 系统与主轴模块的信息传递；当主轴为模拟量主轴时，该接口又是主轴位置编码器的主轴位置反馈信号接口。

JA40：模拟量主轴的速度信号接口，CNC 系统输出的速度信号(0~10V)与变频器的模拟量频率设定端相连接。

JD51A：外接的 I/O 卡或 I/O 模块信号接口(I/O Link 控制)。

JD36A、JD36B：RS-232-C 串行通信接口(0、1 通道和 2 通道)。

JA2：系统 MDI 键盘信号接口。

CA122：系统操作软键信号接口。

COP10A：系统伺服高速串行通信 FSSB 接口(光缆)，与伺服放大器的 COP10B 连接。

Battery：系统备用电池(3V 标准锂电池)。

Fan Unit：系统散热的风扇(两个)。

1. 电源接口 CP1(表 2-9)

表 2-9 电源接口 CP1

端子号	信号名	CP1 说明
1	+24V	电源直流 24V
2	0V	0V
3	PE	接地

2. 模拟量主轴接口 JA40、串行主轴(模拟主轴位置编码器)接口 JA41(表 2-10)

表 2-10 JA40、JA41、JD51A 接口

JA40				JA41				JD51A			
端子号	信号名	端子号	信号名	端子号	信号名	端子号	信号名	端子号	信号名	端子号	信号名
1	(HDI0)	11		1	SIN	11		1	SIN	11	0V
2	(0V)	12		2	*SIN	12	0V	2	*SIN	12	0V
3		13		3	SOUT	13		3	SOUT	13	0V
4		14		4	*SOUT	14	0V	4	*SOUT	14	0V
5	ES	15		5	PA	15	SC	5		15	
6		16		6	*PA	16	0V	6		16	
7	SVC	17		7	PB	17	*SC	7		17	
8	ENB1	18		8	*PB	18	+5V	8		18	(+5V)
9	ENB2	19		9	+5V	19		9	(+5V)	19	
10		20		10		20	+5V	10		20	(+5V)

模拟量主轴连接如图 2-59 所示，串行主轴连接如图 2-61 所示。

3. 伺服控制接口 COP10A

伺服控制采用光缆连接,连接均为级连结构,如图 2-41 所示。

4. I/O Link 接口 JD51A(表 2-10)

I/O 连接如图 2-42 所示。

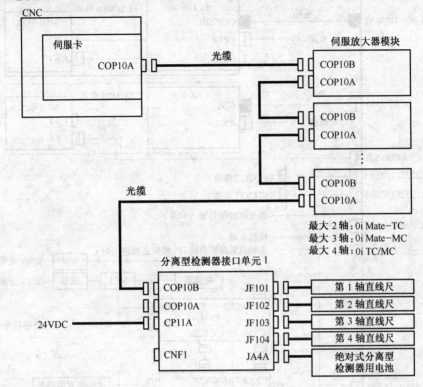

图 2-41　伺服连接

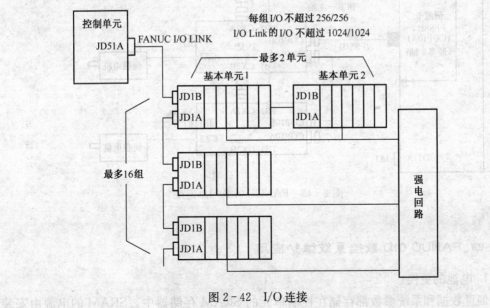

图 2-42　I/O 连接

45

图 2-43 为 FANUC 0i 系列总连接图。

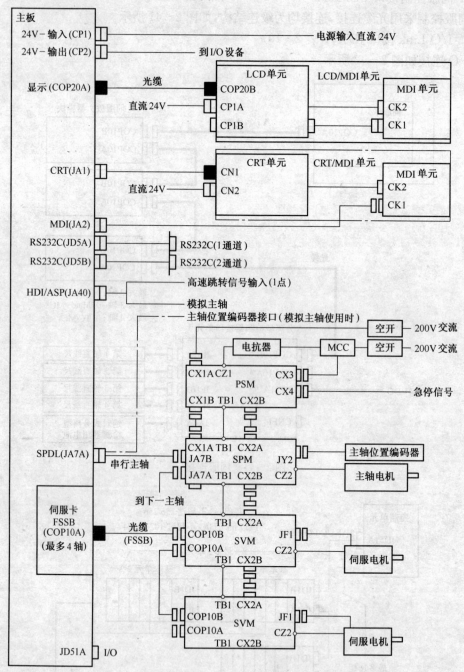

图 2-43 FANUC 0i 系列总连接

四、FANUC 0iD 数控系统维护应用

1. 电池的更换

偏置数据和系统参数都存储在控制单元的 SRAM 存储器中。SRAM 的电源由安装

46

在控制单元上的锂电池供电。因此,即使主电源断开,上述数据也不会丢失。一般来讲,电池可将存储器内保存的数据保持一年。电池更换方法如下(图2-44)。

(1) 接通机床(CNC)的电源约30s,然后断开电源。

(2) 拉出CNC单元背面右下方的电池单元。

(3) 安装上准备好的新电池单元。

注意:从(1)~(3)的步骤应在30min内完成!

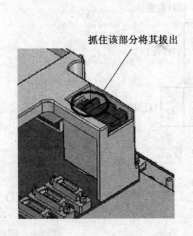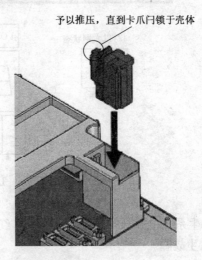

图2-44　电池更换

2. 风扇电机的更换

系统风扇电机的更换方法如下(图2-45)。

(1) 更换风扇电机时,务须切断机床(CNC)的电源。

(2) 拉出要更换的风扇电机。

(3) 安装新的风扇单元。

注意:打开机柜更换风扇电机时,不要触到高压电路部分!

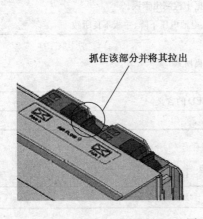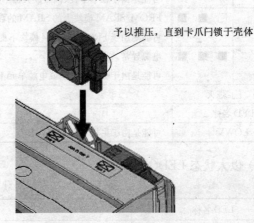

图2-45　风扇的更换

3. LED 状态显示(图 2-46)

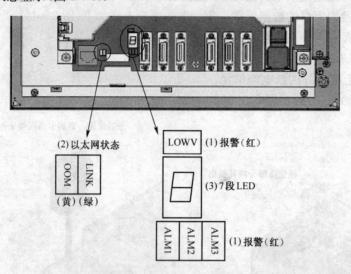

(2) 以太网状态

OOM / LINK
(黄)(绿)

LOWV —— (1) 报警(红)

(3) 7 段 LED

ALM1 ALM2 ALM3 —— (1) 报警(红)

图 2-46　LED 显示

(1) 发生系统报警时的报警 LED 显示(红色 LED),见表 2-11。红色 LED 点亮时,说明硬件发生故障。

表 2-11　LED 显示

No.	报警 LED 1 2 3	LED 的含义
1	□ ■ □	电池电压下降。 可能是因为电池寿命已尽
2	■ ■ □	软件检测出错误而使得系统停止运行
3	□ □ ■	硬件检测出系统内故障
4	■ □ ■	轴卡上发生了报警。 可能是由于轴卡不良、伺服放大器不良、FSSB 断线等原因所致
5	□ ■ ■	FROM/SRAM 模块上的 SRAM 的数据中检测出错误。 可能是由于 FROM/SRAM 模块不良、电池电压下降、主板不良所致
6	■ ■ ■	电源异常。 可能是由于噪声的影响或电源单元不良所致

■:点亮　□:熄灭

LED 名称	LED 的含义
LOWV	可能是由于主板不良所致

(2) 以太状态 LED(表 2-12)。

表 2-12　以太网状态 LED

LED 名称	LED 的含义
LINK(绿)	与 HUB 正常连接时点亮
COM(黄)	收发数据时点亮

(3) 7 段 LED。7 段 LED 显示根据 CNC 的动作状态而发生变化。有关从接通电源到进入可以动作的状态之前,以及发生系统错误时的 7 段 LED 显示,请参阅 0iD 数控系统维修说明书。

2.2.2 华中数控系统

华中世纪星 HNC-21/22 系列数控单元采用先进的开放式体系结构,内置嵌入式工业 PC 机,配置 7.5 英寸彩色液晶显示屏和通用工程面板,集成进给轴接口、主轴接口、手持单元接口、内嵌式 PLC 接口于一体,支持硬盘、电子盘等程序存储方式以及软驱、DNC、以太网等程序交换功能,具有低价格、高性能、配置灵活、结构紧凑、易于使用、可靠性高的特点,主要应用于小型车、铣加工中心。

一、华中世纪星 HNC-21/22 数控装置接口

HNC-21/22 数控装置的所有接口如图 2-47 所示。

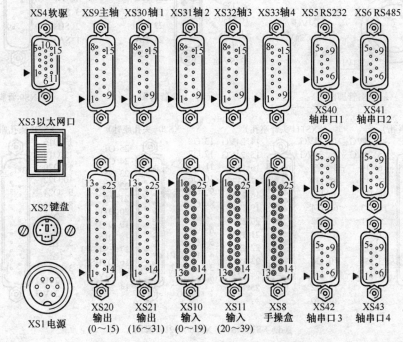

图 2-47　HNC-21/22 数控装置的所有接口

(1) XS1:电源接口;XS2:外接 PC 键盘接口;XS3:以太网接口;XS4:软驱接口;

(2) XS5:RS232 接口;XS6:远程 I/O 板接口;XS8:手持单元接口;XS9:主轴控制接口;

(3) XS10、XS11:输入开关量接口;XS20、XS21:输出开关量接口;

(4) XS30~XS33:模拟式、脉冲式(含步进式)进给轴控制接口;

(5) XS40~XS43:串行式 HSV-11 型伺服轴控制接口。

二、HNC-21/22 数控装置主要接口管脚图

(1) 电源接口:XS1,其管脚如图 2-48(a)所示。

（2）手持单元：XS8，其管脚如图 2 - 48（b）所示。

（3）主轴控制接口：XS9，其管脚如图 2 - 48（c）所示。

（4）开关量输入、输出接口：XS10/XS11、XS20/XS21，其管脚如图 2 - 48（d）所示。

（5）进给轴控制接口：模拟式、脉冲式伺服和步进电动机驱动单元控制接口 XS30～XS33，其管脚如图 2 - 48（e）所示。串行（HSV - 11 系列）伺服控制接口 XS40～XS43，其管脚如图 2 - 48（f）所示。

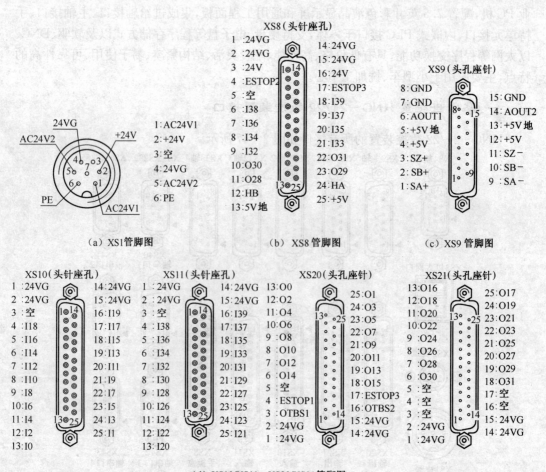

（a）XS1管脚图　　　　　　（b）XS8管脚图　　　　　　（c）XS9管脚图

（d）XS10/XS11、XS20/XS21管脚图

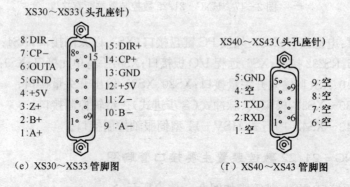

（e）XS30～XS33管脚图　　　　　（f）XS40～XS43管脚图

图 2 - 48　HNC - 21/22 数控装置主要接口管脚图

项目 2-2 数控系统接口与连接

一、目标

熟悉数控系统接口及其功能。

二、工具

CAK3675V 数控车床、CK6136 数控车床、XH7132 加工中心等。

三、内容

(1) 对照华中 HNC-21/22 数控系统,找出常用接口:电源接口、主轴接口、相应进给轴接口、输入输出接口、手摇接口、RS232 接口、以太网接口,并简单描述其功能。

(2) 某数控车床,主要配置如下图,请进行连接。

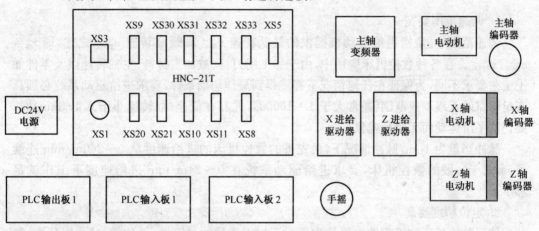

(3) 某数控车床,采用 FANUC 0i TD 系统,找出相应的电源接口、主轴接口、伺服轴接口、通信接口和 I/O Link 接口并进行连接。注:模拟量主轴和串行主轴连接方式不同。

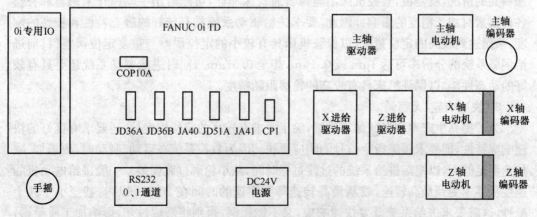

(4) 在 FANUC 0i(mate) D 数控系统开机过程中,观察 LED 状态显示。

2.3　进给和主轴系统

2.3.1　进给驱动系统概述

进给驱动系统的性能在一定程度上决定了数控系统的性能和数控机床的等级,因此,在数控技术发展的过程中,进给驱动系统的研制总是放在首要的位置。

数控装置所发出的控制指令,是通过进给驱动系统来驱动机械执行部件,最终实现机床精确的进给运动。数控机床的进给驱动系统是一种位置随动与定位系统,它的作用是快速、准确地执行由数控装置发出的运动命令,精确地控制机床进给传动链的坐标运动。它的性能指标决定了数控机床的许多性能指标,如最高移动速度、轮廓跟随精度、定位精度等。

一、数控机床对进给驱动系统的要求

1. 调速范围要宽

调速范围 r_n 是指进给电动机提供的最低转速 n_{min} 和最高转速 n_{max} 之比,即 $r_n = n_{min}/n_{max}$ 。在各种数控机床应用中,由于加工用刀具、被加工材料、主轴转速以及零件加工工艺要求不同,为保证在任何情况下都能得到最佳切削条件,要求进给驱动系统必须具有足够宽的无级调速范围(通常大于 1∶10000),尤其在低速(如转速小于 0.1r/min)时,要仍能平滑运动而无爬行现象。

脉冲当量为 1μm/脉冲情况下,最先进的数控机床的进给速度从 0~240m/min 连续可调,对于一般的数控机床,要求进给驱动系统在 0~24m/min 进给速度下工作就足够了。

2. 定位精度要高

使用数控机床加工零件主要是为了保证加工质量的稳定性、一致性,减少废品率;解决复杂曲面零件的加工问题;解决复杂零件的加工精度问题,缩短制造周期等。数控机床是按预定的程序自动进行加工的,避免了操作者的人为误差。但是,它不能应付事先没有预料到的情况,就是说,数控机床不能像普通机床那样,可随时用手动操作来调整和补偿各种因素对加工精度的影响。因此,要求进给驱动系统具有较好的静态特性和较高的刚度,从而达到较高的定位精度,以保证机床具有较小的定位误差与重复定位误差(目前进给伺服系统的分辨率可达 1μm 或 0.1μm,甚至 0.01μm),同时进给驱动系统还要具有较好的动态性能,以保证机床具有较高的轮廓跟随精度。

3. 快速响应,无超调

为了提高生产率和保证加工质量,除了要求有较高的定位精度外,还要求有良好的快速响应特性,即要求跟踪指令信号的响应要快。因为数控系统在启动、制动时,要求加、减加速度足够大,以缩短进给系统的过渡过程时间,减小轮廓过渡误差。一般进给电动机的速度从零速变到最高转速,或从最高转速降至零速的时间在 200ms 以内,甚至小于几十毫秒,这就要求进给系统既要快速响应,又不能超调,否则将形成过切,影响加工质量;另一方面,当负载突变时,要求进给电动机速度的恢复时间也要短,且不能有振荡,这样才能

得到光滑的加工表面。

数控机床要求进给电动机必须具有较小的转动惯量、大的制动转矩、尽可能小的机电时间常数和启动电压,电动机具有 4000r/s² 以上的加速度。

4. 低速大转矩,过载能力强

数控机床要求进给驱动系统有非常宽的调速范围,例如,在加工曲线和曲面时,拐角位置某轴的速度会逐渐降至零速,这就要求进给驱动系统在低速时保持恒力矩输出,无爬行现象,并且具有长时间内较强的过载能力和频繁的启动、反转、制动能力。一般来说,伺服驱动器具有数分钟甚至 0.5h 内 1.5 倍以上的过载能力,在短时间内可以过载 4～6 倍而不损坏。

5. 可靠性高

数控机床,特别是自动生产线上的设备要求具有长时间连续稳定工作的能力。由于数控机床的维护、维修较复杂,因此,要求数控机床的进给驱动系统可靠性高、工作稳定性好,具有较强的温度、湿度、振动等环境适应能力和很强的抗干扰能力。

二、进给驱动系统的分类

进给驱动系统有多种分类方法,常见的分类方法如下:

(1) 按执行元件的类别,可分为步进电动机、直流电动机、交流电动机进给驱动系统。

(2) 按有无检测元件和反馈环节,可分为开环、闭环控制两类。

1. 按执行元件分类

1) 步进电动机进给驱动系统

步进电动机驱动系统选用功率型步进电动机作为驱动元件。它主要有反应式和混合式两类。反应式价格较低,混合式价格较高,但混合式步进电动机的输出力矩大,运行频率及升降速度快,因而性能更好。为克服步进电动机低频共振的缺点,进一步提高精度,步进电动机驱动装置一般提供半步/整步选择,甚至细分功能,并得到了广泛的应用。步进驱动系统在我国经济型数控机床和旧机床数控改造中起到了极其重要的作用。

2) 直流电动机进给驱动系统

直流伺服驱动系统从 20 世纪 70 年代到 20 世纪 80 年代中期,在数控机床领域占据了主导地位。大惯量直流电动机具有良好的宽调速特性,其输出转矩大,过载能力强。由于电动机自身惯量较大,与机床传动部件的惯量相当,因此,所构成的闭环系统安装在机床上,几乎不需再做调整(只要安装前调整好),使用十分方便。

3) 交流电动机进给驱动系统

由于直流伺服电动机使用机械(电刷、换向器)换向,因此存在许多缺点。而直流伺服电动机优良的调速特性正是通过机械换向得到的,因而这些缺点是无法克服的。多年来,人们一直试图用交流电动机代替直流电动机,其困难在于交流电动机很难达到直流电动机的调速性能。进入 20 世纪 80 年代以后,由于交流伺服电动机的材料、结构以及控制理论与方法的突破性进展和微电子技术、功率半导体器件的发展,使交流驱动装置发展很快,目前已逐渐取代了直流伺服电动机。交流伺服电动机与直流伺服电动机相比,最大的优点在于它不需要维护,制造简单,适合于在恶劣环境下工作。

交流伺服电动机有交流同步电动机与异步电动机两大类。由于数控机床进给驱动的功率一般不大(数百至数千瓦),而交流异步电动机的调速指标不如交流同步电动机,因此大多数交流进给驱动系统采用永磁式同步电动机。永磁式同步电动机主要由 3 部分组成,即定子、转子和检测元件。

目前,国外的交流电动机进给驱动装置已实现了全数字化,即在进给驱动装置中,除了驱动级外,全部功能均由微处理器完成,采用数字传递各类信号,能高速、实时地实现前馈控制、补偿、最优控制、自学习、自适应等功能。2000 年前后,国内数控系统厂家也开始推出同类的产品,如 HSV - 16 系列以及 HSV - 20D 系列交流电动机进给驱动装置。

2. 按检测元件分类

进给驱动系统分为开环控制和闭环控制两类,开环控制与闭环控制的主要区别为是否采用了位置和速度检测反馈元件组成反馈系统。

开环控制一般采用步进电动机作为驱动元件,如图 1 - 7(a)所示。由于它没有位置和速度反馈控制回路,从而简化了线路,设备投资低,调试维修都很方便,但它的进给速度和精度都较低,一般应用于经济型数控机床及普通的机床改造。

闭环控制一般采用伺服电动机作为驱动元件,根据位置检测元件所在数控机床中的不同位置,它主要分为半闭环、全闭环和混合闭环。半闭环控制一般将检测元件安装在伺服电动机的非输出轴端,伺服电动机角位移通过滚珠丝杠等机械传动机构转换为数控机床工作台的直线或角位移。全闭环控制是将位置检测元件安装在机床工作台或某些部件上,以获取工作台的实际位移量。混合闭环控制则采用半闭环控制和全闭环控制结合的方式。

图 1 - 7(b)所示为半闭环控制。半闭环位置检测方式一般将位置检测元件安装在电动机的轴上(通常已由电动机生产厂家装好),用以精确控制电动机的角度,然后通过滚珠丝杠等传动机构,将电动机的角度变化转换成工作台的直线位移。如果滚珠丝杠的精度足够高且间隙小,精度要求一般可以得到满足。传动链上有规律的误差(如滚珠丝杆间隙及螺距误差)还可以由数控装置加以补偿,因而可进一步提高精度,因此半闭环控制在精度要求适中的中、小型数控机床上得到了广泛的应用。

半闭环方式的优点是它的闭环环路短(不包括传动机械),因而系统容易达到较高的位置增益,不发生振荡现象,它的快速性也好,动态精度高,传动机构的非线性因素对系统的影响小。但如果传动机构的误差过大或误差不确定,则数控系统难以补偿。例如,由传动机构的扭曲变形所引起的弹性变形,因其与负载力矩有关,故无法补偿;由制造与安装所引起的重复定位误差,以及由于环境温度与丝杠温度的变化所引起的丝杠、螺距误差也不能补偿。因此要进一步提高精度,只有采用全闭环控制方式。

图 1 - 7(c)所示为全闭环控制。全闭环方式直接从机床的移动部件上获取位置的实际移动值,因此其检测精度不受机械传动精度的影响。但不能认为全闭环方式可以降低对传动机构的要求,因闭环环路包括了机械传动机构,它的闭环动态特性不仅与传动部件的刚性、惯性有关,而且还取决于阻尼、油的黏度、滑动面摩擦系数等因素。这些因素对动态特性的影响在不同条件下还会发生变化,这给位置闭环控制的调整和稳定带来了困难,导致调整闭环环路时必须要降低位置增益,这又会对跟随误差与轮廓加工误差产生不利影响。所以采用全闭环方式时必须增大机床的刚性,改善滑动面的摩擦特性,减小传动间隙,这样才有可能提高位置增益。全闭环方式主要应用在精度要求较高的大型数控机

床上。

图 1-7(d)所示为混合闭环控制。混合闭环方式采用半闭环与全闭环结合的方式。它利用半闭环所能达到的高位置增益，从而获得了较高的速度与良好的动态特性，又利用全闭环补偿半闭环无法修正的传动误差，从而提高了系统的精度。混合闭环方式适用于重型、超重型数控机床，因为这些机床的移动部件很重，设计时提高刚性较困难。

三、进给驱动系统的组成

进给驱动系统主要由以下几个部分组成。

(1) 驱动装置。接收 CNC 等发出的指令，经过功率放大后，驱动电动机旋转。转速的大小由指令控制。

(2) 执行元件。可以是步进电动机、直流电动机，也可以是交流电动机。采用步进电动机通常是开环控制。

(3) 传动机构。减速装置和滚珠丝杠等。若采用直线电动机作为执行元件，则传动机构与执行元件为一体。

(4) 检测元件及反馈电路。速度反馈和位置反馈，有旋转变压器、光电编码器、光栅等。

要注意的是，用于速度反馈的检测元件一般安装在电动机上，用于位置反馈的检测元件则根据闭环的方式不同而安装在电动机或机床上；在半闭环控制时速度反馈和位置反馈的检测元件一般共用电动机上的光电编码器，对于全闭环控制则分别采用各自独立的检测元件。

四、交流伺服电动机

交流伺服电动机因其无刷、响应快、过载能力强等优点，已全面替代了直流电动机。交流伺服电动机可依据电动机运行原理的不同，分为感应(或称异步)式、永磁同步式、永磁直流无刷式、磁阻同步式等。这些电动机具有相同的三相绕组的定子结构。

闭环伺服结构的电气系统目前都用交流伺服电动机驱动，多数使用永磁式同步电动机(响应快、控制简单)。永磁式同步电动机的原理与结构如图 2-49、图 2-50 所示。其转子是用高磁导率的永久磁钢作成的磁极，中间穿有电机轴，轴两端用轴承支撑并将其固定于机壳上。定子是用矽钢片叠成的导磁体，导磁体的内表面有齿槽，嵌入用导线绕成的三相绕组线圈。另外在轴的后端部装有编码器。

当定子的三相绕组通有三相交流电流时，产生的空间旋转磁场就会吸住转子上的磁极同步旋转。同步电动机的速度控制与电功率的提供是用逆变器，逆变器中从直流变到三相交流的功率驱动电路元件需要根据转子磁场的位置实时地换向，这一点非常类似于直流电动机的转子绕组电流随定子磁场位置的换向。因此，为了实时地检测同步电动机转子磁场的位置，在电动机轴上(后端)安装了一个编码器。由于有了光码盘，无论电机的转速是快、还是慢，均可以随着电机轴地回转实际地测出转子上磁极磁场的位置，将该位置值送到控制电路后，使控制器可以实时地控制逆变器功率元件的换向，实现了伺服驱动器的自控换向。因此，有人将这种同步电动机的驱动控制器和电动机一起称为自换向同步电动机。

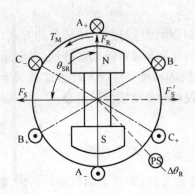

图 2-49 永磁同步电动机原理图

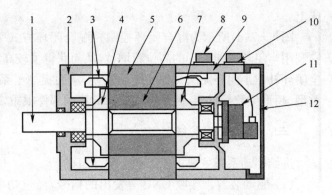

图 2-50 同步电动机结构

1—电机轴；2—前端盖；3—三相绕组线圈；4—前压板；5—定子；
6—磁钢；7—后压板；8—动力线插头；9—后端盖；10—反馈插头；
11—脉冲编码器；12—电机后盖。

FANUC 伺服电机具有平滑的旋转特性、优秀的加速能力以及高可靠性，目前被广大机床厂家所采用。从驱动电压上可分为低压（200V）电机和高压（400V）电机。根据电机特性，还可分为 αi 系列（高性能）和 βi 系列（高性价比）。在 αi 系列中，根据电机材质，可再分为 αiF 系列（氧化铁类磁铁）和 αiS 系列（强力稀土磁体）。

由于高压伺服电机使用较少，现以低压伺服电机为例介绍。电机规格见表 2-13。

表 2-13　常见 FANUC 伺服电机规格

电机类型	驱动电压/V	电机额定功率/kW	扭矩/N·m	电机材质	电 机 特 点
αiF	200	0.5～9	1～53	铁氧体	中惯量，适于进给驱动轴
αiS	200	0.75～60	2～500	稀土磁体	小型、高速、大功率、高加速
βiS	200	0.05～3	0.16～20	稀土磁体	高性价比、紧凑型

以 αiS4/5000、αiF4/4000、βiS4/4000 伺服电机来做一下比较。三种电机规格见表 2-14。三种电机扭矩曲线如图 2-51 所示。

表 2-14　三种电机规格

电 机 型 号	αiS4/5000	αiF4/4000	βiS4/4000
输出功率/kW	1	1.4	0.75
堵转扭矩/N·m	4	4	3.5
最高转速/(r/min)	5000	4000	4000
旋转惯量/kg·m²	0.00052	0.0014	0.00052
放大器(αi SV)	20i	40i	20i
产品规格号	A06B-0215-Bxyz	A06B-0223-Bxyz	A06B-0063-Bxyz

选择伺服电机时，需要进行严密的计算后查找电机参数表，主要考虑以下内容。

（1）根据实际机床的进给速度、切削力、转矩要求选择。

（2）根据是否是重力轴伺服电机选择是否需要带抱闸端口。

（3）绝对式编码器需要配置编码器电池。

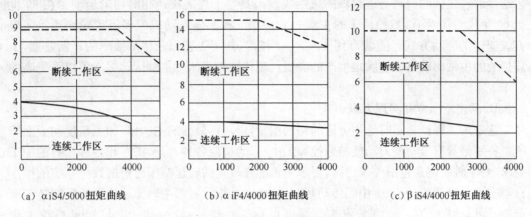

（a）αiS4/5000扭矩曲线　　　　（b）αiF4/4000扭矩曲线　　　　（c）βiS4/4000扭矩曲线

图2-51　伺服电机扭矩曲线图

（4）根据安装要求，选择安装方式、电机轴结构方式。

αiF4/4000、βiS4/4000伺服电机铭牌如图2-52所示。

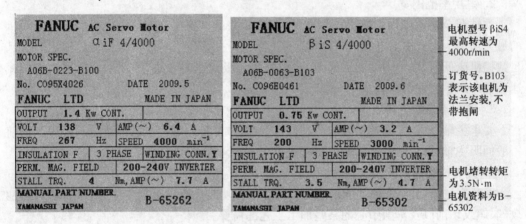

图2-52　伺服电机铭牌

2.3.2　主轴驱动系统概述

数控机床的主轴及其控制系统的性能在某种程度上决定了机床的性能及其等级，因此在数控机床的发展进程中，对主轴控制系统的研究引起了高度的重视。

主轴驱动系统是在数控系统中完成主运动的动力装置部分。主轴驱动系统通过传动机构转变成主轴上安装的刀具或工件的切削力矩和切削速度，配合进给运动加工出理想的零件。主轴的运动是零件加工的成形运动之一，其精度对零件的加工精度有较大的影响。

一、数控机床对主轴驱动系统的要求

数控机床的主轴驱动系统和进给驱动系统有较大的差别。数控机床主轴的工作运动通常是旋转运动，不像进给驱动系统需要丝杠或其他直线运动装置做往复运动。数控机

床通常通过主轴的回转与进给轴的进给实现刀具与工件的快速相对切削运动。在 20 世纪 60 年代—70 年代,数控机床的主轴一般采用三相感应电动机配多级齿轮变速箱实现有级变速的驱动方式。随着刀具技术、生产技术、加工工艺以及生产效率的不断发展,上述传统的主轴驱动已不能满足生产的需要。现代数控机床对主轴传动提出了以下更高的要求。

1. 调速范围宽并实现无级调速

这是为了保证加工时选用合适的切削用量,以获得最佳的生产率、加工精度和表面质量。特别是具有自动换刀功能的数控加工中心,为适应各种刀具、工序和各种材料的加工要求,对主轴的调速范围要求更高,要求主轴能在较宽的转速范围内根据数控系统的指令自动实现无级调速,并减少中间传动环节,简化主轴箱。目前主轴驱动装置的恒转矩调速范围已可达 1∶100,恒功率调速范围也可达 1∶30,一般过载 1.5 倍时可持续工作30min。主轴变速分为有级变速、无级变速和分段无级变速三种形式。大多数数控机床均采用无级变速或分段无级变速。在无级变速中,变频调速主轴一般用于普及型数控机床,交流伺服主轴则用于中、高档数控机床。

2. 恒功率范围宽

主轴在全速范围内均能提供切削所需功率,并尽可能在全速范围内提供主轴电动机的最大功率。由于主轴电动机与驱动装置的限制,主轴在低速段均为恒转矩输出。为满足数控机床低速、强力切削的需要,常采用分段无级变速的方法(即在低速段采用机械减速装置),以扩大输出转矩。

3. 具有 4 象限驱动能力

要求主轴在正、反向转动时均可进行自动加、减速控制,并且加、减速时间要短。目前一般伺服主轴可以在 1s 内从静止加速到 6000r/min。

4. 具有位置控制能力

即具有进给功能(C 轴功能)和定向功能(准停功能),以满足加工中心自动换刀、刚性攻丝、螺纹切削以及车削中心的某些加工工艺的需要。

5. 具有较高的精度与刚度,传动平稳,噪声低

数控机床加工精度的提高与主轴系统的精度密切相关。为了提高传动件的制造精度与刚度,采用齿轮传动时齿轮齿面应采用高频感应加热淬火工艺以增加耐磨性,最后一级一般用斜齿轮传动,使传动平稳。采用带传动时应采用齿型带。为提高主轴的组件的刚性,应采用精度高的轴承及合理的支撑跨距。在结构允许的条件下,应适当增加齿轮宽度,提高齿轮的重叠系数。变速滑移齿轮一般都用花键传动,采用内径定心。侧面定心的花键对降低噪声更为有利,因为这种定心方式传动间隙小,接触面大,但需要采用专门的刀具和花键磨床加工。

6. 良好的抗振性和热稳定性

数控机床加工时,可能由持续切削、加工余量不均匀、运动部件不平衡以及切削过程中的自振等引起冲击力和交变力,使主轴产生振动,影响加工精度和表面粗糙度,严重时甚至可能损坏刀具和主轴系统中的零件,使其无法工作。主轴系统的发热使其中的零部件产生热变形,降低传动效率,影响零部件之间的相对位置精度和运动精度,从而造成加工误差。因此,主轴组件要有较高的固有频率、较好的动平衡,且要保持合适的配合间隙,

并要进行循环润滑。

二、不同类型的主轴系统的特点和使用范围

1. 普通鼠笼式异步电动机配齿轮变速箱

这是最经济的一种主轴配置方式,但只能实现有级调速。由于电动机始终工作在额定转速下,经齿轮减速后,在主轴低速下输出力矩大,重切削能力强,非常适合粗加工和半精加工的要求。如果加工产品比较单一,对主轴转速没有太高的要求,配置在数控机床上也能起到很好的效果;它的缺点是噪声比较大,由于电动机工作在工频下,主轴转速范围不大,不适合有色金属切削和需要频繁变换主轴速度的加工场合。

2. 普通鼠笼式异步电动机配通用变频器

目前进口的通用变频器,除了具有 U/f 曲线调节外,一般还具有无反馈矢量控制功能,会对电动机的低速特性有所改善;配合两级齿轮变速,基本上可以满足车床低速(100～200 r/min)小加工余量的加工,但同样受电动机最高转速的限制。这是目前经济型数控机床比较常用的主轴驱动系统。

3. 专用变频电动机配通用变频器

一般采用有反馈矢量控制,低速甚至零速时都可以有较大的力矩输出,有些还具有定向甚至分度进给的功能,是非常有竞争力的产品。提供通用变频器的厂家以国外公司为主,如西门子、安川、富士、三菱、日立等。

中档数控机床主要采用这种方案,主轴传动两挡变速甚至仅一挡即可实现转速在100～200r/min 时车、铣的重力切削。一些有定向功能的还可以应用于要求精镗加工的数控镗铣床;若应用在加工中心上,还不很理想,必须采用其他辅助机构完成定向换刀的功能,而且也不能达到刚性攻丝的要求。

4. 伺服主轴驱动系统

伺服主轴驱动系统具有响应快、速度高、过载能力强的特点,还可以实现定向和进给功能,当然价格也是最高的,通常是同功率变频器主轴驱动系统的 2～3 倍以上。伺服主轴驱动系统主要应用于加工中心上,用以满足系统自动换刀、刚性攻丝、主轴 C 轴进给功能等对主轴位置控制性能要求很高的加工。

5. 电主轴

电主轴是主轴电动机的一种结构形式,驱动器可以是变频器或主轴伺服,也可以不要驱动器。由于电主轴将电动机和主轴合二为一,没有传动机构,因此大大简化了主轴的结构,并且提高了主轴的精度,但是抗冲击能力较弱,而且功率还不能太大,一般在 10kW 以下。由于结构上的优势,电主轴主要向高速方向发展,一般在 10000r/min 以上。

安装电主轴的机床主要用于精加工和高速加工,如高速精密加工中心。另外,在雕刻机和有色金属以及非金属材料加工机床上应用较多。这些机床由于只对主轴高转速有要求,因此,往往不用主轴驱动器。

三、主轴驱动系统的分类

主轴驱动系统主要包括主轴驱动器和主轴电动机。数控机床主轴的无级调速由主轴驱动器完成。

按主轴驱动器分,可分为模拟量主轴系统(变频器控制)和数字量主轴系统(主轴伺服驱动器控制),目前普通数控机床多采用模拟量主轴系统,要求较高的数控铣床、加工中心等采用数字量主轴系统。

按主轴电动机分,主轴驱动系统分为直流主轴驱动系统和交流主轴驱动系统,目前数控机床的主轴驱动多采用交流主轴驱动系统,即交流主轴电动机配备变频器或主轴伺服驱动器控制的方式。交流主轴电动机按结构主要有笼型感应电动机和永磁式电动机两种。

交流主轴驱动系统多采用感应电动机作为驱动电动机,由变频逆变器实施控制,有速度开环或闭环控制方式。也有采用永磁同步电动机作为驱动电动机(进给用交流伺服电动机,大都采用这种结构形式),由变频逆变器实现速度环的矢量控制。后者具有快速的动态响应特性,但其恒功率调速范围较小。而且受永磁体的限制,当容量做得很大时,电动机成本太高,使数控机床难以使用。另外数控机床主轴驱动系统不必像进给伺服驱动系统那样要求如此高的性能,调速范围也可以不要太大。因此,采用感应电动机进行矢量控制就完全能满足数控机床主轴的要求。

虽然可以采用普通感应电动机作为数控机床的主轴电动机,但为了得到好的主轴特性而采用变频矢量控制时,交流主轴电动机一般是专门设计的,具有独自的特点。

四、三相感应电动机

三相感应电动机(转子导体的电流是切割定子旋转磁场时感应产生的)又称三相异步电动机(转子转速总要滞后于定子旋转磁场转速),是变频主轴驱动系统常采用的主轴电动机。

感应电动机的转速为

$$n = (1-s)n_1 = 60f_1(1-s)/p$$

式中:s 为转差率;f_1 为电源频率;p 为电动机极对数;n_1 为同步转速(旋转磁场转速)。

从上式可以看出,变更电动机定子绕组的连接来改变电动机极对数 p,则电动机的转速可作有级变速,称为变极多速电动机,它们一般只有双速或三速,不能实现平滑的无级调速,只有改变供给电动机电源的频率 f_1 才能获得平滑的无级调速特性。

感应电动机每相的感应电动势可由下式表达:

$$E_1 = 4.44f_1W_1\phi_m \approx U_1$$

式中:f_1 为电源频率;W_1 为每相绕组有效匝数;ϕ_m 为每极磁通;E_1 为每相感应电动势,其值接近外施相电压 U_1。

感应电动机的每极磁通 ϕ_m 与 U_1/f_1 成正比,即 $\phi_m = K_m \dfrac{U_1}{f_1}$。

对于采用通用材料制造的感应电动机,ϕ_m 过大,会使铁芯饱和,导致电动机空载电流剧增,功率因数下降;ϕ_m 过小,会使感应电动机转矩下降,输出功率减小,材料利用率低。因此在变频调速过程中,保持 ϕ_m 不变,才能实现恒转矩调速控制,即要保持 U_1/f_1 为常数的控制,随着 f_1 升高,必须同时升高电压值 U_1。当 f_1 频率在 0Hz~10Hz 范围内时,E_1 也很小,而定子的阻抗压降 I_1Z_1 不能忽略,即必须适当地增大 U_1/f_1 之比值,如图 2-53 所示。当 f_1 频率超过感应电动机铭牌的额定频率(如 50Hz),由于电源电压的限制,

U_1 已达到变频器输出电压的最大值再不能随 f_1 而升高,感应电动机的每极磁通 ϕ_m 与 f_1 成反比例下降,其转矩也随着 f_1 反比例下降。感应电动机的输出功率($P_2 \equiv T_n$)则在此区域内保持不变,称为恒功率调速区域,而 $f_1 \leqslant 50\mathrm{Hz}$ 的区域,称为恒转矩调速区域,如图 2-54 所示。

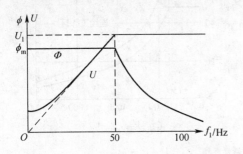

图 2-53 感应电动机电压、磁通特性

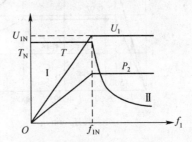

图 2-54 感应电动机运行区域
Ⅰ—恒转矩;Ⅱ—恒功率。

五、交流变频主轴与交流伺服主轴特性比较

交流主轴驱动系统包括交流变频主轴和交流伺服主轴,在特性上它们既有共同点,又有各自的特点。

1. 交流变频主轴的特性

交流主轴感应电动机与选用的主轴变频驱动器配合,某型号交流主轴感应电动机参数见表 2-15。在基本速度以下为恒转矩区域,而在基本速度以上为恒功率区域。但有些电动机,当电动机速度超过某一定值之后,其功率速度曲线又会向下倾斜,不能保持恒功率。交流主轴电动机一般有 1.5 倍以上的过载能力,过载时间从几分钟到半小时不等。

表 2-15 某型号交流主轴感应式电动机参数

性能指标	额定功率	30min 额定功率	基本转速	最高转速	转速范围	额定转矩	旋转惯量
符号	P_N	$P_N(30\mathrm{min})$	n_b	n_{max}		T_n	J_m
单位	kW	kW	r/min	r/min	r/min	N·m	kg·m²
数值	4.5	5.6	1500	8000	8~8000	28	0.017

2. 交流伺服主轴的特性

交流伺服主轴系统除了满足机床设计的切削功率及加减速功率在额定转速以下具有恒转矩特性和额定转速以上的恒功率特性外,还应具有伺服驱动的高动态响应和高精度调节特性,能实现闭环的速度、位置控制,能进行主轴的精确定向、刚性的螺纹加工和 C 轴的轮廓控制,但其恒功率调速范围较小。

FANUC 交流伺服主轴同样有高速响应、高精度矢量控制的 αi 系列和高性价比、高可靠性的 βi 系列,其中又分为标准型系列、广域恒功率输出型 P 系列、经济型 C 系列、强制冷却型 L 系列和高电压输入型 HV 系列,可满足绝大多数数控机床的主轴要求。

现以 αi8/8000、βi8/8000 为例对两系列伺服主轴电机来做一比较。特性曲线如图 2-55 所示。

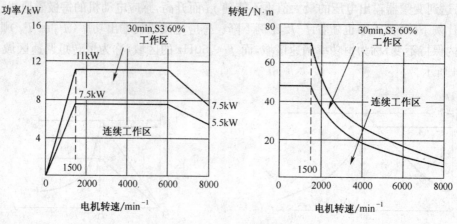

（a）αi8/8000 特性曲线

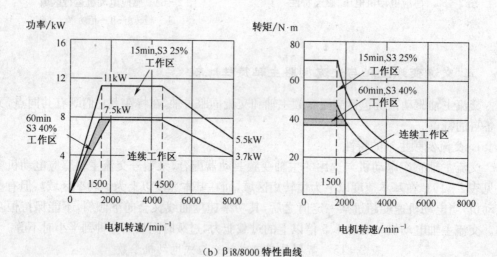

（b）βi8/8000 特性曲线

图 2-55　伺服主轴电机特性曲线图

选择主轴电机时，需要进行严密的计算后查找电机参数表，主要考虑以下内容。

（1）根据实际机床主轴的功能要求和切削力要求，选择电机的型号及电机的输出功率。

（2）根据主轴定向功能的情况选择电机内装编码器的类型，即是否选择带一转信号的内装速度传感器。

（3）根据电机的冷却方式、输出轴的类型、安装方法进行选择。

αi3/10000、βi3/10000 伺服主轴电机的铭牌如图 2-56 所示。

2.3.3　进给和主轴系统连接

通过前面的介绍我们知道，目前进给和主轴系统大都采用交流驱动系统。在交流驱动系统中，进给驱动器均采用伺服驱动器；主轴驱动器有变频器（模拟量）和伺服驱动器（数字量）两种，分别适用于不同的场合。按照驱动器与电源模块集成或分离的关系，进给和主轴系统的典型配置主要有以下三种方式，如图 2-57 所示。

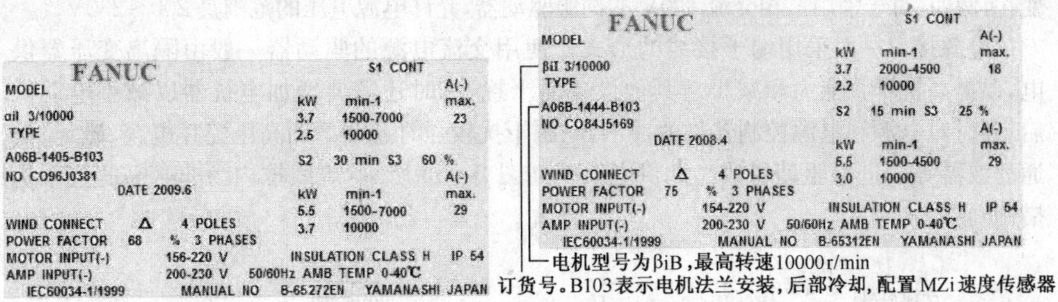

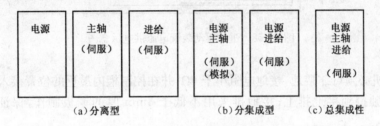

图 2-56　伺服主轴电机铭牌

分离型:由单独的电源模块、主轴模块和进给模块构成的驱动系统,根据电源模块和电动机功率及使用场合的不同,一个电源模块可以连接多个驱动器。

分集成型:由电源和主轴集成模块、电源和进给集成模块构成的驱动系统。

总集成型:由电源、主轴、进给一体化型模块构成的驱动系统。

```
┌──────┐ ┌──────┐ ┌──────┐   ┌──────┐ ┌──────┐   ┌──────┐
│ 电源 │ │ 主轴 │ │ 进给 │   │ 电源 │ │ 电源 │   │ 电源 │
│      │ │      │ │      │   │ 主轴 │ │ 进给 │   │ 主轴 │
│      │ │(伺服)│ │(伺服)│   │      │ │      │   │ 进给 │
│      │ │      │ │      │   │(伺服)│ │(伺服)│   │      │
│      │ │      │ │      │   │(模拟)│ │      │   │(伺服)│
└──────┘ └──────┘ └──────┘   └──────┘ └──────┘   └──────┘
      (a)分离型              (b)分集成型         (c)总集成性
```

图 2-57　驱动系统(按集成与分离关系)的三种典型配置

一、驱动器接口

在数控机床上驱动器根据来自 CNC 的指令,控制电动机的运行,以满足数控机床工作的要求。因此进给驱动器至少要求具备工作电源接口、接收 CNC 或其他设备指令以及控制电动机运行的接口,这些都是最基本的接口。此外,为了安全,驱动器一般会提供工作状态信息和报警接口;为了方便,有些驱动器还提供通信接口等。根据类型的不同和功能的强弱,除了基本接口外,驱动器的接口会有不同。

下面对驱动器的接口进行详细介绍。要注意的是,这些接口在驱动器中是常用到的,但对于具体的某个驱动器,则不是所有的接口都具备的。

1. 电源接口

驱动器的电源一般分为动力电源、控制电源和逻辑电路电源。动力电源是指驱动器用于变换驱动电动机运行的电源;控制电源是指进给驱动装置自身的控制板卡、面板显示等内部电路工作用的电源,一般为单相;逻辑电路电源是指进给驱动装置的开关量、模拟量等逻辑接口电路工作或电平匹配所需的电源,一般为直流 24V,也有采用直流 12V或 5V。

驱动器的动力电源种类很多,从三相交流 460V 到直流 24V 甚至更低,交流伺服驱动器典型的供电方式是三相交流 200V。伺服驱动器电源一般允许在额定值的 15% 的范围内变化,例如,对于采用三相交流 200V 的伺服驱动器,允许电源电压的范围是 200~230V。

电源接口一般采用端子接线的形式。使用交流电源的驱动器一般由隔离变压器供电,以提高抗干扰能力和减小对其他设备的干扰,有时还需要增加电抗器以减小电动机启/停时对电源和电源控制器件的冲击,电源干扰较强时还要增加高压瓷片电容、磁环、低通滤波器等。进给驱动器典型的供电线路如图 2-58 所示(虚线框内为非必需的抗干扰措施)。

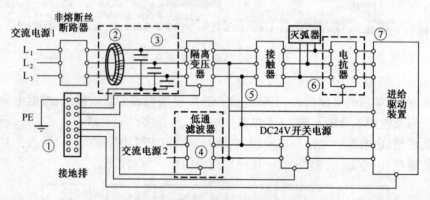

图 2-58 进给驱动装置电源供电示意图

(1) 整机必须可靠接地,接地电阻小于 4Ω,并在控制柜内最近的位置接入 PE 接地排各器件应单独接到接地排上;接地排采用不低于 3mm 厚的铜板制作,保证良好接触、导通。

(2) 各线在磁环上绕 3~5 圈。

(3) 电源线进入变压器的每相对地接高压(2000V)瓷片电容,可非常明显地减少电源线进入的干扰(脉冲、浪涌)。

(4) 采用低通滤波器,减少工频电源上的高频干扰信号。

(5) 进给驱动器的控制电源可以由另外的隔离变压器供电,也可以从伺服变压器取一相电源供电(注意,在接触器前端)。

(6) 大电感负载(交流接触器线圈、接触器直接控制启/停的三相异步电动机、交流电磁阀线圈等)要采用 RC(灭弧器)吸收高压反电动势,抑制干扰信号。

(7) 电抗器,降低电流谐波对设备的影响。

2. 电动机电源接口

电动机电源接口一般采用端子的形式,小功率的电动机也会采用插接件的形式。伺服电动机一般输出线号是 U、V、W;步进电动机一般是 A、A-、B、B-(两相电动机),A、A-、B、B-、C、C-(三相电动机),A、B、C、D、E(五相电动机)等。

伺服电动机要严格按照顺序进行接线。

3. 指令接口

进给和主轴驱动器接收来自 CNC 的指令,故设有主轴指令接口和进给指令接口。一般采用模拟量、数字脉冲和数字总线三种类型。

1) 模拟量指令接口

模拟量指令一般用于主轴驱动器,进给驱动器也可以采用。采用模拟量指令时,驱动器工作在速度模式下,位置反馈由电动机或主轴/工作台上的位置检测元件直接反馈至CNC。图2-59是FANUC模拟量主轴连接的一个例子。

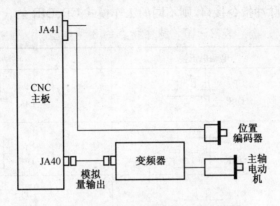

图2-59 FANUC模拟量主轴连接

模拟量指令分为模拟电压指令和模拟电流指令两种,一般电压指令的范围是:-10~+10V;电流指令的范围是-20~+20mA。数控机床的主轴控制多采用模拟电压指令接口。

2) 数字脉冲指令接口

脉冲指令接口一般用于进给驱动器。原来只用于步进驱动器,现在市场销售的通用交流伺服驱动器一般也都采用或提供脉冲指令接口。采用脉冲指令接口时,伺服驱动器一般工作在位置模式下,速度环和位置环的控制都由伺服驱动器完成。位置信息由伺服驱动器反馈给CNC做监控用,CNC也可以不读取位置反馈信息,此时与控制步进驱动器相同。图2-60是采用脉冲指令接口的进给驱动器连接实例。

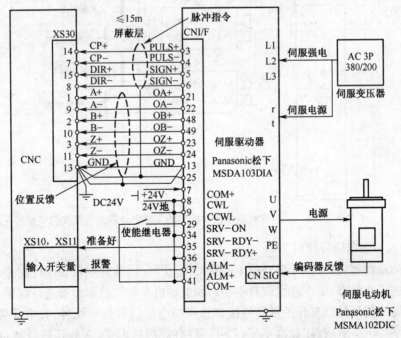

图2-60 脉冲指令接口伺服驱动装置连线图实例

脉冲指令接口有 3 种类型:单脉冲(脉冲+方向)、正交脉冲(AB 相脉冲)和双脉冲(正反向脉冲)。步进驱动器一般只提供单脉冲方式,伺服驱动器则三种方式都提供。假设 CP、DIR 为驱动器的脉冲指令接口,则不同的工作模式 CP、DIR 的含义见表 2-16。

表 2-16　脉冲指令的 3 种类型

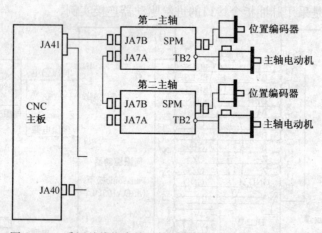

脉冲模式	电动机正转	电动机反转
单脉冲①	CP　DIR	CP　DIR
正交脉冲②	90° CP DIR	90° CP DIR
双脉冲③	CP　DIR	CP　DIR

①单脉冲:CP 为脉冲信号;DIR 为方向信号;
②正交脉冲:CP 与 DIR 的相位差为脉冲信号,CP 与 DIR 的相位超前和落后关系决定电动机的旋转方向;
③双脉冲:CP 为正转脉冲信号,DIR 为反脉冲信号

3) 数字总线指令接口

上面的方式,每个驱动器需要占用一个通信接口,而总线式指令接口采用串联的方式连接,在数控装置侧只需一个总线接口即可,接线更加简单。数字总线指令接口应用广泛,进给驱动器和主轴驱动器都经常采用。图 2-41 为采用数字总线指令接口的进给驱动器连接实例,图 2-61 为采用数字总线指令接口的主轴驱动器连接实例。

图 2-61　采用总线指令接口控制的主轴驱动器的连线实例

4. 输入和输出信号接口

对驱动器而言,输入信号接口用于接受 CNC、PLC 以及其他设备的控制指令,以便调整驱动器的工作状态、工作特性或对驱动器和电动机驱动的机床设备进行保护,故又叫控制接口。输入信号接口有开关量信号接口和模拟电压信号接口两种,其中开关量信号接口有低电平(NPN 型)有效和高电平(PNP 型)有效两种形式,有些还可以通过改变逻辑电路电源的接法来选择高/低电平有效。常用信号如下:

伺服 ON:允许驱动器接受指令开始工作。

复位(清除报警):驱动器恢复到初始状态(清除可自恢复性故障报警)。

CCW 驱动禁止和 CW 驱动禁止:禁止电动机正/反向旋转,可用于机床的限位保护功能。

CCW 转矩限制输入(0～10V)和 CW 转矩限制输入(0～－10V):限制电动机正/反转的输出转矩,由模拟电压的值确定转矩的限制值。

在驱动器内,可以通过参数对控制接口的各位信号做如下设定:

(1) 设定某位控制接口信号是否有效。

(2) 设定某位控制接口信号是常闭有效还是常开有效。

(3) 修改某位控制接口信号的含义。

因此这些接口又称为多功能输入接口。

输出信号接口用于通知 CNC、PLC 以及其他设备驱动器目前的工作状态,故又叫状态与安全报警接口。常用的信号如下:

伺服准备好:驱动正常工作。

伺服报警/故障:驱动、电动机有报警,不能工作。

位置到达:位置指令完成。

零速检出:电动机速度为 0。

速度到达:速度指令完成。

速度监视:以与电动机速度线性对应的关系输出模拟电压。

转矩监视:以与电动机转矩线性对应的关系输出模拟电压。

有些驱动器的状态与安全报警接口的有效性和含义也可以通过参数设定,因此,这些接口又称为多功能输出接口。

5. 反馈接口

驱动器的反馈接口包括:

1) 来自位置、速度检测元件的反馈接口

对于进给系统,检测元件一般有增量式光电编码器、旋转变压器、光栅、绝对式光电编码器等。增量式光电编码器、旋转变压器和光栅一般采用直接连接的方式,驱动器提供检测元件的电源电压通常为＋5V,额定电流小于 500mA,若超过此电流值或距离太远,应采用外置电源;绝对式光电编码器则采用通信的方式,驱动器还需增加有后备电源接口,电源电压为 3.6V。有闭环功能的驱动器具备两个反馈输入接口,例如,驱动器分别采用电动机上的编码器和机床上的光栅,构成混合闭环控制。对于主轴系统,多采用主轴电动机速度传感器、主轴电动机内装编码器、外置编码器等检测元件。根据不同检测元件,不同主轴驱动器会有不同个数的反馈输入接口。

2) 输出到 CNC 的位置反馈接口

一般将来自检测元件的信号分频或倍频后用长线驱动器(差分)电路输出。

6. 其他接口

如通信接口、检测板接口等。

通信接口主要用于高级调试和控制功能,常用的通信接口有 RS232、RS422、RS485、以太网接口以及厂家自定义的接口(如外部调试盒)等。利用通信接口可以实现如下功能。

（1）查看和设置驱动器的参数和运行模式。

（2）监视驱动器的运行状态,包括端子状态、电流波形、电压波形、速度波形等。

（3）实现网络化远程监控和远程调试功能。

检测板接口主要用于驱动器出现故障维修时专用接口。

二、进给驱动器与主轴驱动器的接口比较

进给驱动器主要工作在位置控制模式下,而主轴驱动器主要工作在速度控制模式下;同一台数控机床上主轴输出功率比进给轴输出功率要大得多。因此,进给驱动器和主轴驱动器在接口上既有相同处又具有独自的特点。相对于进给驱动装置而言,主轴驱动装置的接口具有如下特点。

1. 输入电源

一般采用交流电源供电,输入电源的范围包括三相交流 460V、400V、380V、230V、200V,单相 230V、220V、100V 等,或在较大的范围内可调。为了实现大功率输出,主轴驱动器通常采用不低于 230V 的三相交流电源,而进给驱动器多采用不高于 200V 的三相交流电源。变频器通常电源电压范围比较宽,如交流 230~400V,进给驱动器电源电压一般要求是固定的。

2. 指令和控制接口

因为进给电动机主要用于位置控制,进给驱动器通常始终工作在位置控制模式下,故进给驱动器一般都具备和采用脉冲信号作为指令输入,控制电动机的旋转速度和方向,不提供单独的开关量接口控制电动机的旋转方向。而主轴电动机主要用于速度控制,因此主轴驱动器一般都具备和采用 0~10V 模拟电压作为速度指令,由开关量控制旋转方向。对于一些主轴伺服驱动器,虽然具备位置控制功能,但其主要还是工作在速度模式下,位置控制模式是一种特殊的工作状态,因此会提供位置模式切换控制接口,方便使用者需要时切换主轴工作模式,以完成定向、分度等特殊的工艺或控制要求。

3. 反馈接口

由于主轴对位置控制的精度的要求并不高,因此对反馈装置要求也不高。主轴电动机或主轴多数采用 1000 线的编码器,而进给驱动电动机则至少采用 2000 线的编码器,有些进给电动机编码器可多达 10 万线。

进给驱动器和主轴驱动器有相互融合的趋势,即主轴驱动器的位置控制功能和精度开始接近进给驱动器,另一方面进给驱动器的动态特性、高速特性开始接近主轴驱动器。目前已经有一些产品进入市场,以国产华中数控公司的 HSV-20S/D 系列伺服驱动器为例:电源采用三相交流 380V;支持脉冲指令接口、模拟量指令接口、RS232 指令接口;既支持普通三相笼型异步电动机、专用变频电动机,也支持永磁同步伺服进给电动机和主轴伺服电动机,可以组成主轴驱动系统,也可以组成进给驱动系统;支持双编码器接口,可应用于全闭环进给驱动系统。不难看到,从硬件上已很难定义它是进给驱动器还是主轴驱动器。

三、典型驱动器介绍

（一）FANUC 伺服系统

FANUC 系统驱动器主要有 αi、βi 系列。αi 系列为高性能产品,采用模块化(分离型)

结构形式,由电源模块 PSM、主轴模块 SPM 和伺服模块 SVM 组成。βi 系列是一种可靠性强、性价比卓越的伺服系统,采用集成型结构形式,主要有伺服单元 SVU 和伺服/主轴一体型 SVSP 两种,如图 2-62 所示。

(a)αiS 系列PSM、SPM、SVM   (b) βiS 系列 SVU   (c) βiS 系列 SVSP

图 2-62   FANUC 系统伺服放大器类型

βi 系列 SVU 伺服驱动器根据伺服电机型号来确定,选择伺服电机后,可以通过手册查到对应的伺服驱动器型号,还可以参考 FANUC 公司的产品样本。

βi 系列 SVSP 伺服驱动器根据伺服电机和主轴电机型号来确定,选定伺服电机和主轴电机后,可以通过手册查到对应的伺服驱动器型号,还可以参考 FANUC 公司的产品样本。

αi 系列 SVM 伺服驱动器的选择基本相似,所不同的是还需要清楚控制轴数。

βi 系列的 SVU 和 SVSP 伺服驱动器的铭牌如图 2-63 所示。

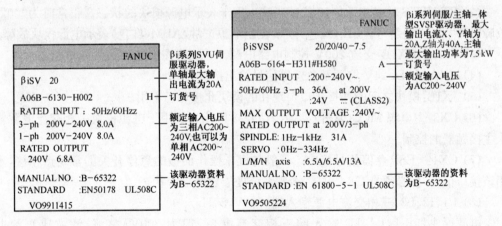

图 2-63   伺服驱动器铭牌

1. αi 系列

1) 电源模块 PSM

电源模块结构及接口如图 2-64(a)所示。

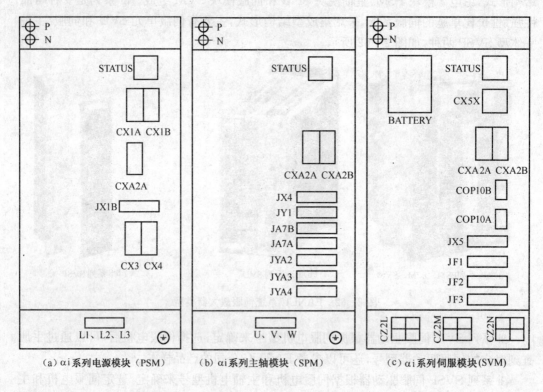

图 2 - 64 αi 系列驱动器

（1）P、N：DC Link 端口。直流电源（DC300V）输出端。该接口与主轴模块、伺服模块的直流输入端连接。

（2）STATUS 状态指示灯（2 位数码管）：用于表示电源模块的状态。正常时为"00"，故障时为"＃＃"报警号。PIL（绿色）表示控制电源正常，ALM（红色）表示电源模块故障。

（3）CX1A、CX1B：交流 200V 控制电路电源。一般将控制电源供至 CX1A。

（4）CXA2A：DC24V 电源及急停等信号输出接口。

（5）JX1B：模块之间的连接接口。现在的模块此接口已不用。

（6）CX3：主电源 MCC（常开点）控制信号接口。一般用于电源模块三相交流电源输入主接触器的控制。

（7）CX4：＊ESP 急停信号接口。一般与机床操作面板的急停开关的常闭点相接，不用该接口信号时，必须将 CX4 短接，否则系统处于急停报警状态。

（8）L1、12、L3：三相交流电源输入端（200V，50Hz）。

电源模块将 L1、L2、L3 输入的三相交流电（一般为 200V）整流、滤波成直流电（DC300V），为主轴模块和伺服模块提供直流电源；将 200R、200S 控制端输入的交流电转换成直流电（DC24V、DC5V），为电源模块本身提供控制回路电源；通过逆变块把电动机再生能量反馈到电网，实现回馈制动。新型电源模块已将主电路中的整流块和逆变块及保护、监控电路等做成一体的智能模块（IPM），且主电路的滤波电解电容安装在各驱动模块中，如图 2 - 65 所示。

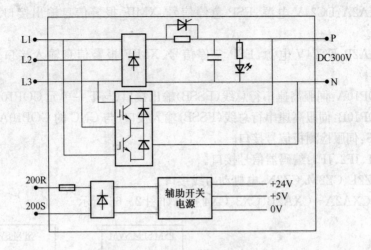

图 2-65　电源模块的原理框图

2) 主轴模块 SPM

主轴模块 SPM 结构及接口如图 2-64(b)所示。

(1) P、N:DC Link 端口。该端口与电源模块的直流电源输出端、伺服模块的直流输入端连接。

(2) STATUS:主轴模块状态显示窗口。其中:PIL(绿)表示主轴模块控制电路电源正常。ALM(红)表示主轴模块检测出故障;ERR(黄)表示主轴模块检测出错误信息;"– –"不闪表示主轴模块已启动就绪,如果闪则为主轴模块未启动就绪;"00"表示主轴模块已启动并有速度信号输出;"♯♯"表示主轴故障或错误信息。

(3) CXA2A/CXA2B:DC24V 输入/输出及急停信号接口。CXA2B 与电源模块的CXA2A 连接;CXA2A 与伺服模块的 CXA2B 连接。

(4) JX4:主轴伺服信号检测板接口。通过主轴模块状态检测板可获取主轴电动机内装脉冲发生器和主轴位置编码器的信号。

(5) JY1:外接主轴负载表和速度表的连接器。

(6) JA7B:串行主轴输入信号接口连接器,与 CNC 系统的 JA7A 接口连接。

(7) JA7A:连接第 2 串行主轴的信号输出接口,与第 2 串行主轴模块的 JA7B 接口连接。

(8) JYA2:连接主轴电动机传感器。

(9) JYA3:连接位置编码器或主轴位置一转信号用接近开关。

(10) JYA4:连接主轴独立编码器(光电编码器)。

(11) U、V、W:主轴电动机的动力电源接口。

3) 伺服模块 SVM

伺服模块 SVM 结构及接口如图 2-64(c)所示。

(1) BATTERY:绝对编码器电池盒(DC6V)。

(2) STATUS:伺服模块状态指示。

(3) CX5X:绝对编码器电池接口。

（4）CXA2A:DC24V 电源、ESP 急停信号、XMIF 报警信息输出接口（与后一模块CXA2B 连）。

（5）CXA2B:DC24V 电源、ESP 急停信号、XMIF 报警信息输入接口（与前一模块CXA2A 连）。

（6）COP10A:伺服高速串行总线（FSSB）输出接口（与下一单元 COP10B 连）。

（7）COP10B:伺服高速串行总线（FSSB）输入接口（与 CNC 的 COP10A 连）。

（8）JX5:伺服检测板信号接口。

（9）JF1、JF2、JF3:编码器信号接口。

（10）CZ2L、CZ2M、CZ2N:电机动力线接口。

CX1A、CXA2A～CXA2B、CX3、CX4 接口如图 2-66 所示。

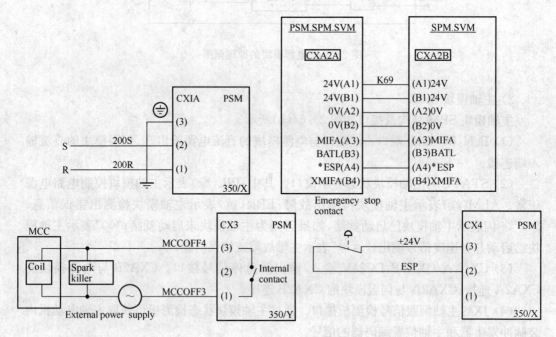

图 2-66   CX1A、CXA2A～CXA2B、CX3、CX4 接口

2. βiSVU

βiSVU 结构及接口如图 2-67 所示。接口含义见表 2-17。

表 2-17   βiSVU 接口含义

名称	说 明	名称	说 明
L1、L2、L3	主电源输入接口	COP10B	伺服 FSSB 接口（入）
DCC、DCP	制动电阻接口	COP10A	伺服 FSSB 接口（出）
U、V、W	电动机电源接口	JX5	伺服检测板信号接口
CX29	主电源 MCC 控制信号接口	JF1	编码器接口
CX30	急停信号（＊ESP）接口	ALM	报警指示灯
CXA20	制动电阻过热信号接口	LINK	连接指示灯
CXA19B	DC24V 电源输入接口	POWER	电源指示灯
CXA19A	DC24V 电源输出接口	CX5X	绝对编码器电池接口

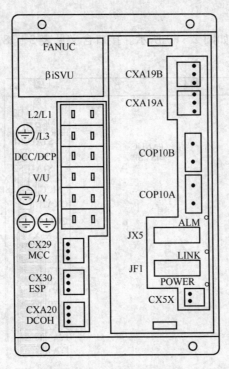

图 2 - 67　βiSVU

DCC/DCP、CXA20、CXA19B/CXA19A、CX29、CX30 接口如图 2 - 68 所示。

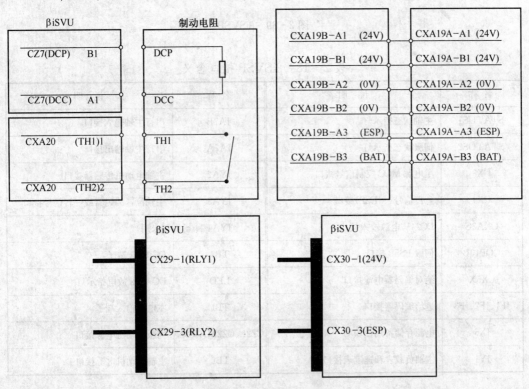

图 2 - 68　DCC/DCP、CXA20、CXA19B/CXA19A、CX29、CX30 接口

3. βiSVSP

βiSVSP 结构及接口如图 2-69 所示。接口含义见表 2-18。

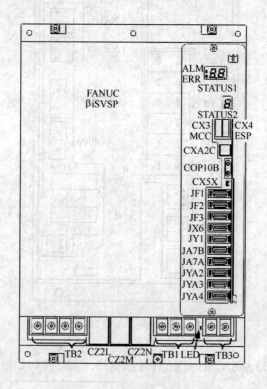

图 2-69 βiSVSP

表 2-18 βiSVSP 接口含义

名 称	说 明	名 称	说 明
STATUS1	主轴状态指示灯	JA7B	串行主轴输入接口
STATUS2	伺服状态指示灯	JA7A	串行主轴输出接口
CX3	主电源 MCC 控制信号接口	JYA2	主轴电动机传感器接口
CX4	急停信号(＊ESP)接口	JYA3	主轴位置编码器或一转信号接口
CXA2C	DC24V 电源输入接口	JYA4	(未用)
COP10B	伺服 FSSB 接口	TB3	DC Link 端子
CX5X	绝对编码器电池接口	LED	DC Link 放电指示灯
JF1、JF2、JF3	进给编码器接口	TB1	主电源输入端子
JX6	电源存储备用模块	CZ2L、CZ2M、CZ2N	伺服电动机电源接口
JY1	主轴负载表和速度表接口	TB2	主轴电动机电源接口

（二）华中伺服系统

华中系统驱动器同样分为模块化和集成型，也有伺服驱动器和主轴驱动器，在这里不再详述，只介绍 HSV-16 交流伺服驱动器和 HSV-18S 全数字主轴驱动器作为参考。

1. HSV-16 交流伺服驱动器

HSV-16 全数字交流伺服驱动单元，将电源模块和驱动模块集成为一体，具有结构小巧、使用方便、可靠性高等特点。HSV-16 采用最新运动控制专用数字信号处理器（DSP）、大规模现场可编程逻辑阵列（FPGA）和智能化功率块（IPM）等当今最新技术设计，操作简单、可靠性高、体积小巧、易于安装。HSV-16 伺服驱动器及其接口如图 2-70 所示。

（1）TB1：电源端子排。

AC220V、AC220V：AC220V 控制电源接口。

R、S、T、PE：三相主电源输入接口（PE 接地）。

P、BK：制动电阻接口。

U、V、W、PE：电动机电源接口（PE 接地）。

（2）XS1：串行通信接口。

（3）XS2：编码器接口。

（4）XS3：指令接口。

（5）XS4：输入输出接口（共 16 位）。

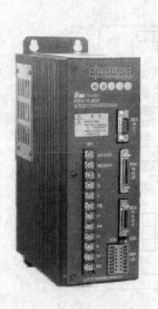

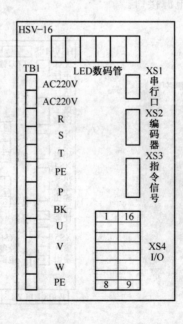

XS4接口端子含义		
1	EN	伺服使能
2	A-CL	报警消除
3	CLEE	偏差计数器清零
4	INH	指令脉冲禁止
5	L-CCW	CCW驱动禁止
6	L-CW	CW驱动禁止
7	COM	DC24V电源
8	24V	
9	MC1	故障连锁
10	MC2	
11		
12	GET	速度/位置到达
13	READY	伺服准备好
14	ALM	伺服报警
15	OH1	电机过热
16	OH2	

图 2-70　HSV-16 伺服驱动器及接口图

HSV-16 型伺服提供了 16 种不同的保护功能和故障诊断。当其中任何一种保护功能被激活时，驱动器面板上的 6 位 LED 数码管显示对应的报警信息，伺服报警输出。当首位数码管出现"A"时，表示发生报警，后续数码管显示报警号。当故障排除后，可通过辅助模式下的报警复位方式或重新上电进行系统复位。

驱动器故障报警后,需根据报警代码排除故障后才能投入使用。报警信息和故障处理参阅 HSV-16 说明书。

2. HSV-18S 全数字主轴驱动器

HSV-18S 全数字交流主轴驱动单元是武汉华中数控股份有限公司继 HSV-20S 系列交流主轴驱动单元后推出的新一代高压交流主轴驱动产品。该驱动单元采用 AC380V 电源输入,具有结构紧凑、使用方便、可靠性高等特点。HSV-18S 全数字交流主轴驱动单元采用专用运动控制数字信号处理器(DSP)、大规模现场可编程逻辑阵列(FPGA)和智能化功率模块(IPM)等当今最新技术设计,具有 025A、050A、075A 多种规格,并具有很宽的功率选择范围。用户可根据要求选配不同规格驱动单元和交流伺服主轴电机,形成高可靠、高性能的交流伺服主轴驱动系统。其外观及接口如图 2-71 所示。

(1) P、BK:制动电阻接口。

(2) L1、L2、L3:三相主电源输入接口。

(3) U、V、W、PE:电动机电源接口(PE 接地)。

(4) XS1:串行通信接口。

(5) XS3、XS2:第一编码器、第二编码器接口。

(6) XS4:指令接口。

(7) XS5:输入输出接口(共 4 位)。

(8) XS6:AC220V 控制电源接口。

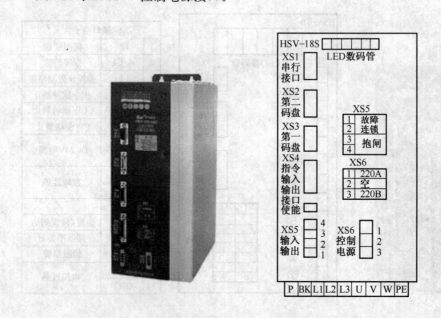

图 2-71　HSV-18S 伺服驱动装置及其接口

HSV-18S 主轴驱动器提供了 14 种不同的保护功能和故障诊断。当其中任何一种保护功能被激活时,驱动器面板上的 6 位 LED 数码管显示对应的报警信息,伺服报警输出。当故障排除后,可通过辅助模式下的报警复位方式进行系统复位或通过关断电源,重新给主轴驱动器上电来清除报警使系统复位。

驱动器故障报警后,需根据报警代码排除故障后才能投入使用。参阅 HSV-18S 说明书。

（三）通用变频器

变频器是变频调速的主要环节。常见的变频器有两种:交-交变频器（直接式变频器）与交-直-交变频器。其中,最多应用的是交-直-交变频器,其工作原理如图 2-72 所示。50Hz 的交流经全桥整流而变为"直流"。整流全桥中大功率晶闸管的击穿与失效是常见故障。整流后的"直流"中仍有脉动电流,会降低电源功率因素,并且会有大量高次谐波馈入电网。再生回路,是应用电容滤波即吸收网络来吸收这些无功功率,并与电机感应再生电能一起反馈给电网而具有再生机能的回路。再生回路中的电容的失效将导致滤波功能的丧失,可能造成伺服轴启停时的过电压。逆变器,多用 PWM 型逆变器,也常是导致脱扣的故障环节。若采用晶闸管逆变器,其中晶闸管也可能出现击穿与失效。

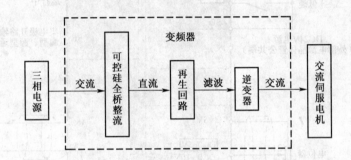

图 2-72　交-直-交变频器原理图

生产通用变频器的厂家很多,常用的有西门子、三菱、安川、富士、日立、爱默生等。CK6136 数控车床所配备的主轴驱动器是三菱 FR-D700 变频器,其外观及型号说明如图2-73 所示,接口及标准接线如图 2-74 所示。

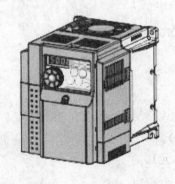

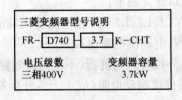

图 2-73　三菱变频器外观及型号说明

77

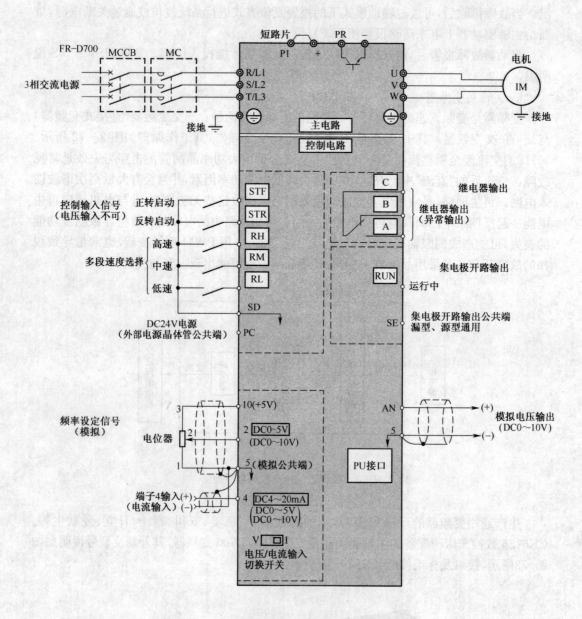

图 2-74   三菱变频器 FR-D700 接口及标准接线

常用接口含义如下：

R、S、T(L1、L2、L3)：三相电源输入端子。

U、V、W：电动机电源接口。

P1、＋：外接直流电抗器(不接时做短路处理)。

＋、PR：外接制动电阻(或＋、－：外接制动单元)。

STF、STR、SD：正转、反转、公共端。

2、5：模拟电压 0～10V(5 为公共端)。

FR-D700 变频器故障报警内容及对策见其说明书。

四、进给和主轴系统连接

1. 分离型连接

图 2-75 是 FANUC 的 αi 系列整体连接图。

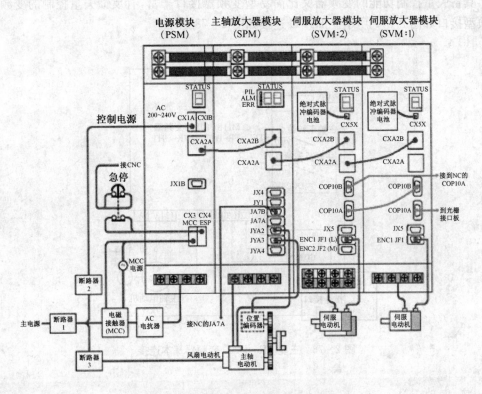

图 2-75　FANUC 的 αi 系列整体连接图

　　三相动力电源(380V)通过伺服变压器(把 380V 电压转换成 200V 电压)输送到电源模块的控制电路输入端、电源模块的主电路输入端以及作为主轴电动机的风扇电源;电源模块转出的直流电经直流母线供给主轴模块和伺服模块;主轴模块和伺服模块通过电动机电源接口连接主轴电动机和进给电动机;CX4 连接到数控机床操作面板的系统急停开关,实现硬件系统急停信号的控制;CX3 连接电磁接触器(MCC)控制回路;CNC 发出的主轴控制指令接到第一个主轴模块的 JA7B 上;CNC 发出的进给控制指令接到第一个伺服模块的 COP10B 上,第一个伺服模块将指令经 COP10A 传到第二个伺服模块的 COP10B,若要构成闭环控制,从第二个伺服模块的 COP10A 接到光栅接口板;主轴电机速度反馈至 JYA2,主轴 α 位置编码器反馈至 JYA3;进给运动反馈至伺服模块的反馈接口。

　　根据主轴检测元件及其位置的不同,主轴有多种反馈连接方式。按位置不同分为从电机侧反馈和从主轴侧反馈。在这两种方式中,按检测元件的不同,又有多种连接方式。

2. 分集成型连接

分集成型的主轴模块和进给模块都包含有电源部分。其中,主轴模块分为模拟量主轴(如三菱 FR-D700 变频器)和伺服数字主轴(如 HSV-18S 主轴驱动器)。

在这里,以三菱 FR-D700 变频器为例认识主轴模块的连接,以 FANUC 的 βiSVU 伺服驱动器为例了解进给模块的连接。三菱 FR-D700 变频器基本连接如图 2-76 所示。具备矢量控制功能的变频器又比简易型变频器接口丰富,有反馈矢量控制的变频器的典型接口如图 2-77 所示。βiSVU 连接如图 2-78 所示。

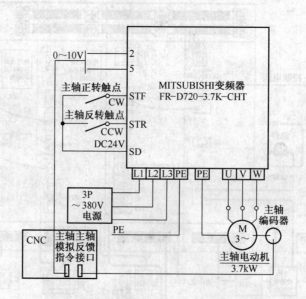

图 2-76   三菱 FR-D700 变频器基本连接

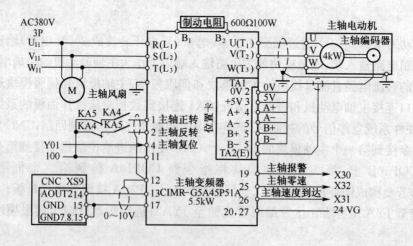

图 2-77   带速度反馈的主轴驱动器接口图

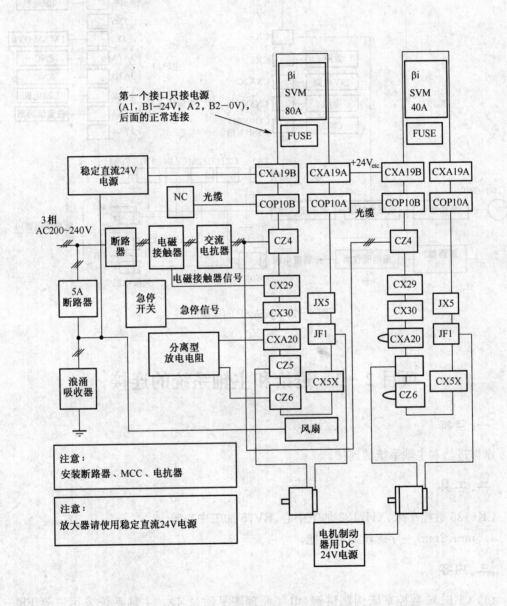

第一个接口只接电源
(A1, B1—24V, A2, B2—0V),
后面的正常连接

βi SVM 80A FUSE

βi SVM 40A FUSE

稳定直流24V电源

NC 光缆

3相
AC200~240V

断路器

5A断路器

急停开关

浪涌吸收器

电磁接触器

交流电抗器

分离型放电电阻

电磁接触器信号

急停信号

CXA19B CXA19A +24V$_{etc}$ CXA19B CXA19A

COP10B COP10A 光缆 COP10B COP10A

CZ4 CZ4

CX29 CX29

CX30 JX5 CX30 JX5

CXA20 JF1 CXA20 JF1

CZ5 CZ6 CX5X CZ6 CX5X

风扇

注意:
安装断路器、MCC、电抗器

注意:
放大器请使用稳定直流24V电源

电机制动器用DC 24V电源

图 2-78 βiSVU 的连接

3. 总集成型连接

以 FANUC 的 βiSVSP 为例了解总集成型主轴和进给模块的连接,如图 2-79 所示。

81

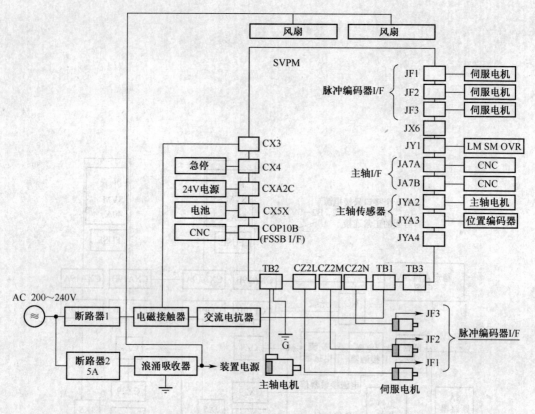

图 2-79 βiSVSP 的连接

项目 2-3 进给和主轴系统的连接

一、目标

掌握进给和主轴系统的连接。

二、工具

CK6136 数控车床、XH7132 加工中心、BV75 加工中心等。

1.5mm、2mm 一字螺丝刀各一把。

三、内容

(1) CK6136 数控车床例题讲解(电气原理图见附录 4)。主轴系统采用三菱 FR-D700 变频器。先将空气开关 QF7 合上,当 PLC 输出主轴强电允许 Y2.7 有效时,KA2 继电器线圈得电,其常开触点闭合,KM5 交流接触器线圈通电,其主触点吸合,主轴变频器加上三相交流 380V 电压。主轴电动机的启停以及旋转方向由外部开关 KA3、KA4 控制,若有主轴正转或主轴反转指令时,PLC 输出主轴正转 Y2.0 或主轴反转 Y2.1 有效,KA3 或 KA4 继电器线圈得电,当 KA3 常开触点闭合时电动机正转,当 KA4 常开触点闭合时电动机反转,当 KA3、KA4 同时都断开则电动机停止。速度指令由 2、5 脚输入,指令电压范围是直流 0～10V,变频器根据输入的速度指令和运行状态指令输出相应频率和幅值的交流电源,控制电动机旋转。主轴的启动时间、制动时间由主轴变频器内部参数设定。主轴速度(或位置)反馈通过主轴编码器反馈至 CNC。

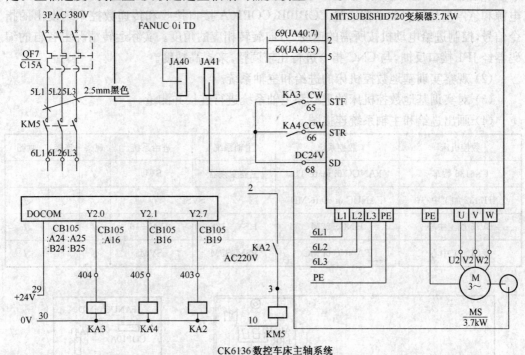

CK6136 数控车床主轴系统

伺服系统采用 FANUC 的 βiSVU 伺服驱动器。先将空气开关 QF2、QF3 合上,当机床开机(供电回路正常)、旋开急停、机床未超程时,伺服驱动器 CX30(ESP)接口第 3 管脚

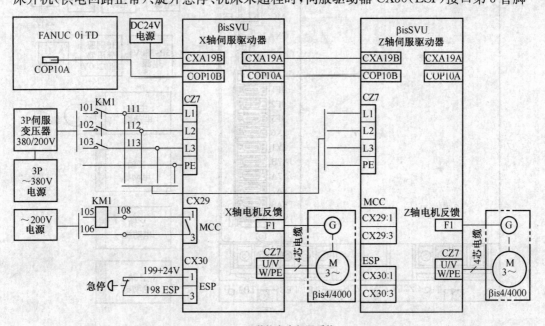

CK6136 数控车床伺服系统

接收到+24V,驱动器开始进行自检,若伺服无故障,则CX29(MCC)接口内部常开触点闭合,KM1交流接触器线圈得电,其主触点闭合,伺服驱动器加上三相交流200V动力电源(由三相伺服变压器变压得到)。每一个SVU带一个进给电动机,电动机电源接口U、V、W要严格按相序进行接线。伺服驱动器通过CXA19B,CXA19A接口接收和传递DC24V电源和急停信号等。驱动器通过COP10B、COP10A接口接收和传递数控系统发出的指令信号,控制进给电动机按所需的速度、方向旋转相应的角度。实际运转情况由各自的编码器经JF1接口反馈,与CNC指令进行比较调整,来提高精度。

(2)观察实训基地数控机床的进给和主轴系统。

(3)对实训基地数控机床的进给和主轴系统进行连接并测量。

(4)画出进给和主轴系统连接图。

数控机床	数控系统	主轴系统	进给系统	观察	连接	画图
CK6136数车	FANUC 0i mate TD	三菱变频器	SVU	√	√	
XH7132加工中心	FANUC 0i mate MD	SVSP		√	√	√
BV75加工中心	HNC-22M	HSV-18S	HXV-16	√	√	√
龙门加工中心	FANUC 0i MC	PSM、SPM	SVM	√		√

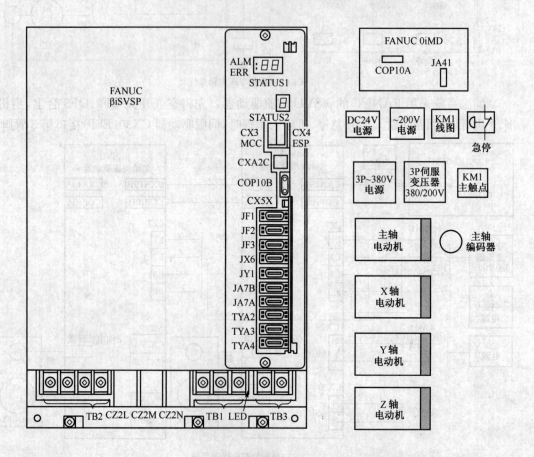

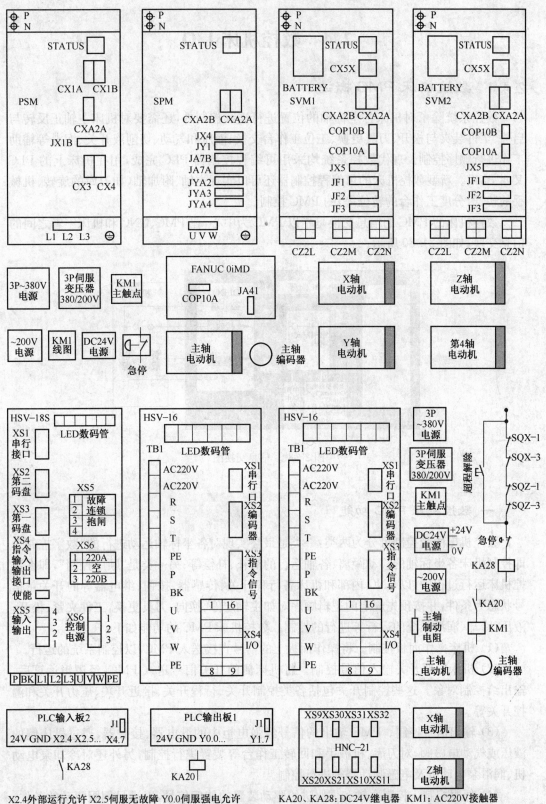

X2.4外部运行允许 X2.5伺服无故障 Y0.0伺服强电允许
当急停旋开、机床未超程、伺服无故障时，允许伺服上强电

KA20、KA28：DC24V继电器 KM1：AC220V接触器
PLC 输入输出均低电平有效

2.4 数控机床 I/O

2.4.1 数控机床 PMC 概述

数控系统除了对机床各坐标轴的位置进行连续控制外,还需要对机床主轴正反转与启停、工件装夹与松开、刀具更换、工位工作台交换、液压和气动、切削液开关、润滑等辅助工作进行顺序控制。现代数控系统均采用可编程控制器 PLC 完成,用在机床上的 PLC 又叫 PMC。新型数控机床的可编程控制器还可以实现主轴、附加轴(如刀库的旋转、机械手的转臂、分度工作台的转位等)的 PMC 控制。

数控机床的 PMC 的信息交换是指以 PMC 为中心,在 PMC、CNC 和机床三者之间的信息交换,如图 2-80 所示。

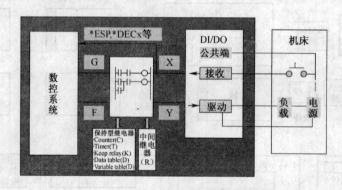

图 2-80 信息交换图

一、数控机床 PMC 功能

数控机床所受控制可分为两类:一类是最终实现对各坐标轴运动进行的"数字控制"。即控制机床各坐标轴的移动距离、各轴运行的插补、补偿等;另一类是"顺序控制",即在数控机床运行过程中,以 CNC 内部和机床各行程开关、传感器、按钮、继电器等的开关量信号状态为条件,并按预先规定的逻辑顺序对如主轴起停、换向,刀具更换,工件夹紧、松开,液压、冷却、润滑系统的运行等进行的控制。数控机床 PMC 的功能如下:

(1)机床操作面板控制。将操作面板上的信号直接送入 PMC,以控制系统的运行。

(2)机床外部开关输入信号控制。将机床侧的开关信号送入 PMC,经逻辑运算后,输出给控制对象。这些控制开关包括各类控制开关、行程开关、接近开关、压力开关和温控开关等。

(3)输出信号控制。PMC 输出的信号经强电柜中的继电器、接触器,通过机床侧的液压或气动电磁阀,对刀库、机械手和回转工作台等装置进行控制,另外还对冷却泵电动机、润滑泵电动机及电磁制动器等进行控制。

(4)伺服控制。控制主轴和伺服进给驱动装置的使能信号,以满足伺服驱动的条件,通过驱动装置驱动主轴电动机、进给伺服电动机和刀库电动机等。

(5) 报警处理控制。PMC 收集强电柜、机床侧和伺服驱动装置的故障信号,将报警标志区中的相应报警标志位置位,数控系统便显示报警号及报警提示信息以便故障诊断。

(6) 转换控制。有些加工中心可以实现主轴立/卧转换,PMC 完成的主要工作包括:切换主轴控制接触器;通过 PMC 的内部功能,在线自动修改有关机床数据位;切换伺服系统进给模块,并切换用于坐标轴控制的各种开关、按键等。

二、数控机床 PMC 分类

数控机床用 PMC 可分为两类:一类是专为实现数控机床顺序控制而设计制造的"内置式"(Built - in Type)PMC;另一类是输入/输出信号接口技术规范、输入/输出点数、程序存储容量以及运算和控制功能都符合数控机床控制要求的"独立式"(Stand - alone Type)PMC。CNC 的功能和 PMC 的功能在设计时就一同考虑,CNC 和 PMC 之间没有多余的连线,于是使得 PMC 信息可以通过 CNC 显示器显示,PMC 编程更为方便,故障诊断功能和系统的可靠性也有提高。FANUC 0i (Mate) D 系统采用了内置式 PMC。

内置式 PMC 与 CNC 间的信息传送在 CNC 内部实现,PMC 与机床(Machine Tools,MT)间的信息传送则通过 CNC 的输入/输出接口电路来实现。一般这种类型的 PMC 不能独立工作,只是 CNC 向 PMC 功能的扩展,两者是不能分离的。在硬件上,内置式 PMC 可以和 CNC 共用一个 CPU,也可以单独使用一个 CPU。

独立型 PMC 和 CNC 是通过输入/输出接口电路连接的。目前,有许多厂家生产独立型 PMC,选用独立型 PMC,功能益于扩展和变更,当用户在向柔性制造系统(FMS)、计算机集成制造系统(CIMS)发展时,不至于对原系统作很大的变动。

2.4.2 FANUC 系统 I/O 的选型、连接与地址分配

一、I/O 单元的选型

目前 FANUC 系统的 I/O 单元为选择装置,其种类很多。系统选型时,要根据系统的配置和机床的具体要求进行 I/O 单元选择,表 2-19 是 FANUC 系统常用的 I/O 单元。

表 2-19　FANUC 系统常用的 I/O 单元

名　称	说　明	手轮连接	信号点数(I/O)
机床操作面板模块	装在机床操作面板上,带有矩阵开关和 LED 	有	96/64
操作盘 I/O 模块	带有机床操作盘接口的装置,0i 系统上常见 	有	48/32

名　称	说　明	手轮连接	信号点数(I/O)
0i 系列 I/O 模块	能适应机床强电电路输入输出信号的任意组合要求 	有	96/64
分线盘 I/O 模块	一种分散型的 I/O 模块，能适应机床强电输入输出信号的任意组合要求，由基本单元和三块扩展单元组成 	有	96/64
FANUC I/O UNIT A/B 模块	一种模块结构的 I/O 装置，能适应机床强电输入输出任意组合的要求 	无	最大 256/256
I/O Link 轴模块	使用 β 和 βi 系列 SVU（带 I/O Link），可以通过 PMC 外部信号来控制伺服电动机进行定位 	无	128/128

二、I/O 单元的 Link 连接

I/O Link 是高速串行电缆，是 FANUC 专用 I/O 总线，将系统与从属 I/O 设备连接起来，并在各设备间高速传送 I/O 信号（位数据）。I/O Link 连接图如图 2-81 所示。当连接多个设备时，FANUC I/O Link 将一个设备认作主单元，其他设备作为子单元。子单元的输入信号每隔一定周期送到主单元，主单元的输出信号也每隔一定周期送至子单元。

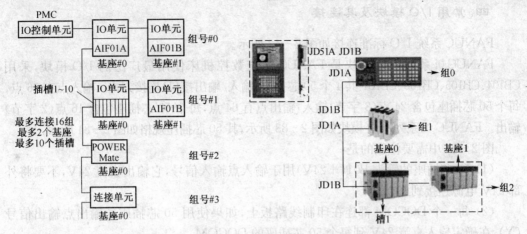

图 2-81 I/O LINK 连接图

FANUC I/O Link 连接的模块有很多种,包括 FANUC 标准操作面板、分布式 I/O 模块以及带有 FANUC I/O Link 接口的 β 系列伺服单元,只要具有 I/O Link 接口的单元都可以连接。每组 I/O 点最多为 256/256,一个 I/O Link 的 I/O 点不超过 1024/1024。

三、I/O 单元的输入输出连接

FANUC 各种 I/O 单元的输入输出信号连接方式基本相同,按电流的流向分为源型输入(局部)/输出和漏型输入(局部)/输出两种,使用哪种连接方式由输入输出的公共端 DICOM/DOCOM 来决定。常用 I/O 单元输入输出信号连接方式如图 2-82 所示。

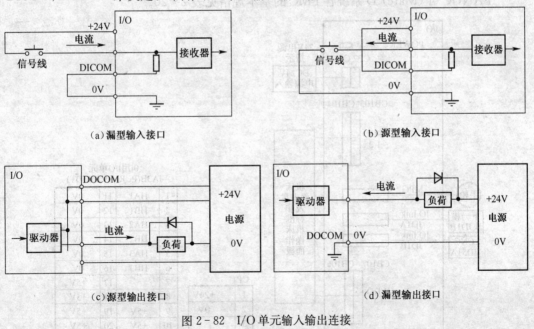

图 2-82 I/O 单元输入输出连接

为安全起见,建议采用漏型输入,即+24V 开关量输入(高电平有效),避免信号端接地的误动作。推荐使用源型输出,即+24V 输出,同时在连接时注意续流二极管的极性,以免造成输出短路。

四、常用 I/O 模块及其连接

FANUC 系统 I/O 标准连接如图 2-42 所示。

FANUC 0i 系列 I/O 模块是 FANUC 系统数控机床使用最广泛的 I/O 模块，采用 CB104、CB105、CB106、CB107 共 4 个 50 芯插座(输入/输出接口)连接方式。输入点有 96 点，每个 50 芯插座包含 24 点(3 字节)输入；输出点有 64 点，每个 50 芯插座包含 16 点(2 字节)输出。FANUC 0i 系列 I/O 模块如图 2-83 所示，其 50 芯插座规格如图 2-84 所示。

图 2-84 中需要注意的是：

(1) 50 芯插座的管脚 B01(+24V)用于输入点输入信号，它输出直流 24V，不要将外部 24V 电源连接到此。

(2) 每一个 DOCOM 都连在印制线路板上，如果使用 50 芯插座的输出点输出信号(Y)，在确定输入直流 24V 到每个 50 芯插座的 DOCOM。

另外，可以看到 CB106 的 A14 脚有定义，其他都没有，因为 CB106 可以选择漏型和源型输入。通过 COM4 连接 24V 或 0V 来选择，不能悬空。从安全标准来说，推荐使用漏型输入，图 2-85 为漏型信号的例子。

CB104 输入输出单元的连接方式如图 2-86 所示，其他同理。

标准机床操作面板也是较为常用的一种 I/O 模块，其连接如图 2-87 所示。

五、地址分配

1. 基本规格

FANUC 0i (Mate) D 系统各 PMC 的基本规格见表 2-20。

CP1

1	+24V
2	0V
3	

0i用I/O单元
JA3B(PCR-EV20MDT)

1	HA1	11	0V
2	HB1	12	0V
3	HA2	13	0V
4	HB2	14	0V
5	HA3	15	0V
6	HB3	16	0V
7		17	+5V
8		18	+5V
9	+5V	19	+5V
10	+5V	20	+5V

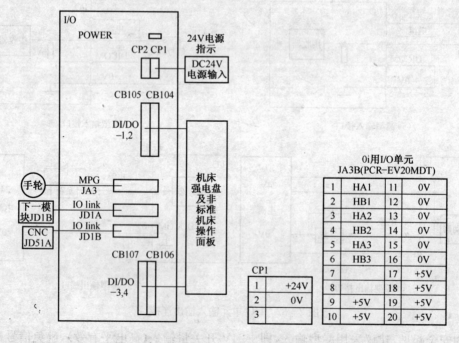

图 2-83　0i 系列 I/O 模块

CB104 HIROSE 50PIN	A	B		CB105 HIROSE 50PIN	A	B		CB106 HIROSE 50PIN	A	B		CB107 HIROSE 50PIN	A	B
01	0V	+24V		01	0V	+24V		01	0V	+24V		01	0V	+24V
02	Xm+0.0	Xm+0.1		02	Xm+3.0	Xm+3.1		02	Xm+4.0	Xm+4.1		02	Xm+7.0	Xm+7.1
03	Xm+0.2	Xm+0.3		03	Xm+3.2	Xm+3.3		03	Xm+4.2	Xm+4.3		03	Xm+7.2	Xm+7.3
04	Xm+0.4	Xm+0.5		04	Xm+3.4	Xm+3.5		04	Xm+4.4	Xm+4.5		04	Xm+7.4	Xm+7.5
05	Xm+0.6	Xm+0.7		05	Xm+3.6	Xm+3.7		05	Xm+4.6	Xm+4.7		05	Xm+7.6	Xm+7.7
06	Xm+1.0	Xm+1.1		06	Xm+8.0	Xm+8.1		06	Xm+5.0	Xm+5.1		06	Xm+10.0	Xm+10.1
07	Xm+1.2	Xm+1.3		07	Xm+8.2	Xm+8.3		07	Xm+5.2	Xm+5.3		07	Xm+10.2	Xm+10.3
08	Xm+1.4	Xm+1.5		08	Xm+8.4	Xm+8.5		08	Xm+5.4	Xm+5.5		08	Xm+10.4	Xm+10.5
09	Xm+1.6	Xm+1.7		09	Xm+8.6	Xm+8.7		09	Xm+5.6	Xm+5.7		09	Xm+10.6	Xm+10.7
10	Xm+2.0	Xm+2.1		10	Xm+9.0	Xm+9.1		10	Xm+6.0	Xm+6.1		10	Xm+11.0	Xm+11.1
11	Xm+2.2	Xm+2.3		11	Xm+9.2	Xm+9.3		11	Xm+6.2	Xm+6.3		11	Xm+11.2	Xm+11.3
12	Xm+2.4	Xm+2.5		12	Xm+9.4	Xm+9.5		12	Xm+6.4	Xm+6.5		12	Xm+11.4	Xm+11.5
13	Xm+2.6	Xm+2.7		13	Xm+9.6	Xm+9.7		13	Xm+6.6	Xm+6.7		13	Xm+11.6	Xm+11.7
14				14				14	COM4			14		
15				15				15				15		
16	Yn+0.0	Yn+0.1		16	Yn+2.0	Yn+2.1		16	Yn+4.0	Yn+4.1		16	Yn+6.0	Yn+6.1
17	Yn+0.2	Yn+0.3		17	Yn+2.2	Yn+2.3		17	Yn+4.2	Yn+4.3		17	Yn+6.2	Yn+6.3
18	Yn+0.4	Yn+0.5		18	Yn+2.4	Yn+2.5		18	Yn+4.4	Yn+4.5		18	Yn+6.4	Yn+6.5
19	Yn+0.6	Yn+0.7		19	Yn+2.6	Yn+2.7		19	Yn+4.6	Yn+4.7		19	Yn+6.6	Yn+6.7
20	Yn+1.0	Yn+1.1		20	Yn+3.0	Yn+3.1		20	Yn+5.0	Yn+5.1		20	Yn+7.0	Yn+7.1
21	Yn+1.2	Yn+1.3		21	Yn+3.2	Yn+3.3		21	Yn+5.2	Yn+5.3		21	Yn+7.2	Yn+7.3
22	Yn+1.4	Yn+1.5		22	Yn+3.4	Yn+3.5		22	Yn+5.4	Yn+5.5		22	Yn+7.4	Yn+7.5
23	Yn+1.6	Yn+1.7		23	Yn+3.6	Yn+3.7		23	Yn+5.6	Yn+5.7		23	Yn+7.6	Yn+7.7
24	DOCOM	DOCOM		24	DOCOM	DOCOM		24	DOCOM	DOCOM		24	DOCOM	DOCOM
25	DOCOM	DOCOM		25	DOCOM	DOCOM		25	DOCOM	DOCOM		25	DOCOM	DOCOM

图 2-84　4 个 50 芯插座规格

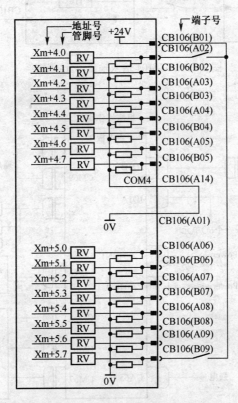

图 2-85　CB106 输入单元漏型连接

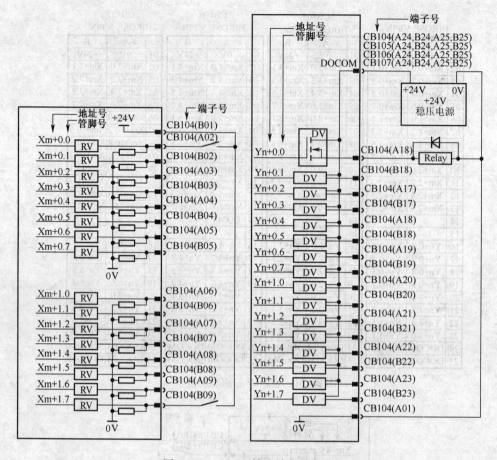

图 2-86 CB104 输入输出单元的连接

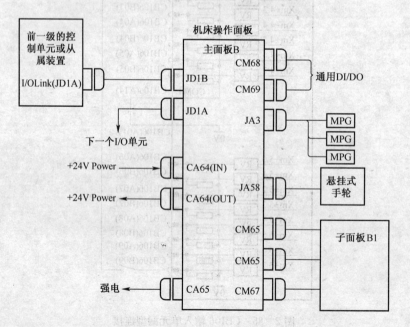

图 2-87 标准机床操作面板连接

表 2-20 PMC 的基本规格

功　能		0i D PMC	0i D / 0i Mate D　PMC/L
编程语言		梯图　功能程序段	梯图　功能程序段
梯图级别数		3	2
级别 1 执行周期		8ms	8ms
处理速度：基本指令执行时间		25ns/step	1μs/step
程序容量	梯形图	最大约 32000 step	最大约 8000 step
	符号/注释	1 KB～不限制	1 KB～不限制
	信息显示	8 KB～不限制	8 KB～不限制
指令	基本指令数	14	14
	功能指令数	93(105)	92(105)
指令(有 PMC 梯图指令扩展功能选项的情形)	基本指令数	24	24
	功能指令数	218(230)	217(230)
CNC 接口	输入(F)	768 bytes×2	768 bytes
	输出(G)	768 bytes×2	768 bytes
I/O Link	输入(X)	最大 2048 点	最大 1024 点
	输出(Y)	最大 2048 点	最大 1024 点
符号/注释	符号字符数	40 个字符	40 个字符
	注释字符数	255 个字符	255 个字符
程序保存区(FLASH ROM)		最大 384 KB	128 KB
PMC 存储器	内部继电器(R)	8000 bytes	1500 bytes
	系统继电器(R9000)	500 bytes	500 bytes
	扩展继电器(E)	10000 bytes	10000 bytes
	信息显示(A)：显示请求	2000 点	2000 点
	信息显示(A)：状态显示	2000 点	2000 点
保持型存储器	定时器(T)：可变定时器	500 bytes(250 个)	80 bytes(40 个)
	定时器(T)：定时器精度	500 bytes(250 个)	80 bytes(40 个)
	计数器(C)：可变计数器	400 bytes(100 个)	80 bytes(20 个)
	计数器(C)：固定计数器	200 bytes(100 个)	40 bytes(20 个)
	保持继电器(K)：用户区域	100 bytes	20 bytes
	保持继电器(K)：系统区域	100 bytes	100 bytes
	数据表(D)	10000 bytes	3000 bytes
功能指令	可变定时器(TMR)	250 个	40 个
	固定定时器(TMRB/TMRBF)	500 个	100 个
	可变计数器(CTR)	100 个	20 个
	固定计数器(CTRB)	100 个	20 个
	上升沿/下降沿检测(DIFU/DIFD)	1000 个	256 个
	标签(LBL)	9999 个	9999 个
	子程序(SP)	5000 个	512 个

2. 地址信号

FANUC 系统的输入/输出信号控制有两种形式：一种是来自系统内装 I/O 卡的输入/输出信号，如 F、G 信号，其地址是固定的；另一种是来自外装 I/O 卡（I/O Link）的输入/输出信号，如 X、Y 信号，其地址是由数控机床厂家在编制顺序程序时设定的，连同顺序程序一同存储到系统 FROM 中，如图 2-88 所示。若内装 I/O 卡与 I/O Link 的控制信号同时作用（相同控制功能），内装 I/O 卡信号有效。

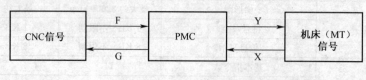

图 2-88　机床信号关系图

（1）机床到 PMC 的输入信号地址（X）。机床侧的开关量信号通过 I/O 单元接口输入至 PMC 中，除极少数信号外，绝大多数信号的含义及所占用 PMC 的地址均可由 PMC 程序设计者自行定义。

（2）从 PMC 到机床侧的输出信号地址（Y）。PMC 控制机床的信号通过 PMC 的开关量输出接口送到机床侧，所有开关量输出信号的含义及所占用 PMC 的地址均可由 PMC 程序设计者自行定义。

（3）从 PMC 到 CNC 的输出信号地址（G）。CNC 送至 PMC 的信息可由 CNC 直接送入 PMC 的寄存器中，所有 CNC 送至 PMC 的信号含义和地址（开关量地址或寄存器地址）均由 CNC 厂家确定，PMC 编程者只可使用，不可改变或增删。如辅助功能 M、S、T 指令，通过 CNC 译码后直接送入 PMC 相应的寄存器中。

（4）从 CNC 到 PMC 的输入信号地址（F）。PMC 送至 CNC 的信息也由开关量信号或寄存器完成，所有 PMC 送至 CNC 的信号的含义和地址均由 CNC 厂家确定，PMC 编程者只可使用，不可改变或增删。

（5）中间继电器地址（R、E）。系统中间继电器可分为内部继电器（R）和外部继电器（E）两种。

（6）定时器地址（T）。定时器分可变定时器（用户可修改时间）和固定定时器（时间存储到 FROM 中）两种。

（7）计数器地址（C）。计数器分为可变计数器（C0～C79）和固定计数器（C5000～C5039）。

（8）保持型继电器地址（K）。保持型继电器地址为 K0～K19（用户区），K900～K999（系统区）。

（9）数据表地址（D）。

（10）信息继电器地址（A）。信息继电器通常用于显示报警信息请求。

（11）子程序号地址（P）。通过子程序有条件调出 CALL 或无条件调出 CALLU 功能指令，系统运行子程序的 PMC 控制程序，完成数控机床辅助功能控制动作，如加工中心的换刀动作。

（12）标号地址（L）。为了便于查找和控制，PMC 顺序程序用标号进行分块（一般按控制功能进行分块),系统通过 PMC 的标号跳转功能指令(JMPB 或 JMP)随意跳到所指定标号的程序进行控制。

FANUC 0i(Mate) D 系统 PMC 地址分配表见表 2-21。

表 2-21　PMC 地址分配表

信号的种类	符号	0i D PMC	0i D/ 0i Mate D PMC/L
从机床向 PMC 的输入信号	X	X0~X127 X200~X327 X400~X527(注释 1) X600~X727(注释 1) X1000~X1127(注释 1)	X0~X127 X200~X327(注释 1) X1000~X1127(注释 1)
从 PMC 向机床的输出信号	Y	Y0~Y127 Y200~Y327 Y400~Y527(注释 1) Y600~Y727(注释 1) Y1000~Y1127(注释 1)	Y0~Y127 Y200~Y327(注释 1) Y1000~Y1127(注释 1)
从 CNC 向 PMC 的输入信号	F	F0~F767 F1000~F1767 F2000~F2767(注释 2) F3000~F3767(注释 2) F4000~F4767(注释 2) F5000~F5767(注释 2) F6000~F6767(注释 2) F7000~F7767(注释 2) F8000~F8767(注释 2) F9000~F9767(注释 2)	F0~F767 F1000~F1767(注释 2)
从 PMC 向 CNC 的输出信号	G	G0~G767 G1000~G1767 G2000~G2767(注释 2) G3000~G3767(注释 2) G4000~G4767(注释 2) G5000~G5767(注释 2) G6000~G6767(注释 2) G7000~G7767(注释 2) G8000~G8767(注释 2) G9000~G9767(注释 2)	G0~G767 G1000~G1767(注释 2)
内部继电器	R	R0~R7999	R0~R1499
系统继电器	R	R9000~R9499	R9000~R9499
扩展继电器	E	E0~E9999	E0~E9999
信息显示: (1)显示请求 (2)状态显示	A	A0~A249 A9000~A9249	A0~A249 A9000~A9249
定时器: (1)可变定时器 (2)可变定时器精度用	T	T0~T499 T9000~T9499	T0~T79 T9000~T9079
计数器: (1)可变计数器 (2)固定计数器	C	C0~C399 C5000~C5199	C0~C79 C5000~C5039
保持继电器: (1)用户区 (2)系统区	K	K0~K99 K900~K999	K0~K19 K900~K999
数据表	D	D0~D9999	D0~D2999
标签	L	L1~L9999	L1~L9999
子程序	P	P1~P5000	P1~P512
注释 1:这是 PMC 管理软件的预留区。不能将 I/O 分配给该区。请勿在用户程序中使用。 注释 2:这是 PMC 管理软件的预留区。请勿在用户程序中使用			

3. 地址分配

每个模块可以用组号、基座号、插槽号来定义,模块名称表示其唯一的位置。
常见模块名称及占用地址见表2-22。

表 2-22 模块名称及占用地址

序号	名 称 (实际模块名称)	模块名称	占用地址	说 明
1	FANUC CNC 系统 FANUC POWER MATE	FS04A	输入:4B/输出:4B	FANUC0C POWER MATE A/B/C/D/E/F/H
		FS08A	输入:8B/输出:8B	
		OC02I	输入:16B	POWER MATE D/H
		OC02O	输出:16B	
		OC03I	输入:32B	
		OC03O	输出:32B	
2	操作面板 I/O 模块	/6	输入:6B	不带手轮
		/4	输出:4B	
3	I/O 单元	OC02I	输入:16B	输入点数只有 12B,其余 4B 为手轮 和 DO 报警检测所用
		/8	输出:8B	
4	分线盘 I/O	CM03I	输入:3B	只有基本单元
		CM06I	输入:6B	基本单元+扩展单元 1
		CM09I	输入:9B	基本单元+扩展单元 1&2
		CM12I	输入:12B	基本单元+扩展单元 1&2&3
		CM02O	输出:2B	只有基本单元
		CM04O	输出:4B	基本单元+扩展单元 1
		CM06O	输出:6B	基本单元+扩展单元 1&2
		CM08O	输出:8B	基本单元+扩展单元 1&2&3
		CM13I	输入:13B	用 1 个手轮
		CM14I	输入:14B	用 2 个手轮
		CM15I	输入:15B	用 3 个手轮
		CM16I	输入:16B	DO 报警检测

一个 I/O Link 最多可连接 16 组子单元,以组号表示其所在的位置。在一组子单元中最多可连接 2 个基本单元,基座号表示其所在的位置。在每个基本单元中最多可安装 10 个 I/O 模块,以插槽号表示其所在的位置,各模块可安装在任意插槽内,允许在各模块之间留有空槽。再配合模块的名称,最后确定这个 I/O 模块在整个 I/O 中的地址,也就确定了 I/O 模块中各个 I/O 点的唯一地址。

根据模块的类型以及 I/O 点数的不同,I/O Link 有多种连接方式,PMC 程序可以对 I/O 信号的分配地址进行编程。I/O Link 的两个插座为 JD1A 和 JD1B,对所有的 I/O Link 单元来说,电缆总是从一个单元的 JD1A 连接到下一个单元的 JD1B,最后一个单元的 JD1A 可以空着,无需再连接。

各模块的顺序程序地址设定在编程器的存储器中,因此仅需指定各模块的首字节地址,其余字节的地址由编程器自动指定。这些由编程者设定的地址信息在顺序程序写入ROM时一并被写入,在写入ROM时,I/O地址不可更改。这些地址取决于I/O基本单元的联接位置(组号和基座号)、各模块在I/O基本单元中的安装位置(插槽号)和各模块名称。

I/O总线定义说明如下:

(1) 从一个JD1A引出来的模块算是一组,在连接的过程中,要改变的仅仅是组号,数字靠近系统从0开始逐渐递增。

·(2) OC02I为模块的名字,它表示该输入模块的大小为16个字节;OC03O表示该输出模块为32个字节;/8表示模块有8个字节。

(3) 由于模块地址的定义很自由,可在规定范围内任意处定义,一旦定义了起始地址(m、n),该模块的内部地址就分配完毕。

(4) 模块的分配还有一个规则,即连接手轮的模块的输入必须为16字节,且手轮连在离系统最近的一个16字节的模块上的JA3接口上。对于此模块,Xm+0→Xm+11用于输入,即使实际上没有这种输入点,但为了连接手轮也需如此分配。Xm+12→Xm+14用于三个手轮的信号输入。只连接一个手轮时,旋转手轮可看到Xm+12中信号在变化。Xm+15用于信号的报警。

(5) 在模块分配完毕以后,要注意保存,断电再上电方可生效。同时注意模块优先于系统先上电,否则系统在上电时无法检测到该模块。

按照上述地址分配的方法,在PMCCNF中的[模块]画面里进行输入输出地址分配。图2-89是某机床的I/O地址分配。先将光标移至X0字节,输入0.0.1.OC02I,完成后机床输入自X0开始分配16个字节(X0~X15);再将光标移至Y0字节,输入0.0.1.FS08A,完成后输出自Y0开始分配8个字节(Y0~Y7);最后保存退出、系统重启后方能生效。

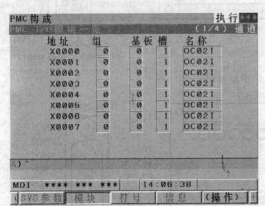
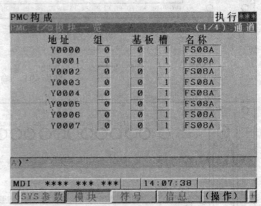

图2-89 PMC地址分配画面

2.4.3 华中输入输出装置

华中输入输出装置主要有I/O端子板和远程I/O端子板,如图2-90所示。

下面介绍常用的I/O端子板。I/O端子板分输入端子板和输出端子板两种,通常作

(a) I/O 端子板

(b) 远程 I/O 端子板

图 2-90 华中系统常见输入输出装置

为 HNC-21/22 数控装置 XS10、XS11、XS20、XS21 接口的转接单元使用,以方便连接及提高可靠性。输入端子板和输出端子板均提供 NPN(低电平有效)和 PNP(高电平有效)两种端子。每块输入端子板含 20 位开关量输入端子,每块输出端子板含 16 位开关量输出端子及急停(两位)与超程(两位)端子。

输入端子板、输出端子板的接口如图 2-91、图 2-92 所示。输入端子板、输出端子板的引脚分配见表 2-23、表 2-24。

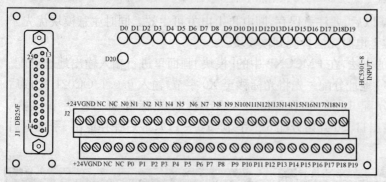
(a) 输入端子板

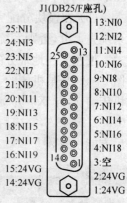
(b) 办理入端子板 J1 接口

图 2-91 输入端子板接口

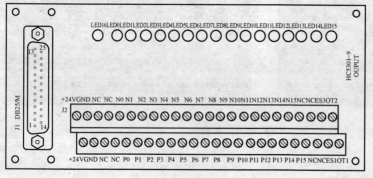
(a) 输出端子板

(b) 输出端子板 J1 接口

图 2-92 输出端子板接口

表 2-24 输出端子板引脚分配

接口	信号名	说 明
J1 DB25/M	24VG	外部开关量 DC24V 电源地
	NO0～NO19	输出开关量
	ESTOP1、ESTOP3	急停信号转接
	OTBS1、OTBS2	超程解除信号转接
J2 端子	+24V	外部开关量 DC24V 电源
	GND	
	NC	空脚
	N0～N19	NPN 型开关量输出
	P0～P19	PNP 型开关量输出
	ES1、ES3	急停信号转接
	OT1、OT2	超程解除信号转接

表 2-23 输入端子板引脚分配

接口	信号名	说 明
J1 DB25/F	24VG	外部开关量 DC24V 电源地
	NI0～NI19	输入开关量
J2 端子	+24V	外部开关量 DC24V 电源
	GND	
	NC	空脚
	N0～N19	NPN 型开关量输入
	P0～P19	PNP 型开关量输入

项目 2-4 I/O 连接及地址分配

一、目标

读懂电气原理图,并能独立进行数控机床 I/O 的连接及地址分配。

二、工具

CK6136 数控车床、XH7132 加工中心等。

万用表一块、10mm 十字螺丝刀、2mm 和 1.5mm 一字起各一把。

三、内容

(1) 参阅相关数控机床电气原理图,观察并进行 I/O 实际连接及 I/O 地址分配。

(2) 对下图进行 I/O 连接并地址分配。已知:

I/O 1 为第一个 I/O 模块,是 0i 系列 I/O,DI/DO 点数为 96/64,带 JA3 手轮接口,CP1(入)、CP2(出)为电源接口。

I/O 2 为第二个 I/O 模块,是标准机床操作面板,DI/DO 点数为 96/64,带 JA3 手轮接口,CA64(IN)、CA64(OUT)为电源接口。

若 I/O 1 的 X 首字节为 0,则在 X0 处输入___ . 0. 1. _____进行地址分配。

若 I/O 1 的 Y 首字节为 0,则在 Y0 处输入___ . 0. 1. _____进行地址分配。

若 I/O 2 的 X 首字节为 20,则在 X20 处输入___ . 0. 1. _____进行地址分配。

若 I/O 2 的 Y 首字节为 20,则在 Y20 处输入___ . 0. 1. _____进行地址分配。

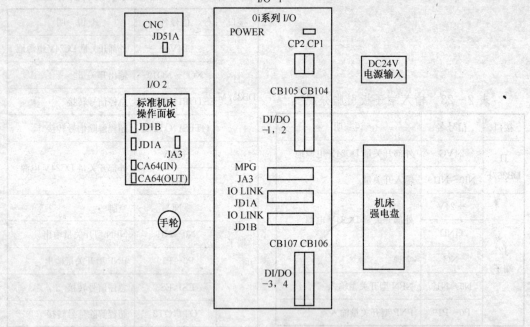

2.5 典型数控机床电路分析

继续以 CK6136 数控车床为例进行电路分析,电气原理图详见附录 4。

2.5.1 主电路分析

QF1 为电源总开关。QF2 和 QF3、QF7、QF8、QF9 分别为伺服强电、主轴强电、冷却电动机、刀架电动机的空气开关,它们的作用是接通电源及短路、过流时起保护作用。KM1、KM5、KM4 分别为伺服电动机、主轴电动机、冷却电动机交流接触器,由它们的主触点控制相应电动机;KM2、KM3 为刀架正反转交流接触器,用于控制刀架的正反转。TC1 为三相伺服变压器,将三相交流 380V 变为三相交流 200V,供给伺服模块。浪涌吸收器为保护元件,当相应的电路断开后,吸收伺服模块中的能量,避免产生过电压而损坏器件。

2.5.2 控制电路分析

一、电源电路分析

电源是电路的能源供应部分,电源不正常,电路的工作必然异常。电源部分故障率较高,我们应足够重视,下面对 CK6136 数车的电源电路进行分析。电源回路如图 2 - 93 所示。

TC2 为控制变压器,初级为 AC380V,次级为 AC220V、AC24V。其中 AC220V 交流接触器线圈 KM2、KM3、KM4、KM5 和主电机风机 M4 提供电源,AC24V 给照明灯 EL1 提供电源。

TC1 为三相伺服变压器,初级为 AC380V,次级为 AC200V。AC200V 一部分给伺服模块供强电,另一部分经浪涌吸收器后给开关电源 VC1、MCC 回路提供电源。VC1 为 DC24V 开关电源,将 AC200V 转换为 DC24V 电源,给数控系统、I/O 模块、伺服模块、24V 继电器线圈、三色灯提供电源。QF2、QF3、QF4、QF5、QF6 空气开关还起到电路短路保护的作用。

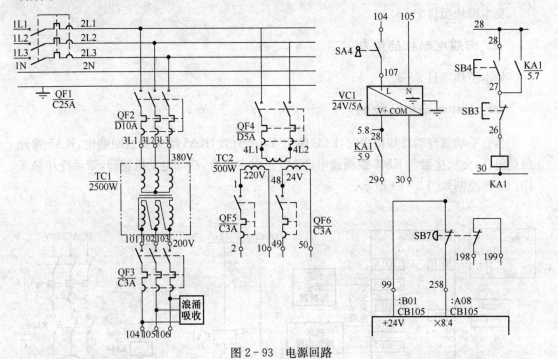

图 2-93　电源回路

下面分析数控机床各部分具体的上电过程(表 2-25)。各支路空气开关 QF2~QF9 已合上,且机床各部件正常工作。

表 2-25　CK6136 数控车床上电过程

步骤	动作	端子	电源	作　　用
步骤 1	电源总开关 QF1 闭合	101、102、103	AC200V	至 KM1 主触点,为伺服模块上强电准备
		104、105、106	AC200V	为开关电源得电准备,给 MCC 回路供电
		2、10	AC220V	主电机风机工作,给接触器控制回路供电
		49、50	AC24V	照明灯工作
步骤 2	钥匙开关 SA4 闭合	107、105	AC200V	开关电源工作
		28、30	DC24V	给启停回路供电
步骤 3	启动按钮 SB4 闭合	26、30	DC24V	启停继电器 KA1 工作
		29、30	DC24V	伺服模块上控制电源、CNC 上电、I/O 模块上电、给继电器控制回路、三色灯供电
步骤 4	急停旋钮 SB7 旋开	105、108	AC200V	MCC 接触器(KM1)工作
		111、112、113	AC200V	伺服模块上强电
		403、30	DC24V	变频器电源继电器 KA2 工作
		3、10	AC220V	变频器电源接触器 KM5 工作
		6L1、6L2、6L3	AC380V	变频器上强电

101

当有主轴正反转、冷却、换刀等动作指令时,相应继电器 KA3～KA7 工作,相应接触器 KM2～KM4 工作,带动相关电机工作。

二、主轴电动机的控制

见本模块项目 2-3。

三、伺服电动机的控制

见本模块项目 2-3。

四、冷却电动机的控制

当有手动或自动冷却指令时,PLC 输出 Y3.6 有效,KA5 继电器线圈通电,KA5 常开触点闭合,交流接触器 KM6 线圈通电,KM6 主触点吸合,冷却电动机旋转,带动冷却泵工作。冷却控制如图 2-94 所示。

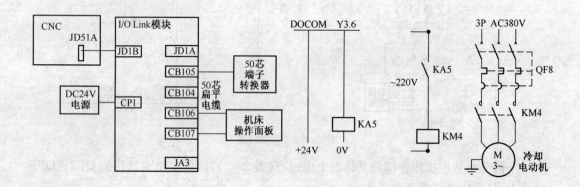

图 2-94 冷却控制

五、刀架电动机的控制

当有手动或自动换刀指令时,经过系统处理转变为刀位信号,PLC 首先输出 Y2.2 有效,KA6 继电器线圈通电,KA6 常开触点闭合,KM2 交流接触器线圈通电,KM2 主触点吸合,刀架电动机正转;当 PLC 输入点检测到指令刀具所对应的刀位信号(X3.0～X3.3)时,PLC 输出 Y2.2 有效撤销,刀架电动机正转停止;接着 PLC 输出 Y2.3 有效,KA7 继电器线圈通电,KA7 常开触点闭合,KM3 交流接触器线圈通电,KM3 主触点吸合,刀架电动机反转,延时一定时间后(该时间由参数设定,并根据现场情况作调整),PLC 输出 Y2.3 有效撤销,刀架电动机反转停止,换刀过程完成。为了保证安全防止电源短路,在刀架电动机正、反转回路中加入了电气互锁。请注意,刀架转位选刀只能一个方向转动,取刀架电动机正转。刀架电动机反转时,刀架锁紧定位。刀架控制如图 2-95所示。

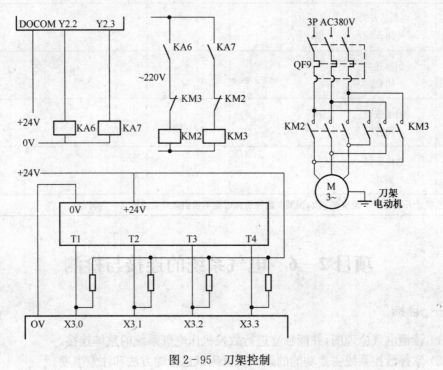

图 2 - 95　刀架控制

项目 2-5　电气系统的观察与分析

一、目标

(1) 读懂电气原理图,并灵活分析不同数控机床的电气系统。

(2) 理解实际数控机床不同回路的控制、连接过程。

二、工具

CK6136 数控车床、XH7132 加工中心等。

万用表一块、10mm 十字螺丝刀、2mm 和 1.5mm 一字螺丝刀各一把。

三、内容

(1) 参阅 XH7132 加工中心电气原理图,分析主回路。

(2) 对照实际数控机床,观察、叙述主回路的来龙去脉,并进行测量。

(3) 参阅 XH7132 加工中心电气原理图,分析其供电情况,填写上电过程表。

(4) 对照实际数控机床,观察、叙述电源回路的连接,并进行测量。

(5) 参照 XH7132 加工中心电气原理图,对照实物,观察、分析冷却控制,并进行测量。

(6) 观察加工中心的换刀过程,参照 XH7132 加工中心电气原理图,进行换刀分析。

步骤	动 作	端子	电源	作 用
步骤 1	电源总开关 闭合			
步骤 2	钥匙开关 闭合			
步骤 3	启动按钮 闭合			
步骤 4	急停旋钮 旋开			

注:数控机床开机动作步骤基本一致,但某些数控机床可能不带钥匙开关或将其一直闭合

项目 2-6 电气系统的连接与检测

一、目标

(1) 读懂电气原理图,并能独立进行数控机床电气系统的整体连接。

(2) 掌握数控系统主要功能的调试及机床试运行的方法和注意事项。

二、工具

CAK3675V 数控车床、CK6136 数控车床、XH7132 加工中心等。

万用表一块、10mm 十字螺丝刀、2mm 和 1.5mm 一字螺丝刀各一把。

三、内容

(一)安全操作规程

为了大家的安全,请大家必须严格遵守实训基地的规章制度及安全规程!

(1) 进行接线操作时要将总电源断开,严禁带电作业。连接完成后,要将机床强电的安全护盖盖上。

(2) 第一次上电之前一定要经过指导老师的检查方可上电。

(3) 机床通电后,请勿接触机床上带电设备。

(4) 重新接线后,必须经过指导老师检查确认后方可通电。

(5) 不得随意搬动各部件,不得踩踏设备和电缆等。

(6) 实验工具应妥善保管。

(二)连接

主要包括数控装置、主轴驱动系统、进给驱动系统等。具体连接见相关电气原理图。

1. 连接时注意的几点要求

(1) 就近原则。两点间连线走的路程尽量缩短,留出 5~20mm 的余量即可,不可绕线。

(2) 强弱电尽量分开。电柜中的强电和信号线尽量分开走线,目的是防止强电电缆

所产生的电磁场对弱电信号进行干扰。

（3）连接两点间的电缆用一条比较完整的电线，不允许存在接头。

（4）采用接线端子时应连接牢靠，接线所采用连接叉子的型号规格应与接线端子相一致。

（5）整个电柜的连线应整齐、清晰，端子转接部分应连接牢靠。

2. 连接顺序及方法

连接时，可以采取相应的连接顺序进行连接，例如可以分部件进行连接，也可以按照强电电缆、控制电缆、信号电缆、互联电缆等顺序进行连接，切忌连接时没有章法。

（1）主电源回路的连接，包括伺服、变频器的强电电源的接线，连接强电电源时注意电源的输入端和输出端，一定不要将电源的输出端和输入端接反，否则会损坏设备。

（2）数控系统刀架电机的连接，连接时注意刀架电机的互锁功能是怎么实现的，刀架电机的正反转控制是通过什么实现的，注意它们的接线有什么特点。

（3）数控系统继电器和输入输出开关量的连接。

（4）数控装置和交流伺服的连接。

（5）数控装置和变频主轴的连接。

（6）数控装置和手摇单元的连接。

（7）反馈电缆及其他控制信号线的连接。包括急停回路、超程控制信号线的连接等。

（三）调试

1. 上电前检查

（1）各电源的相电阻及对地电阻（若中间经过保险、空开、接触器等器件，手动将其导通）。用万用表电阻挡位测量。

（2）务必检查各变压器进出线的方向和顺序。目测。

（3）检查主轴电机、伺服电机强电电缆相序，码盘线连接是否正确、牢靠。目测。

（4）所有 DC24V 电源极性。目测及用万用表二极管挡位测量。

（5）测量各接触器、继电器、抱闸等线圈电阻。用万用表电阻挡位测量。

（6）所有地线的连接。目测。

（7）各轴限位开关是否动作灵活、可靠。手动按下开关，用万用表测量其通断是否正常。

2. 通电调试

交流电源正负偏差为＋10％～－15％。

（1）检查强电电源进线电压。按下急停按钮，断开所有空气开关。合上总电源开关，测量单相、三相电压进线是否正常。

（2）检查各路电压是否正常。根据电气原理图，逐步合上空气开关，检查各电源电压是否正常。一般先通控制电源再通强电。

（3）检查数控装置电源电压是否正常，面板指示灯是否点亮。

（4）检查 PLC 输入输出点。

3. 功能检查

（1）旋开急停按钮，使系统复位。

（2）手动方式下，按＋X、－X 键（指示灯亮），X 轴正向或负向连续移动。松开

+X、−X键(指示灯灭),X轴应减速运动后停止。同样方法操作 Z 轴。

(3) 手动方式下,分别点动 X、Z 轴,使之压限位开关,正常情况下伺服轴应立即停止运动,数控系统处在急停状态,并显示相应超程报警。再按超程解除按钮,使轴向相反方向运动,检查超程解除是否有效。检查完后,手动方式下将工作台移至安全位置。

(4) 切换到回零方式,检查各轴回零是否正常。重新回零,检查回零位置是否一致。

(5) 手动方式下,检查主轴正、反转(方向和转速)及停止是否正常。

(6) 手动方式下,检查换刀动作是否正常。

(7) 手动方式下运行冷却电机,观察是否正常。

(8) 调入检验程序,观察系统是否正常运行。

4. 关机

项目 2-7　数控机床电气故障分析

一、目标

掌握数控机床电气部分的故障分析与排除。

二、工具

CK6136 数控车床。

万用表一块、10mm 十字螺丝刀、2mm 和 1.5mm 一字螺丝刀各一把。

三、内容

注意安全,不要将电源线裸露在外!

参阅 CK6136 数控车床电气原理图,进行实验,填写以下故障现象并分析故障原因。

(1) 进给电气连接故障实验。

序号	故障设置方法	故 障 现 象
1	将伺服驱动器强电电源任意断开一相,运行进给轴,观察现象	
2	将伺服电动机三相电源任意取消一相,运行进给轴,观察现象	
3	将伺服驱动器中的 DC24V 电源断开,运行相应进给轴,观察现象	
4	将伺服指令信号断开,运行相应进给轴,观察现象	
5	将连接伺服的急停信号断开,运行进给轴,观察现象	
6	将伺服驱动器的 CX29 断开,运行进给轴,观察现象	
7	将伺服强电允许接触器线圈断开,运行进给轴,观察现象	
8	将伺服驱动器的编码器接线松动或断开,运行相应进给轴,观察现象	

(2) 模拟量主轴电气连接故障实验。

序号	故障设置方法	说明故障现象并分析故障原因
1	将变频器三相电源任意取消一相,运转主轴,观察现象	
2	将主轴电机三相电源任意取消一相,运转主轴,观察现象	
3	将主轴电机三相电源中的两相进行互换,运转主轴,观察现象	
4	将Y2.7拆下,运行主轴,观察现象	
5	将接触器KM5线圈断开,运行主轴,观察现象	
6	将Y2.1拆下,运行主轴,观察现象	
7	将主轴正转继电器线圈断开,运行主轴,观察现象	
8	将主轴正反转公共端信号取消,运行主轴,观察现象	
9	将变频器的模拟电压取消,运转主轴,观察现象	
10	将主轴编码器接线松动或断开,运行主轴,观察现象	

(3)数控机床电源连接故障实验。

序号	故障设置方法	说明故障现象并分析故障原因
1	将空气开关QF3断开	
2	将变压器TC2副边AC220V去掉一相	
3	将继电器KA1线圈断开	

(4)数控机床刀架连接故障实验。

序号	故障设置方法	说明故障现象并分析故障原因
1	将刀架电机的电源去掉一相,换刀操作	
2	将刀架电机电源的相序任意调换两相,换刀操作	
3	将Y2.2与Y2.3互换,换刀操作	
4	将Y2.3拆下,换刀操作	
5	将X3.1拆下,换刀操作	
6	将刀架检测元件的24V电源去掉,换刀操作	

(5)数控机床I/O连接故障实验。

序号	故障设置方法	说明故障现象并分析故障原因
1	将I/O模块的24V断开	
2	将I/O模块的JD1B电缆连接到JD1A接口上,进入系统	
3	将I/O模块的CB105扁平电缆拆下,进入系统	
4	将X8.4拆下,进入系统	
5	将X8.0与X8.1互换,开机,手动将X轴走到超程的位置	
6	将X9.0拆下,开机,X轴回零操作	
7	将Y3.6拆下,进行冷却操作	

（6）请自己设置几个电气连接故障进行实验，说说故障现象并分析。

2.6　进给和主轴传动

数控机床机械部分与普通机床机械部分有许多共同点，有许多地方是相通的。但是，数控机床大量采用电气控制与电气驱动，这就使得数控机床的机械结构与普通机床的机械结构相比有很大的简化，但其对精度、刚度、热稳定性等的要求要比普通机床高得多。

2.6.1　进给传动

进给传动系统是将电动机的运转（通常为旋转）转换为机床工作台直线进给运动的整个机械传动链，加工件的最终坐标位置精度和轮廓精度都与机床的传动结构的几何精度、传动精度、灵敏度和稳定性密切相关。可以说，影响整个进给系统精度的因素除了进给驱动装置和电动机外，也很大程度上取决于机械传动机构。数控机床进给系统中的机械传动装置和器件具有高寿命、高刚度、无间隙、高灵敏度和低摩擦阻力等特点。

机床典型的进给传动系统如图2-96所示。早期的数控机床一般采用图2-96(a)所示的传动方式，目前广泛采用的是图2-96(b)、图2-96(c)所示的传动方式，对于高速数控机床则主要采用图2-96(c)的方式，只有少数高档的高速高精数控机床才采用图2-96(d)的方式。

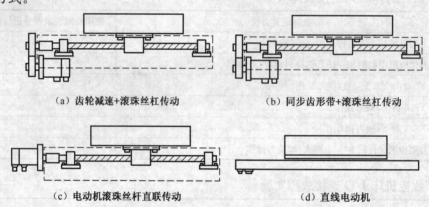

（a）齿轮减速+滚珠丝杠传动　　　　　（b）同步齿形带+滚珠丝杠传动

（c）电动机滚珠丝杆直联传动　　　　　（d）直线电动机

图2-96　进给传动系统结构示意图

可见，数控机床进给系统在没有实现直线电动机（图2-97）伺服驱动方式前，机械传动机构还是必不可少的。数控机床机械传动机构主要包括减速装置、滚珠丝杠螺母副、导轨及其相应的支承、联结部件等。图2-98是进给传动典型实例。

数控机床对进给传动系统的主要要求有3点：稳定可靠、动态响应（灵敏度）特性好、传动精度（包括动态误差、稳态误差和静态误差）高。为了保证达到以上要求，在进给传动系统中主要采取如下措施。

（1）采用低摩擦的传动，如滚珠丝杠、滚动导轨、贴塑导轨、静压导轨等。

（2）选用合适的传动比。这样既能提高机床分辨率，又使工作台能更快跟踪指令，同时可以减小电动机的惯量负载。

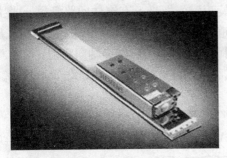

图 2-97　直线电动机

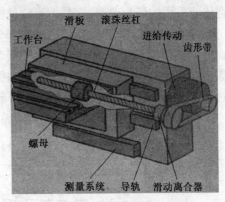

图 2-98　进给机械传动实例

（3）缩短传动链，采用合理的预紧和支承以提高传动系统的刚度。

（4）尽量消除传动间隙，提高位置精度。如采用能消除间隙的联轴器，提高滚珠丝杠精度等级等。

下面对传动系统主要的 3 个组成部分作简要的介绍。

一、减速（变速）机构

减速机构主要适用于负载惯量较小、对速度有较高要求的场合。

进给系统采用减速机构，是为了使丝杠、工作台的惯量在系统中占有较小的比重，以实现惯量匹配，同时可使高转速低转矩的伺服驱动装置的输出变为低转速大扭矩，以适应驱动机床运动机构的需要，另外，也为便于机械结构位置的合理布局所考虑，对于没有电子齿轮功能的 CNC 也便于归算所需的脉冲当量。但同时应看到，在进给伺服系统的机械结构中增加齿轮传动副，也会带来一些弊端，如增大了机械传动的噪声；由于传动环节增多，加大了传动间隙，从而使精度降低；容易使伺服系统产生振荡而不稳定；会增大机械动态响应时间造成反应滞后等。因此要尽量减少减速机构环节，一旦使用也应尽量消除传动副的间隙。

如图 2-96 所示，减速机构一般采用齿轮和同步齿形带两种传动方式，由于同步齿形带具有传动平稳，噪声低，冲击小，并且也可以满足大负荷切削的要求，因此得到比较广泛的采用。同步齿形带需要定期检查，对于垂向升降的轴，若没有平衡机构，仅靠电动机的抱闸制动，采用同步齿形带时则尤其要注意定期检查。

电动机和滚珠丝杠直联可以有效地提高进给系统的动态特性，减小传动误差，提高最高快移速度，但对电动机的负载能力要求比较高，还需要注意惯量匹配的问题。这种方式适合于高速度、高精度加工的数控机床，而不适合粗加工和普通加工的数控机床。

电动机联轴器通常有弹性联轴器、热涨式联轴器、键槽式联轴器、销式联轴器等形式。由于后两种联轴器要求对电动机轴进行加工，可能会影响电动机的精度和破坏光电编码器，热涨式联轴器安装和拆卸比较麻烦而不常采用，因此，目前数控机床普遍采用弹性联轴器，在一些负荷比较大的场合才会采用热涨式联轴器。

二、滚珠丝杠螺母副

在数控机床的进给传动链中，将旋转运动转换为直线运动的方法很多，但滚珠丝杠螺母副传动采用的最为普遍,这是由滚珠丝杠螺母副本身的诸多优点所决定的。

滚珠丝杠螺母副其结构原理如图 2-99 所示。在丝杠 3 和螺母 1 上都有半圆弧形的螺旋槽,当它们套装在一起时便形成了滚珠的螺旋滚道。螺母上有滚珠回路管道 a,将几圈螺旋滚道的两端连接起来,构成封闭的循环滚道,并在滚道内将装满滚珠 2。当丝杠旋转时,滚珠在滚道内既自转又沿滚道循环转动,因而迫使螺母(或丝杠)轴向移动。

按滚珠返回的方式不同可以分为内循环方式和外循环方式两种,如图 2-100 所示。

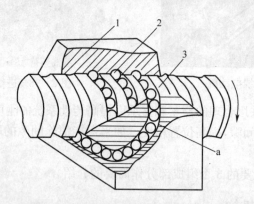

图 2-99 滚珠丝杠螺母副的结构原理
1—螺母;2—滚珠;3—丝杠;a—滚珠回路管道。

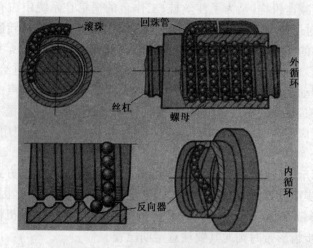

图 2-100 滚珠丝杠副的循环方式

外循环方式的滚珠在循环返向时,离开丝杠螺纹滚道,在螺母体内或体外做循环运动。图 2-100 中的外循环方式是靠回珠管返回的。外循环结构简单,制造容易,但径向尺寸大,且两端耐磨性和抗冲击性差。

内循环方式的滚珠在循环过程中始终与丝杠表面保持接触。图 2-100 中的内循环方式是靠反向器实现循环的。在螺母的侧面孔内装有接通相邻滚道的反向器,利用反向器引导滚珠越过丝杠的螺纹顶部进入相邻滚道,形成一个循环回路,称为一列。一般在同一螺母上装有 2~4 个反向器,并沿螺母圆周均匀分布。内循环方式的优点是滚珠循环的回路短、流畅性好、效率高、螺母的径向尺寸也较小,但制造精度要求高。

滚珠丝杠副的优点是摩擦系数小(0.002～0.005),传动效率高(0.90～0.96),所需传动转矩小;灵敏度高,传动平稳,不易产生爬行,随动精度和定位精度高;磨损小,寿命长,精度稳定;可通过预紧和间隙消除措施提高周向刚度和反向精度;运动具有可逆性即丝杠螺母不能自锁,因此用作升降传动机构时需要附加制动机构或重量平衡机构。

三、导轨

导轨副是数控机床的重要部件之一,它在很大程度上决定数控机床的刚度、精度和精度保持性。数控机床导轨必须具有较高的导向精度、高刚度、高耐磨性,这样机床在高速进给时才具备不振动、低速进给不爬行等特性。

导轨是用来支承和引导运动部件沿着直线或圆周方向准确运动,它分为与支承件连成一体固定不动的静导轨和与运动部件连成一体的动导轨。导轨是机床进给传动系统的基本结构要素之一。从机械结构的角度来说,机床的加工精度、承载能力和使用寿命很大程度上取决于机床导轨的产品质量,导轨对进给驱动系统的性能也有很大的影响。在数控机床上,对导轨的要求则更高,如在高速进给时不振动;低速进给时不爬行;有高的灵敏度;能在重负载下长期连续工作;耐磨性高;精度保持性好等,这些要求都是数控机床的导轨所必须满足的。

按动导轨的运动轨迹导轨可分为直线运动导轨和圆周运动导轨。

按导轨工作面的摩擦性质,导轨可分为滑动导轨、滚动导轨和静压导轨。滑动导轨又可分为普通滑动导轨和贴塑滑动导轨,前者是金属与金属相摩擦,摩擦系数大,一般在普通机床上使用,后者简称贴塑导轨,是塑料与金属相摩擦,导轨的滑动性能好。静压导轨根据介质的不同又可分为液压导轨和气压导轨。

数控机床所用的导轨,从其类型上看,用得最广泛的是贴塑滑动导轨、滚动导轨和静压导轨。目前,中、小型数控机床多采用贴塑导轨,若要求高速移动,例如超过 10m/min,则采用滚动导轨。静压导轨多应用于大型、重型数控机床上。

1. 贴塑滑动导轨

如图 2-101 所示,贴塑滑动导轨从表面上看,它与普通滑动导轨没有多少区别。它是在两个金属滑动面之间粘贴了一层特制的复合工程塑料带,这样将导轨的金属与金属的摩擦副改变为金属与塑料的摩擦副,因而改变了数控机床导轨的摩擦特性。

图 2-101 贴塑滑动导轨

目前,贴塑材料常采用聚四氟乙烯导轨软带和环氧型耐磨导轨涂层两类。

1）聚四氟乙烯导轨软带的特点

（1）摩擦性能好。金属对聚四氟乙烯导轨软带的动、静摩擦系数基本不变。

（2）耐磨特性好。聚四氟乙烯导轨软带材料中含有青铜、二硫化铜和石墨,因此其本身就具有润滑作用,故对润滑的要求不高。此外,塑料质地较软,即使嵌入金属碎屑、灰尘等,也不致损伤金属导轨面和软带本身,可延长导轨副的使用寿命。

（3）减振性好。塑料的阻尼性能好,其减振、消声性能较好,有利于提高运动速度。

（4）工艺性能好。可以降低对粘贴塑料的金属基体的硬度和表面质量要求,而且塑料易于加工,使得导轨副接触面易获得优良的表面质量。

2）环氧型耐磨导轨涂层

环氧型耐磨导轨涂层是以环氧树脂和二硫化钼为基体,加入增塑剂,混合成液状或膏状为一组份和固化剂为另一组分的双组分塑料涂层。德国生产的 SKIC3 和我国生产的HNT 环氧型耐磨涂层都具有以下特点。

（1）良好的加工性:可经车、铣、刨、钻、磨削和刮削。

（2）良好的摩擦性。

（3）耐磨性好。

（4）使用工艺简单。

2. 滚动导轨

滚动导轨（图 2-102）作为滚动摩擦副的一类,具有以下特点。

（1）摩擦系数小（0.003～0.005）,运动灵活。

（2）动、静摩擦系数基本相同,因而启动阻力小,而且不易产生爬行。

（3）可以预紧,刚度高;寿命长,精度高,润滑方便。

滚动导轨有多种形式,目前数控机床常用的滚动导轨为直线滚动导轨,其结构如图2-103所示。它主要由导轨体、滑块、滚柱或滚珠、保持器、端盖等组成。当滑导轨块与导轨体相对移动时,滚动体在导轨体和滑块之间的圆弧直槽内滚动,并通过端盖内的滚道,从工作负荷区滚到非工作负荷区,然后再滚动回工作负荷区,不断循环,从而把导轨体和滑块之间的移动变成滚动体的滚动。为防止灰尘和脏物进入导轨滚道,滑块两端及下部均装有塑料密封垫,滑块上还有润滑油杯。

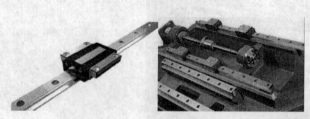

图 2-102　滚动导轨

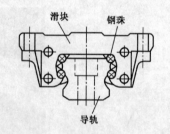

图 2-103　直线滚动导轨结构简图

3. 液体静压导轨

液体静压导轨是将具有一定压力的油液经节流器输送到导轨面的油腔,形成承载油膜,将相互接触的金属表面隔开,实现液体摩擦。这种导轨的摩擦系数小（约 0.0005）,机械效率高;由于导轨面间有一层油膜,吸振性好;导轨面不相互接触,不会磨损,寿命长,而且在低速下运行也不易产生爬行。但是静压导轨结构复杂,制造成本较高,一般用于大型或重型数控机床。

2.6.2 主轴传动

数控机床的主传动系统承受主切削力,它的功率大小与回转速度直接影响着机床的加工效率。而主轴部件是保证机床加工精度和自动化程度的主要部件,对数控机床的性能有着决定性的影响。

一、数控机床的主传动系统

机床主传动系统有时也称主轴系统。数控机床主传动系统是指主轴电动机至主轴的运动传动系统,主轴电动机作为原动力通过该传动系统变成主轴上安装的刀具或工件的切削力矩和切削速度。主轴的运动也是零件加工的成形运动之一。它的精度对零件的加工精度有较大的影响。

数控机床的主传动系统常采用的配置形式有如下几种,如图 2-104 所示。

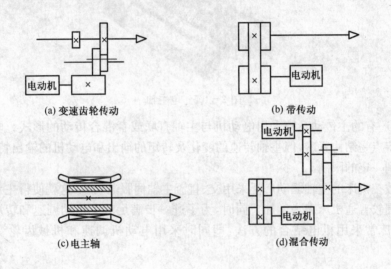

(a) 变速齿轮传动　　　　　　　(b) 带传动

(c) 电主轴　　　　　　　(d) 混合传动

图 2-104　数控机床主传动的配置方式

1. 采用变速齿轮

这是大、中型数控机床采用较多的一种变速方式。常通过几对齿轮降速,增大低速时的输出扭矩,以满足主轴输出扭矩特性的要求。部分小型数控机床也有采用这种传动方式,以获得强力切削时所需的扭矩。这种传动方式常用的变速操作方法有液压拨叉和电磁离合器两种。其优点是能够满足各种切削运动的转矩输出,且具有大范围调节速度的能力。缺点是机械结构较复杂,制造成本较高。此外,制造和维修也比较困难。

2. 采用带传动

目前,数控机床(特别是小型数控机床)多采用同步齿形带传动,其优点是结构简单,安装调试方便。但系统的调速范围与电动机一样,受电动机调速范围和输出转矩特性的约束。这种传动方式可以避免因齿轮传动引起的振动与噪声,适用于低转矩特性要求的主轴。

3. 高速切削主轴——电主轴

高速切削是 20 世纪 70 年代后期发展起来的一种新工艺。这种工艺采用的切削速度比常规的要高几倍到十多倍,如高速铣削铝件的最佳切削速度可达 2500~4500m/min,加工钢件为 400~1600m/min,加工铸铁为 800~2000m/min,进给速度也相应提高很多倍。这种加工工艺不仅切削效率高,而且具有加工表面质量好、切削温度低和刀具寿命长等优点。

高速切削一般采用内装电动机的主轴,简称电主轴(图 2-105),即主轴与电动机转子合为一体。其优点是主轴组件结构紧凑,重量轻,惯量小,刚度高,可提高启动、停止的响应特性,并利于控制振动和噪声;缺点是制造和维护困难,成本较高,且电动机运转产生的热量易使主轴产生热变形。因此,主轴的温度控制和冷却是使用电主轴的关键问题,对电主轴的设计、生产和装配工艺要求非常高。电主轴的最高转速一般在 20000r/min 以上。

图 2-105　电主轴

另外,还有的主传动系统采用电动机与主轴直联或者混合传动的形式。电动机与主轴直联的特点是结构紧凑,但主轴转速的变化及转矩的输出和电动机的输出特性一致,因而使用受到一定的限制。

由于数控机床的主轴驱动广泛采用交、直流主轴伺服电动机,这就使得主传动的功率和调速范围较普通机床大为增加。同时,为了进一步满足对主传动调速和转矩输出的要求,数控机床常采用机电结合的方法,即同时采用电动机调速和机械齿轮变速这两种方法。

二、主轴进给功能

主轴进给功能即主轴的 C 轴功能,一般应用在车削中心和车、铣复合机床上。对于车削中心,主轴除了完成传统的回转功能外,主轴的进给功能可以实现主轴的定向、分度和圆周进给,并在数控装置的控制下实现 C 轴与其他进给轴的插补,配合动力刀具进行圆柱或端面上任意部位的钻削、铣削、攻螺纹及曲面铣加工。对于车、铣复合机床,则必须要求车主轴在铣状态下完成铣床 C 轴所有的进给插补功能。

主轴进给功能按功能划分一般有下列几种实现方法。

1. 机械式

通过安装在主轴上的分度齿轮实现。这种方法只能实现分度,一般可实现主轴 360° 分度。

2. 双电动机切换

主轴有两套传动机构,平时由主轴电动机驱动实现普通主轴的回转功能,需要进给功能时通过液压等机构切换到由进给伺服电动机驱动主轴。由于进给伺服电动机工作在位置控制模式下,因此可以实现任意角度的分度功能和进给及插补功能。为了防止主传动和C轴传动之间产生干涉,两套传动机构的切换机构装有检测开关,利用开关的检测信号,识别主轴的工作状态。当C轴工作时,主轴电动机就不能启动,同样主轴电动机工作时,进给伺服电动机不能启动。

通常进给伺服电动机的输出功率和扭矩比主轴电动机要小很多。为了提高加工时的刚度以保证加工精度,除了加大进给伺服电动机和主轴之间的机械降速传动比来扩大扭矩外,还设计有主轴抱闸机构,在分度工作时锁死主轴。这种方式结构和控制都比较复杂,但在大功率主轴的机床上,还是一种比较经济的方案。

3. 有C轴功能的主轴电动机

由主轴电动机直接进行定位、分度和进给功能。这种方式省去了附加的传动机构和液压系统,因此结构简单、工作可靠,另外主轴的两种工作方式可以随时切换,从而提高了加工效率,是现代中、小型车削中心主要采用的方法。它的缺点是随着主轴输出功率的增加,主轴驱动系统的成本也急剧增加。

三、主轴部件

数控机床主轴部件是影响机床加工精度的主要部件,要求主轴部件具有与本机床工作性能相适应的高回转精度、刚度、抗振性、耐磨性和低温升,其结构必须能很好解决刀具和工具的装夹、轴承的配置、轴承间隙调整和润滑密封等问题。

数控机床的主轴部件主要有以下几个部分:主轴本体及密封装置、支承主轴的轴承、配置在主轴内部的刀具以及吹屑装置、主轴的准停装置等。

1. 主轴的支承

根据数控机床的规格、精度,主轴结构采用不同的轴承。一般中小规格的数控机床的主轴部件多采用成组的高精度滚动轴承;重型数控机床采用液体静压轴承;高精度数控机床采用气体静压轴承;转速达20000r/min以上的主轴采用磁力轴承或氮化硅材料的陶瓷滚珠轴承。

如图2-106所示,数控车床主轴的支承配置形式主要用三种。

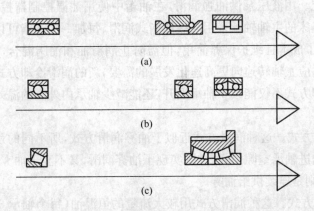

图2-106　数控机床主轴轴承配置形式

（1）前支承采用双列圆柱滚子轴承和60°角接触双列球轴承组合，后支承采用成对安装的角接触轴承。这种配置使主轴的综合刚度大幅度提高，普遍应用于各类数控机床主轴。

（2）前轴承采用高精度双列（或三列）角接触球轴承，后支承采用单列（或双列）角接触球轴承，这种配置适用于高速、轻载和精密的数控机床主轴。

（3）前后轴承采用双列和单列圆锥滚子轴承，适用于中等精度、低速与重载的数控机床主轴。

如图2-107所示为TND360数控车床主轴部件，主轴内孔是用于通过长的棒料，也可用于通过气动、液压夹紧装置（动力夹盘）。主轴前端的短圆锥面及其端面用于安装卡盘或拨盘。主轴前后支承都采用角接触球轴承。前支承三个一组，前面两个大口朝前端，后面一个大口朝后端，后支承两个角接触球轴承小口相对。前后轴承都由轴承厂配好，成套供应，装配时不需修配。

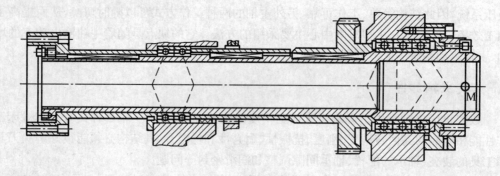

图2-107　主轴组件

2. 主轴润滑与密封

有的数控车床主轴轴承采用油脂润滑，迷宫式密封。有的数控车床主轴轴承采用集中强制润滑，为了保证润滑可靠性，常装有压力继电器作为失压报警装置。

1）主轴润滑

为了保证主轴有良好的润滑，减少摩擦发热，同时又能把主轴组件热量带走，通常采用循环式润滑系统。用液压泵供油强润滑，在油箱中使用油温控制器控制油液温度。近年来一部分数控机床的主轴轴承采用高级油脂式润滑，每加一次油脂可以使用7～10年，简化了结构，降低了成本且维护保养简单，但需防止润滑油和油脂混合，通常采用迷宫式密封方式。为了适应主轴转速向更高速化发展的需要，新的润滑冷却方式相继开发出来。这些新的润滑冷却方式不仅能减少轴承温升，还能减少轴承内外圈的温差，以保证主轴的热变形小。

（1）油气润滑方式。这种润滑方式近似于油雾润滑方式，所不同的是，油气润滑是定时定量地把油雾送进轴承空隙中，这样既实现了油雾润滑，又不至于油雾太多而污染周围空气；而油雾润滑则是连续供给油雾。

（2）喷油润滑方式。这种润滑方式用较大流量的恒温油（每个轴承3～4L/min）喷注到主轴轴承上，以达到润滑、冷却的目的。这里需特别指出的是，较大流量喷注的油，不是

116

自然回流,而是用排油泵强制排油,同时,采用专用高精度大容量恒温油箱,油温变动控制在±0.5℃。

2) 密封

在密封件中,被密封的介质往往是以穿漏渗透或扩散的形式越界泄漏到密封连接处的彼侧。造成的基本原因是流体从密封面上的间隙中溢出,或是由于密封部件内外两侧密封介质的压力差或浓度差,致使流体向压力或浓度低的一侧流动。图2-108所示为某卧式加工中心主轴前支承的密封结构。

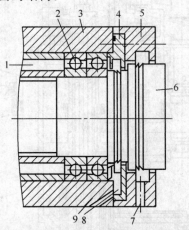

图2-108　某卧式加工中心主轴前支承的密封结构
1—进油口;2—轴承;3—套筒;4、5—法兰盘;6—主轴;7—泄漏孔;8—回油斜孔;9—泄油孔。

该卧式加工中心主轴前支承采用的是双层小间隙密封装置。主轴前端加工有两组锯齿形护油槽,在法兰盘4和5上开有沟槽及泄油孔,当喷入轴承2内的油液流出后被法兰盘4内壁挡住,并经其下部的泄油孔9和套筒3上的回油斜孔8流回油箱,少量油液沿主轴6流出后,在主轴护油槽处由于离心力的作用被甩至法兰盘4的沟槽内,再经回油斜孔8重新流回油箱,从而达到防止润滑介质泄漏的目的。

当外部切削液、切屑及灰尘等沿主轴6与法兰盘5之间的间隙进入后,经法兰盘5的沟槽由泄漏孔7排出,少量的切削液、切屑及灰尘进入主轴前锯齿沟槽,在主轴6高速旋转离心作用下仍被甩至法兰盘5的沟槽内由泄漏孔7排出,达到了主轴端部密封的目的。

3. 主轴内刀具的自动夹紧和切屑的清除

在具有自动换刀功能的数控机床的刀具自动夹紧装置中,刀具自动夹紧装置的刀杆常采用7:24的大锥度锥柄,既利于定心,也为松开带来方便。用碟形弹簧(图2-109)通过拉杆及夹头拉住刀柄的尾部,使刀具锥柄与主轴锥孔紧密配合,夹紧力达到10000N以上。松刀时,通过液压缸活塞推动拉杆来压缩碟形弹簧,使夹头胀开,夹头与刀柄上的拉钉脱离,刀具即可拔出以进行刀具的交换。新刀装入后,液压缸活塞后移,新的刀具又被碟形弹簧拉紧。在活塞推动松开刀柄的过程中,压缩空气由喷嘴头经过活塞中心孔和拉杆中的孔吹出,将锥孔清理干净,防止主轴锥孔中掉入切屑和灰尘,划伤主轴锥孔表面和刀杆的锥柄,同时保证刀杆的正确位置。

对于自动换刀的数控机床来说,主轴锥孔的清洁是十分重要的。如果在主轴锥孔中掉进了切屑或其他污物,在拉紧刀具时,主轴锥孔表面和刀杆的锥柄就会被划伤,使刀杆

117

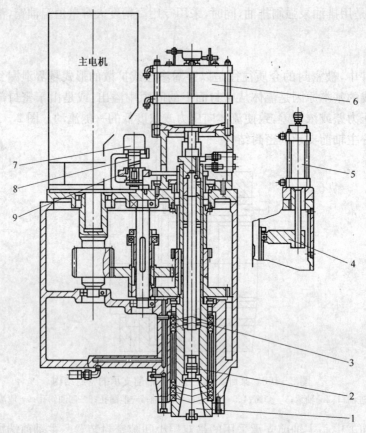

图 2-109 带有变速齿轮的主传动

1—主轴；2—弹簧卡头；3—碟形弹簧；4—拨叉；5—变速液压缸；6—松刀汽缸；7—编码器；8—联轴器；9—同步带轮。

发生偏斜，破坏刀具的正确定位，影响加工零件的精度，甚至使零件报废。

思考与练习

1. 数控机床常用的控制电器有哪些？简要说明它们的作用。
2. 电气原理图的绘制有哪些基本规则？
3. 简述进给驱动系统的要求及组成。
4. 什么是开环控制和闭环控制？画图并说明各自特点。
5. 数控机床对主传动系统有哪些要求？常采用的配置方式有哪些？
6. FANUC 伺服电机选择时主要考虑哪些因素？
7. 数控系统有哪几类接口？驱动器主要有哪些类型的接口？
8. 数控装置接口电路的主要任务是什么？简述数控机床 PMC 功能。
9. 列举 FANUC 系统常见的 I/O 单元。FANUC 系统 PMC 中常用地址信号有哪些？
10. 试分析 CK6136 数控车床电气控制电路，并找出其电气互锁保护环节。
11. 数控机床进给系统主要有哪些传动方式？主轴系统主要有哪些传动方式？
12. 什么是主轴进给功能？主要有哪几种实现方法？
13. 试设计一套车类(T)或铣类(M)数控机床的电气系统。

模块三　数控机床调试

3.1　数控机床 PLC 调试

3.1.1　FANUC 系统 PMC 的画面操作

　　FANUC 0iD 系统的 PMC 类型为 SB7。按系统功能键〈SYSTEM〉并用[＋]软键翻动页面时,出现 PMC 主菜单,如图 3-1 所示系统 PMC 功能画面。PMC 主菜单根据用途,分为 PMCMNT(PMC 维护)、PMCLAD(PMC 梯图)和 PMCCNF(PMC 构成)3 种辅助菜单。

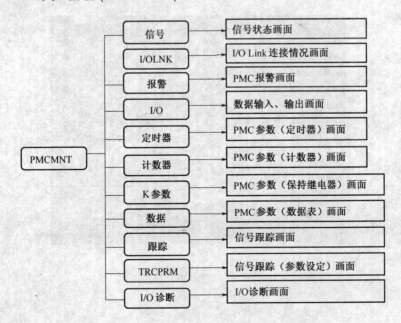

图 3-1　系统 PMC 功能画面

一、PMC 维护画面(PMCMNT)

PMCMNT	信号	→	信号状态画面
	I/OLNK	→	I/O Link 连接情况画面
	报警	→	PMC 报警画面
	I/O	→	数据输入、输出画面
	定时器	→	PMC 参数(定时器)画面
	计数器	→	PMC 参数(计数器)画面
	K 参数	→	PMC 参数(保持继电器)画面
	数据	→	PMC 参数(数据表)画面
	跟踪	→	信号跟踪画面
	TRCPRM	→	信号跟踪(参数设定)画面
	I/O 诊断	→	I/O 诊断画面

1.［信号］画面（监控 PMC 的信号状态）

在信号状态画面上，显示在程序中指定的所有地址内容。地址的内容以位模式（0、1）显示，最右边每个字节以 16 进制数字或 10 进制数字显示，如图 3-2 所示。

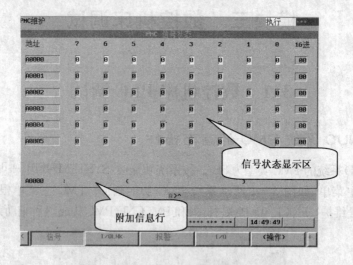

图 3-2　PMC 信号画面

操作步骤：

（1）按下［信号］软键，出现图 3-2 所示的画面。

（2）键入希望使其显示的地址后，按下［搜索］软键。

（3）从所输入的地址连续的数据，以位模式显示。

（4）要显示其他新的地址时，按下光标键、翻页键或者［搜索］软键。

（5）要改变信号的状态时，按下［强制］软键，如图 3-3 所示，转移到强制输入/输出画面。［强制］软键在强制输入/输出功能有效的情况下显示，成为可使用状态。

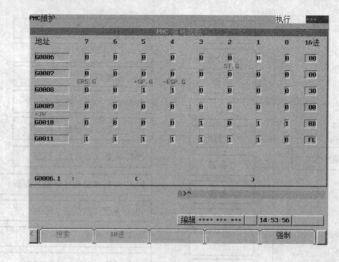

图 3-3　信号强制画面

120

2. [I/O LINK]画面(显示 I/O Link 连接状态)

在 I/O Link 连接显示画面上,按照组的顺序显示 I/O Link 上所连接的 I/O 单元的种类和 ID 代码,如图 3-4 所示,要移动到 I/O Link 连接显示画面时,按下[I/O LINK]软键。

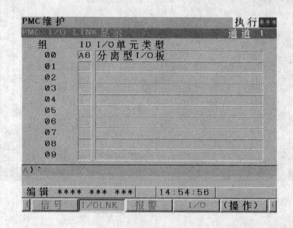

图 3-4　[I/O LINK]画面

3. [报警]画面(确认 PMC 的报警)

本画面上显示 PMC 中发生的报警信息。移动到 PMC 报警画面时,按下[报警]软键,如图 3-5 所示。

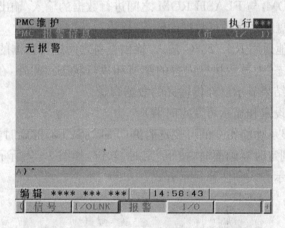

图 3-5　[报警]画面

在报警信息显示区,显示在 PMC 中发生的报警信息。报警的发生件数多而信息显示于多页时,可以用翻页键来翻页。

标题部右边的页面显示中,显示用来显示信息的页号。

有关所显示的信息内容,请参阅 FANUC 公司提供的"报警列表"。

4. [I/O]画面(输入/输出数据)

要移动到输入/输出画面,按下[I/O]软键,如图 3-6 所示。

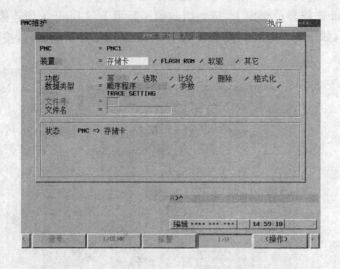

图 3-6 [I/O]画面

在此画面上,顺序程序、PMC 参数以及各国语言信息数据可被写入到指定的装置,并从装置读出和核对。显示两种光标:上下或左右移动光标处于所需选项位置处。

通过"装置"的选项移动光标,选择设备。可以输入/输出的设备有下列几种。

(1) 存储卡:与存储卡之间进行数据的输入/输出。

(2) FLASH ROM:与 FLASH ROM 之间进行数据的输入/输出。

(3) 软驱:与软盘等之间进行数据的输入/输出。

(4) 其他:与其他通用 RS-232C 输入/输出设备之间进行数据的输入/输出。

在画面下的"状态"中显示执行内容的细节和执行状态。此外,在执行写、读取、比较中,作为执行(中途)结果显示已经传输完的数据容量。

5.[定时]画面(设定和显示可变定时器)

该画面设定和显示功能指令的可变定时器(TMR:SUB3)的定时器时间。

要将软键移动到定时器画面时,按下[定时]软键,如图 3-7 所示。可在本画面上使用两种方式:简易显示方式和注释显示方式。

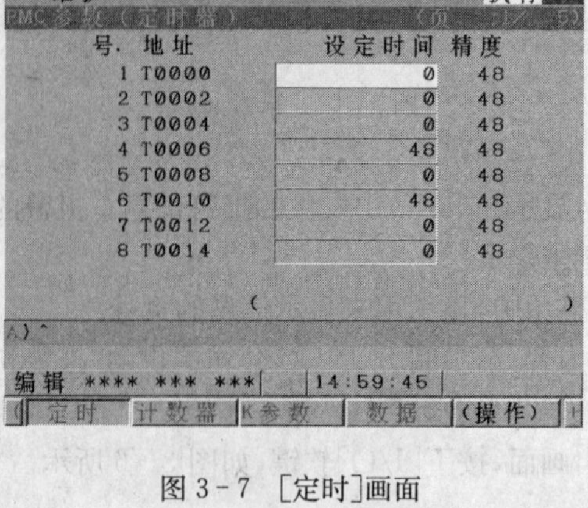

图 3-7 [定时]画面

定时器表内各项含义如下:

序号	内容	注　　释
1	号	用功能指令定时器指定的定时器号
2	地址	由顺序程序参照的地址
3	设定时间	定时器设定时间
4	精度	定时器精度
5	注释	T 地址的注释

设定时间中显示定时器设定时间。定时器精度为 8ms、48ms、1ms、10ms 或 100ms 的情况下,仅显示数值。定时器精度为 s、min 的情况下,如下所示,使用表示时间的 H、M、S 和单位间的分隔符'_'予以显示:aaH _ bbM _ ccS。

画面下部所显示的附加信息行,显示光标所指向的地址的符号和注释。

精度中显示定时器精度。各精度的设定时间以及标记方法方式如下表所列。

定时器号	精度的标记法	最小设定时间	最大设定时间
1～8	48(初始值)	48ms	1572.8s
9～250	8(初始值)	8ms	262.1s
1～250	1	1ms	32.7s
1～250	10	10ms	327.7s
1～250	100	100ms	54.6min
1～250	s	1s	546min
1～250	min	1min	546h

6. [计数器]画面(显示和设定计数器值)

该画面用于设定和显示功能指令的计数器(CTR:SUB5)的计数器的最大值和现在值。要移动到计数器画面,按下[计数器]软键,如图3-8所示。

该画面上可以使用简易显示方式和注释显示方式。

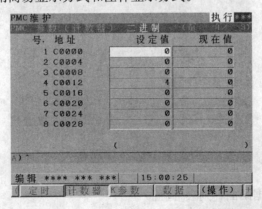

图 3-8　[计数器]画面

7. [K参数]画面(设定和显示保持继电器)

该画面用于设定和显示保持继电器。要移动到保持继电器画面,按下[K参数]软键,如图3-9所示。

保持继电器为非易失性存储器,所以,即使切断电源,其存储内容也会丢失。各PMC的保持继电器区,其配置如下:

	0i D PMC	0i D/0i Mate D PMC/L
用户区	K0~K99	K0~K19
管理软件使用区	K900~K999	K900~K999

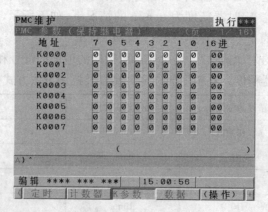

图3-9　[K参数]画面

8. [数据]画面(设定和显示数据表)

数据表具有两个画面:数据表控制数据画面(图3-10)和数据表画面(图3-11)。要移动到数据画面时,按下[数据]软键。

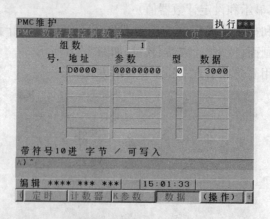

图3-10　数据表控制画面

1) 数据表控制数据画面([列表]画面)

按下[数据]软键,出现用于管理数据表的数据表控制数据画面。该画面上可以使用简易显示方式和注释显示方式。

124

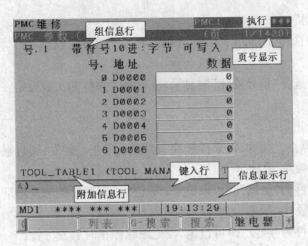

图 3-11 数据表画面

2) 数据表画面([缩放]画面)

设定了数据表控制数据时,从数据表控制数据画面按下软键[缩放],出现数据表画面。在此画面上,可以使用简易显示方式、注释显示方式和位显示方式。

9.[跟踪]画面(信号跟踪功能)

要执行跟踪,先要设定跟踪参数。按下[TRCPRM]软键,切换到跟踪参数设定画面,如图 3-12 所示。通过 PMC 设定画面的设定,可在通电后自动地启用跟踪功能,如图 3-13 所示。在这种情况下,也同样可以事先进行跟踪参数的设定。

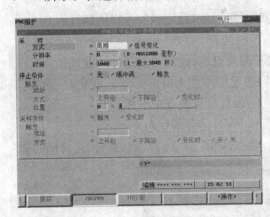

图 3-12 跟踪参数设定画面   图 3-13 信号跟踪画面

1) 采样/"方式"

设定采样方式。

周期:以所设定的周期采样信号。

信号变化:以所设定的周期监视信号,在信号发生变化时采样。

2) 采样/"分辨率"

设定采样的分辨率。默认值为最小采样分辨率(ms),但此值随 CNC 而不同。

设定范围为 8~1000(ms)。输入值被进位到最小采样分辨率的倍数。

3) 采样/"时间"

在采样方式中选择"周期"时显示,进行将要采样的时间设定。

4) 采样/"框"

在采样方式中选择"信号变化"时显示,进行将要采样的次数设定。

5) 停止条件

设定跟踪的停止条件。

无:不会自动停止。缓冲满:采样缓冲满时自动停止。触发:通过触发自动停止。

6) 停止条件/触发/地址

跟踪的停止条件为"触发"时可以设定,设定停止跟踪时的触发地址。

7) 停止条件/触发/方式

跟踪的停止条件为"触发"时可设定,设定跟踪停止时触发方式。

上升沿:触发信号上升时自动停止。下降沿:触发信号下降时自动停止。变化时:触发信号变化时自动停止。

8) 停止条件/触发/位置

跟踪的停止条件为"触发"时可设定,设定在全采样时间(或次数)中的哪个位置停止触发,按比例、用途进行设定,如查看触发条件前的信号变化时设定较大的值,反之亦然。

9) 采样条件

采样方式为"信号变化"时可设定,设定进行采样的条件。

触发:采样触发条件成立时采样。变化时:采样地址的信号变化时采样。

10) 采样条件/触发/地址

采样方式为"信号变化",采样条件为"触发"时可设定,设定触发采样的地址。

11) 采样条件/触发/方式

采样方式为"信号变化",采样条件为"触发"时可设定,设定触发条件的方式。

上升沿:触发信号的上升时采样。下降沿:触发信号的下降时采样。变化时:触发信号的变化时采样。开:触发信号接通中采样。关:触发信号断开中采样。

10.[I/O 诊断]画面(监控网络的通信状态和 PMC 信号的状态)

I/O 诊断画面可以监控网络的配置和通信状态,如图 3-14 所示。此外,还可同时监

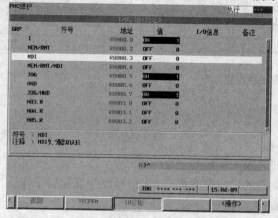

图 3-14 [I/O 诊断]画面

控符号和注释已被定义的 PMC 的信号状态。

二、PMC 梯图画面（PMCLAD）

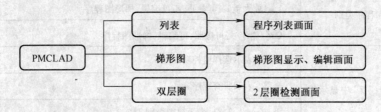

1. [列表]画面（显示程序列表）

（1）梯形图列表显示。

① 按系统功能键〈SYSTEM〉并用[＋]软键翻动页面，出现 PMC 主菜单，如图 3-15 所示。

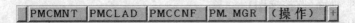

图 3-15　PMC 主菜单

② 按〈PMCLAD〉〈列表〉软键，出现程序列表显示画面，如图 3-16 所示。

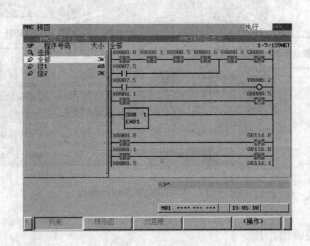

图 3-16　PMC 梯形图

（2）梯形图列表显示内容。

分　类	内　　容
画面配置	① 左侧显示程序列表，右侧显示当前程序列表的光标所指程序的梯图。
	② 信息显示行根据不同情形显示诸如错误信息和提示等各类信息。
	③ 程序列表的一览表显示区中，一次最多可显示 18 个程序。

分 类		内 容
一览表显示区	"SP 区"中显示子程序的保护信息和程序类别	🔒（锁）:不可参照、不可编辑（所有程序）
		🔍（放大镜）:可参照、不可编辑、梯形图程序
		✏️（铅笔）:可参照、可编辑、梯形图程序
	"程序号码区"中显示程序名	选择:表示选择监控功能
		全部:表示所有程序
		级 $n(n=1,2,3)$:表示梯图级别 1,2,3
		P_m（m=子程序号）:表示子程序
	"大小区"以字节为单位显示程序大小	程序大小超过 1024 字节时,以 1 千字节（1024 字节）为单位显示程序容量,并附加"K"

2.［梯形图］画面（监控梯图）

1）梯形图监控画面显示

通过［梯形图］软键由 PMC 梯图菜单切换到梯图显示画面,如图 3-17 所示。

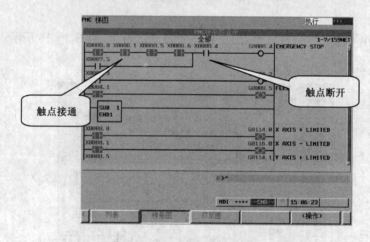

图 3-17　PMC 梯形图监控画面

2）梯形图监控画面作用

可以在梯图显示画面上,监控显示接点和线圈的通/断状态、功能指令参数中所指定的地址的内容,确认梯形图程序的动作状态。

3）梯形图监控画面进行操作

切换显示子程序:［列表］;搜索地址:［搜索］;

显示功能指令的数据表:［表］;移动到选择监控画面:［转换］;

强制输入/输出功能（强制方式）:"数值"＋INPUT（输入）键。

3. 编辑梯形图

可以在梯图编辑画面上,编辑梯形图程序,改变其运动方式。要切换到梯图编辑画面,在梯图显示画面上按下[编辑]软键。

(1) 可以在梯图编辑画面上对梯形图程序进行如下编辑。

梯形图编辑操作	功能软件
以网为单位删除	[删除]
以网为单位移动	[剪切]&[粘贴]
以网为单位复制	[复制]&[粘贴]
改变接点和线圈的地址	"位地址"+INPUT 键
改变功能指令参数	"数值/字节地址"+INPUT 键
追加新网	[产生]
改变网的形状	[缩放]
反映编辑结果	[更新]
. 恢复到编辑前的状态	[恢复]
取消编辑	[取消]

(2) 梯形图编辑软键。

编 辑 操 作	功 能 软 件
配置新的接点线圈	"位地址"+ ―┤├, ――○―等
改变接点线圈的类别	―┤├, ――○―等
配置新的功能指令	[功能]
改变功能指令的类别	[功能]
删除接点线圈功能指令	[·········]
追加/删除连接线	――, ↑└, ┘↑
编辑功能指令数据表	[表]
插入行/列	[行插入]、[左插入]、[右插入]
改变接点和线圈的地址	"位地址"+INPUT 键
改变功能指令参数	"数值/字节地址"+INPUT 键
放弃编辑内容	[取消]
恢复到编辑前状态	[恢复]

三、PMC 构成画面(PMCCNF)

出现 PMC 主菜单后,按<PMCCNF>软键,显示 PMC 构成画面。

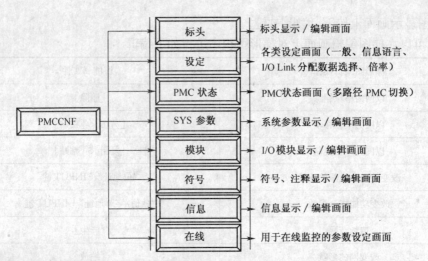

以下是 PMC 构成中几种较常用的画面。

(1) PMC 标头,如图 3-18 所示。

(2) PMC 设定,如图 3-19 所示。

(3) PMC I/O 模块,如图 3-20 所示。

(4) PMC 符号,如图 3-21 所示。

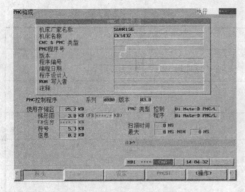

图 3-18　标头画面

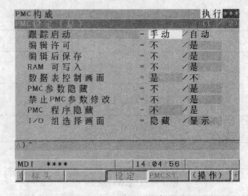

图 3-19　PMC 设定画面

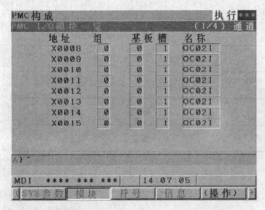

图 3-20　I/O LINK 模块画面

图 3-21　符号画面

（5）PMC 报警信息，如图 3-22 所示。

（6）在线监测，如图 3-23 所示。

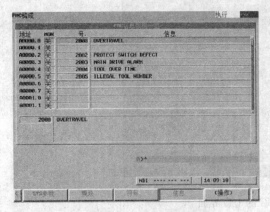

图 3-22　报警信息画面　　　　　　　图 3-23　在线设定画面

四、PMC 梯形图输出

1. PMC 梯形图输出（CF 卡）

（1）按下 OFS/SET 功能键，按软键［设定］，出现设定画面，如图 3-24 所示。

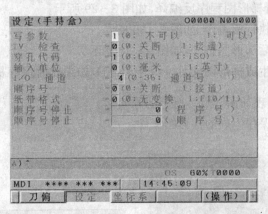

图 3-24　参数开关改写画面

（2）在设定画面中，修改如下参数：写参数＝1；I/O 通道＝4。

（3）在"编辑 EDIT"方式下。

（4）按 SYSTEM 功能键及［＋］软键，按［PMCMNT］软键，并按［I/O］软键，出现图 3-25 所示 PMC 的 I/O 界面。

（5）修改以下参数：装置＝存储卡；功能＝写；数据类型＝顺序程序。

（6）按［执行］软键，系统以默认文件名完成 PMC 梯图输出。也可在文件名处输入＠××或者＃××（××为自定义名字）后按［执行］软键完成梯图输出。

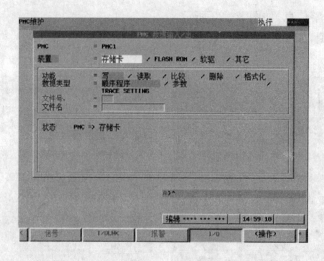

图 3-25 PMC 的 I/O 界面

2. PMC 梯形图打开

（1）运行 FANUC LADDER-Ⅲ软件，如图 3-26 所示。

（2）通过 LADDER-Ⅲ的"文件"（File）"打开"（Open）相应的文件夹，如图 3-27 所示。

（3）单击"确定"，出现如图 3-28 所示的画面，输入 LAD 程序名，选择版本类型。

（4）按"OK"执行梯形图程序反编译，如图 3-29 所示。

（5）单击"确定"执行反编译，如图 3-30 所示。

（6）反编译成功后梯形图打开，如图 3-31 所示。

（7）反编译后即生成梯形图文件 ＊＊＊.LAD，如果此时保存梯形图文件，按保存键（Save）或 ![保存图标]，随即出现如图 3-32 所示的画面。

（8）按 Save 键，保存生成的梯形图文件。

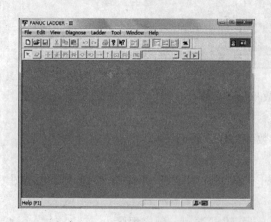

图 3-26 FANUC LADDER-Ⅲ运行界面

图 3-27 "打开"对话框

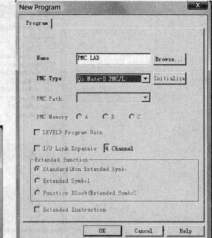

图 3-28 对话框(一)

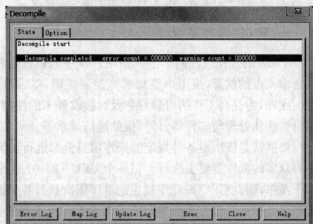

图 3-29 对话框(二)

图 3-30 执行反编译

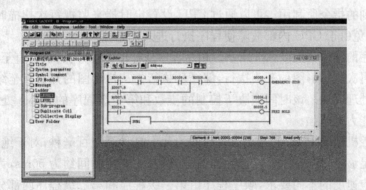

图 3-31 梯形图打开

133

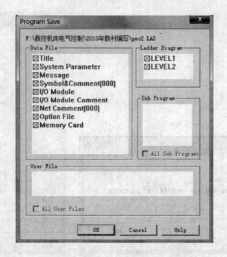

图 3-32 "文件保存"对话框

3.1.2 FANUC 系统 PMC 的编程指令

一、PMC 工作原理

PMC 的工作过程基本上就是用户程序的执行过程,是在系统软件的控制下顺次扫描各输入点的状态,按用户逻辑解算控制逻辑,然后顺序向各输出点发出相应的控制信号。此外,为提高工作的可靠性和及时接收外来的控制命令,在每个扫描周期还要进行故障自诊断和处理与编程器、计算机的通信请求等。

扫描就是依次对各种规定的操作项目全部进行访问和处理。PMC 运行时,用户程序中有众多的操作需要去执行。但一个 CPU 每一时刻只能执行一个操作而不能同时执行多个操作,因此 CPU 按程序规定的顺序依次执行各个操作。这种需要处理多个作业时依次顺序处理的工作方式称为扫描工作方式。由于扫描是周而复始无限循环的,每扫描一个循环所用的时间称为扫描周期。

顺序扫描的工作方式是 PMC 的基本工作方式,这种方式简单直观、方便用户程序设计,为 PMC 的可靠运行提供了有力的保证。所扫描到的指令被执行后其结果立刻就被后面将要扫描到的指令所利用。可以通过 CPU 设置定时器来监视每次扫描时间是否超过规定时间,避免由于 CPU 内部故障使程序执行进入死循环。

顺序程序的结构如图 3-33 所示。顺序程序从梯形图的开头执行,直至梯形图结束,程序执行完再次从梯形图的开头执行,即循环执行。从梯形图的开头直至结束的执行时间称为循环处理周期。该时间取决于控制的步数和第一级程序的大小。处理周期越短,信号的响应能力也越强。

一般数控机床的 PMC 程序的处理时间为几十毫秒至上百毫秒,对于绝大多数信号,这个速度已足够了,但有些信号(如脉冲信号)要求的响应时间约为 50ms,为适应不同控制信号对响应速度的不同要求,顺序程序由第一级程序和第二级程序两部分组成。第一级程序仅处理短脉冲信号,如急停、各进给坐标轴超程、机床互锁信号、返回参考点减速、跳步、进给暂停信号等。

第一级程序每8ms执行一次。在向CNC的调试RAM中传送程序时,第二级程序被分割,第一级程序的执行将决定如何分割第二级程序,若第二级程序的分割数为n,则顺序程序的执行顺序如图3-34所示。可见,当第二级程序的分割数为n时,一个循环的执行时间为$8n$ ms,第一级程序每8ms执行一次,第二级程序每$8 \times n$ ms执行一次。如果第一级程序的步数增加,那么在8ms内第二级程序动作的步数就相应减少,因此分割数变多,整个程序的执行时间变长。因此第一级程序应编得尽可能短。

使用子程序时,子程序应在第二级程序后指定。

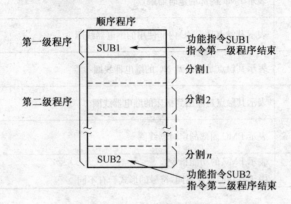

图 3-33 顺序程序的构成

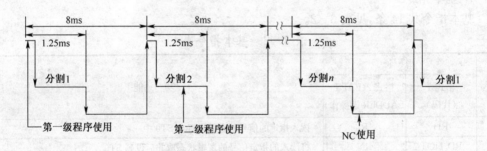

图 3-34 顺序程序的执行周期

与PMC有关的程序包括两类:面向PMC内部的程序,即系统管理程序和编译程序,这些程序由系统生产厂家设计并固化到存储器中;面向用户或生产过程的应用程序,即用户程序。PMC用户程序的表达方法主要有两种:PMC应用程序语言,常用梯形图和语句表;计算机高级语言。梯形图程序采用类似继电器触点、线圈的图形符号,容易为从事电气设计制造的技术人员所理解和掌握,被广泛采用,下面详细介绍。

FANUC系统画梯形图时常采用的图形符号见表3-1。

表 3-1 FANUC系统图形符号表

序号	符 号	说 明
1	⊣⊢A型触点 ⊣/⊢B型触点	表示PMC内部继电器触点,来自机床和来自NC的输入,都使用该信号

序号	符 号	说　明
2	⫫	表示来自 NC 的输入信号
3	⫶	表示机床侧(含内置手动面板)的输入信号
4	⌐o o⌐	表示 PMC 内部的定时器触点
5	◯	表示其触点是 PMC 内部使用的继电器线圈
6	◯	表示其触点是输出到 NC 的继电器线圈
7	◎	表示其触点是输出到机床的继电器线圈
8	▭	表示 PMC 内部的定时器线圈
9	▥	表示 PMC 的功能指令 由于各功能指令不同,符号的形式会有不同

二、基本指令

1. 基本指令

基本指令共 14 条,见表 3-2。

表 3-2　基本指令表

序号	指 令		功　能
	格式 1 (代码)	格式 2(FAPT LADDER 键操作)	
1	RD	R	读入指定的信号状态并设置在 ST0 中
2	RD. NOT	RN	将读入的指定信号的逻辑状态取非后设到 ST0
3	WRT	W	将逻辑运算结果(ST0 的状态)输出到指定的地址
4	WRT. NOT	WN	将逻辑运算结果(ST0 的状态)取非后输出到指定的地址
5	AND	A	逻辑与
6	AND. NOT	AN	将指定的信号状态取非后逻辑与
7	OR	O	逻辑或
8	OR. NOT	ON	将指定的信号状态取非后逻辑或
9	RD. STK	RS	将寄存器的内容左移 1 位,把指定地址的信号状态设到 ST0
10	RD. NOT. STK	RNS	将寄存器的内容左移 1 位,把指定地址的信号状态取非后设到 ST0
11	AND. STK	AS	ST0 和 ST1 逻辑与后,堆栈寄存器右移一位
12	OR. STK	OS	ST0 和 ST1 逻辑或后,堆栈寄存器右移一位
13	SET	SET	ST0 和指定地址中的信号逻辑或后,将结果返回到指定的地址中
14	RST	RST	ST0 的状态取反后和指定地址中的信号逻辑与,将结果返回到指定的地址中

2. 基本控制回路

(1) 自锁回路。

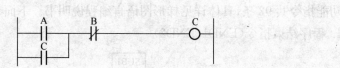

(2) 互锁回路。

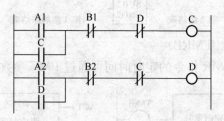

(3) 逻辑 0 回路。

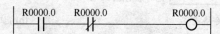

(4) 逻辑 1 回路。

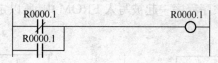

(5) 上升沿触发脉冲电路。

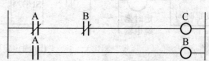

(6) 下降沿触发脉冲电路。

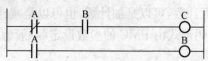

(7) RS 触发电路。

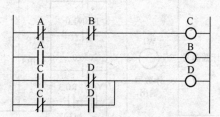

(8) 异或电路。

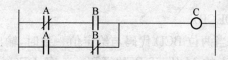

三、常用功能指令

功能指令共 92 条,具体详见梯形图语言编程说明书。下面介绍常用功能指令。

1. 程序结束指令(END1、END2)

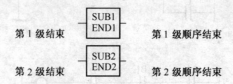

第 1 级结束   第 1 级顺序结束

第 2 级结束   第 2 级顺序结束

2. 定时器指令(TMR、TMRB)

可变定时器 TMR:TMR 指令的定时时间可通过 PMC 参数进行更改。

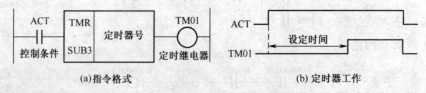

         (a)指令格式   (b) 定时器工作

固定定时器 TMR:TMRB 的设定时间编在梯形图中,在指令和定时器号的后面加上一项参数预设定时间,与顺序程序一起被写入 FROM 中,所以定时器的时间不能用 PMC 参数改写。

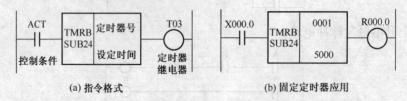

         (a) 指令格式   (b) 固定定时器应用

3. 计数器指令(CTR)

计数器主要功能是进行计数,可以是加计数,也可以是减计数。计数器的预置值形式是 BCD 代码还是二进制代码形式由 PMC 的参数设定(一般为二进制代码)。

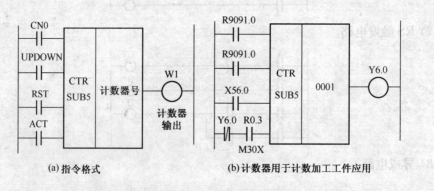

         (a)指令格式   (b)计数器用于计数加工工件应用

4. 译码指令(DEC、DECB)

DEC 指令的功能是:当两位 BCD 代码与给定值一致时,输出为"1";不一致时,输出为"0",主要用于数控机床的 M 码、T 码的译码。一条 DEC 译码指令只能译一个 M 代码。

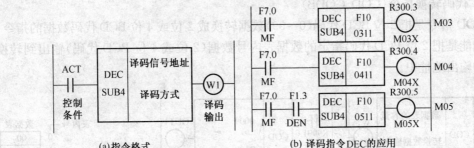

| (a)指令格式 | (b) 译码指令DEC的应用 |

DECB 的指令功能:可对 1、2 或 4 个字节的二进制代码数据译码,所指定的 8 位连续数据之一与代码数据相同时,对应的输出数据位为 1。主要用于 M 代码、T 代码的译码,一条 DECB 代码可译 8 个连续 M 代码或 8 个连续 T 代码。

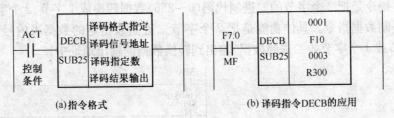

(a)指令格式　　　　　　　　　(b) 译码指令DECB的应用

5. 常数定义指令(NUME、NUMEB)

NUME 指令是 2 位或 4 位 BCD 代码常数定义指令。

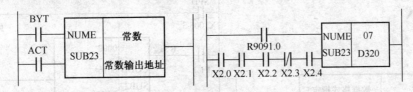

NUMEB 指令是 1 个字节、2 个字节或 4 个字节长二进制数的常数定义指令。

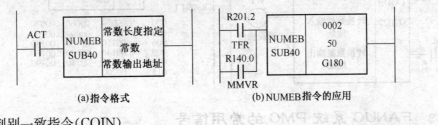

(a)指令格式　　　　　　　　(b)NUMEB指令的应用

6. 判别一致指令(COIN)

COIN 指令用来检查参考值与比较值是否一致,可用于检查刀库、转台等旋转体是否到达目标位置等。

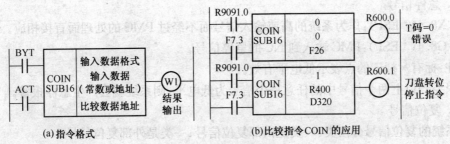

(a)指令格式　　　　　　　　(b)比较指令COIN 的应用

7. 代码转换指令(COD、CODB)

COD 指令是把 2 位 BCD 代码(0~99)数据转换成 2 位或 4 位 BCD 代码数据的指令。具体功能是把 2 位 BCD 代码指定的数据表内号数据(2 位或 4 位 BCD 代码)输出到转换数据的输出地址中。

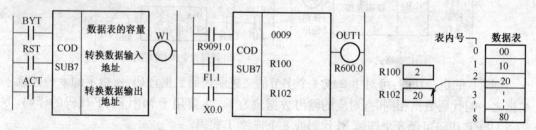

CODB 指令是把 2 个字节的二进制代码(0~256)数据转换成 1 字节、2 个字节或 4 个字节的二进制数据指令。具体功能是把 2 个字节二进制数指定的数据表内号数据(1 字节、2 个字节或 4 个字节的二进制数据)输出到转换数据的输出地址中。

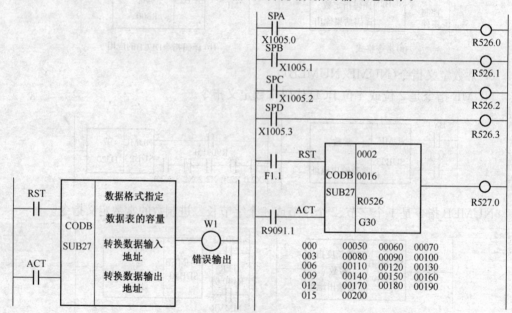

3.1.3 FANUC 系统 PMC 的常用信号

一、机床保护信号

1. 急停信号

* X8.4(* ESP):作为系统的高速输入信号而不经过 PMC 的处理而直接相应。

* G8.4(* ESP):PMC 输入到 NC 的急停信号。

注:标有 * 标记的点表示低电平有效。

只要当以上两个信号中的任意一个信号为低电平,则系统就会产生急停报警。

2. 复位信号

系统的复位信号分两类:一类是内部复位信号;一类是外部复位信号。

140

F1.1(RST)：当系统 MDI 键盘上的 RESET 键按下时，系统执行内部复位、中断当前操作，同时输出此信号给 PMC，用来中断机床其他辅助动作。

G8.7(ERS)：外部复位信号。为 1 时，系统中断当前操作。

G8.6(RRW)：复位和倒回信号。为 1 时，系统中断当前操作并返回程序开头。

3. 行程限位信号

G114					*+L4	*+L3	*+L2	*+L1
.								
G116					*−L4	*−L3	*−L2	*−L1

G114/G116：对于机床的行程保护来说一般有三级保护：第一级软限位保护，可通过参数进行设定；第二级硬限位保护即通过外部限位开关接通 G114/G116；最后一级为机床死挡铁，这是机床的机械限位。通常在没有建立原点时设定软限位是无效的，这时就必须通过机床的行程限位信号来保护机床。机床在某一方向超程时，系统会产生 506 号（正向超程）或 507 号（负向超程）报警，此时需向反方向运动、解除超程。

参数 No.3004♯5(OTH)：超程限位有效否。＝0 有效，＝1 无效。

4. 垂直轴的刹车控制信号

对于铣床的 Z 轴和斜床身车床的 X 轴来说，当系统和伺服正常启动后，依靠伺服电机本身所输出的力矩来抵抗因重力所产生的下滑。当系统或伺服断电、报警时伺服电机会成自由状态，同时依靠外部的刹车装置如电机的刹车碟片、丝杠的刹车器等来抵抗重力下滑，所以需要一个信号用来控制当伺服电机励磁后打开外部刹车装置。

F1.7(MA)：系统准备就绪。

F0.6(SA)：伺服准备就绪。此信号可用来做刹车解除的控制信号，此信号为 1 时刹车关闭，当伺服或系统产生报警使其变为 0 时刹车打开。

二、系统工作状态信号

1. 系统常用工作状态

1）存储运行状态(MEM)

又称自动运行状态(AUTO)。在此状态下，系统运行的加工程序为系统存储器内的程序。当选择了这些程序中的一个并按下机床操作面板上的循环启动按钮后，启动自动运行，并且循环启动灯点亮。存储器运行在自动运行中，当机床操作面板上的进给暂停按钮被按下后，自动运行被临时中止。当再次按下循环启动按钮后，自动运行又重新进行。

2）手动数据输入状态(MDI)

在此状态下，通过 MDI 面板可以编制最多 10 行的程序并被执行，程序格式和通常程序一样。MDI 运行适用于简单的测试操作（在此状态下还可以进行系统参数和各种补偿值的修改和设定）。

3）手轮进给状态(HND)

在此状态下，刀具可以通过旋转机床操作面板上的手摇脉冲发生器微量移动。使用手轮进给轴选择开关选择要移动的轴。手摇脉冲发生器旋转一个刻度时，刀具移动的距离为最小输入增量或其倍数，通常可以放大 1 倍、10 倍、100 倍或 1000 倍。

4）机床返回参考点（REF）

即确定机床零点状态（ZRN）。在此状态下，可以实现手动返回机床参考点的操作。通过返回机床参考点操作，CNC 系统确定机床零点的位置。

5）手动连续进给状态（JOG）

在此状态下，持续按下操作面板上的进给轴及其方向选择开关，会使刀具沿着轴的所选方向连续移动。手动连续进给最大速度由系统参数设定，进给速度可以通过倍率开关进行调整。按下快速移动开关会使刀具快速移动（由系统参数设定），而不管 JOG 倍率开关的位置，该功能称为手动快速移动。

6）编辑状态（EDIT）

在此状态下，编辑存储到 CNC 内存中的加工程序文件。编辑操作包括插入、修改、删除和字的替换。编辑操作还包括删除整个程序和自动插入顺序号。扩展程序编辑功能包括复制、移动和程序的合并。

2. 系统的工作状态信号

系统的工作状态由系统的 PMC 信号通过梯形图指定。系统工作状态与信号的组合见表 3-3。表中的"1"为信号接通，"0"为信号断开。

表 3-3 系统工作状态与信号的组合

工作状态	系统状态显示	ZRN	DNCl	MD4	MD2	MDl
		G43.7	G43.5	G43.2	G43.1	G43.0
程序编辑	EDIT	0	0	0	1	1
自动运行	MEM	0	0	0	0	1
手动数据输入	MDI	0	0	0	0	0
手轮进给	HND	0	0	1	0	0
手动连续进给	JOG	0	0	1	0	1
返回参考点	REF	1	0	1	0	1

3. F 信号地址定义

F3.6 表示系统处于编辑状态；F3.5 表示系统处于自动运行状态；F3.3 表示系统处于手动数据输入状态；F3.2 表示系统处于手动连续进给状态；F3.1 表示系统处于手轮控制状态；F4.5 表示系统处于返回参考点状态。

三、运行和速度信号

1. 手动运行

（1）手动轴选信号。

G100	+J8	+J7	+J6	+J5	+J4	+J3	+J2	+J1

G102	−J8	−J7	−J6	−J5	−J4	−J3	−J2	−J1

No. 1002#0（JAX）：手动进给时同时控制轴数。=0 为 1，=1 最多为 3。

（2）手动进给速度 = 参数设定速度（No. 1423）×手动进给倍率（G10、G11）。

G010	*JV7	*JV6	*JV5	*JV4	*JV3	*JV2	*JV1	*JV0
G011	*JV15	*JV14	*JV13	*JV12	*JV11	*JV10	*JV9	*JV8

No.1423：各轴的手动进给速度，mm/min。

（3）快速进给速度 ＝ 参数设定速度×快速倍率。

ROV2(G14.1)	ROV1(G14.0)	快速倍率
0	0	100%
0	1	50%
1	0	25%
1	1	F0

No.1420：各轴的快速移动速度（G00速度），mm/min。

No.1424：各轴的手动快速移动速度，mm/min。

注：当设定值为0时，手动快速移动速度为No.1420的值。

No.1421：各轴的快速移动倍率的F0速度，mm/min。

2. 手轮运行（G18、G19）

G018	HS2D	HS2C	HS2B	HS2A	HS1D	HS1C	HS1B	HS1A

G019			MP2	MP1	HS3D	HS3C	HS3B	HS3A

■ HS3x信号仅限M系

HS1A～HS1D：第一手轮轴选；HS2A～HS2D：第二手轮轴选；HS3A～HS3D：第三手轮轴选；MP1～MP2：手轮/增量速率。

（1）手轮轴选信号。

HS1D	HS1C	HS1B	HS1A	选择轴
0	0	0	0	无选择
0	0	0	1	第1轴
0	0	1	0	第2轴
0	0	1	1	第3轴
0	1	0	0	第4轴
0	1	0	1	第5轴
0	1	1	0	第6轴
0	1	1	1	第7轴
1	0	0	0	第8轴

（2）手轮和增量的速度。

MP2(G19.5)	MP1(G19.4)	手轮/增量倍率
0	0	×1
0	1	×10
1	0	×m
1	1	×n

No.7113：手轮进给的倍率m（1～127）。

No.7114：手轮进给的倍率n（1～1000）。

3. 自动运行

（1）自动方式下的循环启动/停止。

143

G7.2(ST):循环启动信号。

G8.5(＊SP):循环暂停信号。

F0.7(OP):自动运转信号。

F0.5(STL):自动运转中启动信号。

F0.4(SPL):自动运转中停止信号。

（2）自动方式下的速度控制。

切削进给速度＝程序中设定的F×切削进给倍率(G12)。

G012	*FV7	*FV6	*FV5	*FV4	*FV3	*FV2	*FV1	*FV0

No.1422:最大切削进给速度,mm/min。

No.1430:各轴最大切削进给速度,mm/min。

（3）自动方式下的几种功能。

G46.1(SBK):单段。

G46.7(DRN):空运行。程序中的进给速度无效,执行 No.1410 的速度。

G44.0,G45(BDT):程序段选跳。

4. 回零

（1）减速开关信号。当减速信号为 0 时,坐标轴开始减速,寻找零点。

X009					*DEC4	*DEC3	*DEC2	*DEC1

No.1424:手动快速速度(回零时快速速度),mm/min。

No.1425:回零时减速速度,mm/min。

（2）第 1～第 4 参考点到达信号。当系统执行手动参考点返回或程序执行 G28/G30 指令到达相应位置时,信号输出。

F094					ZP4	ZP3	ZP2	ZP1

F096					ZP24	ZP23	ZP22	ZP21

F098					ZP34	ZP33	ZP32	ZP31

F100					ZP44	ZP43	ZP42	ZP41

No.1240～1243:各轴第 1 参考点～第 4 参考点的机床坐标值(检测单位)。

机床的第 2、3 参考点经常作为换刀点或托盘交换点等特殊位置设定。当第 1 参考点发生变化时,都需要重新调整。

（3）参考点建立信号。开机后参考点建立后或绝对位置零点设定后,该信号输出。

F120					ZRF4	ZRF3	ZRF2	ZRF1

四、M、S、T 功能

在加工程序的运行中,系统可以通过 M、S、T 代码发出,通过 PMC 控制执行相应的辅助功能,主轴启停、正反转、换挡,冷却开停,工件或刀具松紧,刀具更换等动作。

144

1. M 功能

系统读到程序中的 M 码指令时,就会输出 M 代码指令信息,FANUC 0i 系统 M 代码信息输出地址为 F10~F13(4 个字节二进制代码)。通过系统读 M 代码的延时时间 TMR(系统参数设定,标准设定时间为 16ms)后系统输出 M 代码选通信号 MF(F7.0)。当系统 PMC 接收到 M 代码选通信号后,执行 PMC 译码指令(DEC、DECB),把系统的 M 代码信息译成某继电器为 1(开关信号),通过是否加入分配结束信号 DEN(F1.3)实现移动指令和 M 代码是否同时执行。M 功能执行结束后,把辅助功能结束信号 FIN(G4.3)送到 CNC 系统中,系统接收到后,经过辅助功能结束延时时间 TFIN(系统参数设定,标准设定时间为 16ms),切断系统 M 代码选通信号 MF。当系统 M 代码选通信号 MF 断开后,切断系统辅助功能结束信号 FIN,然后系统切断 M 代码指令输出信号,系统准备读取下一条 M 代码指令。具体 M 代码控制时序如图 3-35 所示,S、T 代码的处理时序也同样。

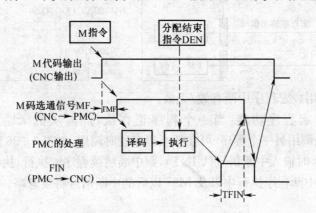

图 3-35 系统 M 代码控制时序图

M、S、T 功能相关信号如下:

	M 功能	S 功能	T 功能
代码寄存器	F10~F13	F22~F25	F26~F29
选通信号	F7.0	F7.2	F7.3
完成信号	G4.3		

有些 M 代码,系统本身会发出相应的 F 地址,它们不需要另行译码。

F009	DM00	DM01	DM02	DM30			

另外还有一些 M 代码,是系统专用不需要 PMC 处理的,如 M98/M99、M96/M97。
M98/M99:子程序调用/返回。

一个含有固定顺序或频繁重复模式的程序,可将顺序或模型储存为一个子程序,以简化该程序。可从主程序调用一个子程序,一个被调用的子程序也可再调用另一个子程序。

虽然子程序对一个重复操作很有用,但若使用用户宏程序功能,则还可以使用变量、运算指令以及条件转移,使程序的编写更容易。可用相应代码调用用户宏程序,最常用的是简单调用 G65,另外 M 代码也可调用宏程序,常见的例子是换刀指令 M06。

例：No.6071=6

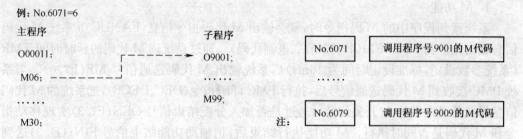

主程序 O00011; M06; …… M30;

子程序 O9001; …… M99;

No.6071 调用程序号9001的M代码

No.6079 调用程序号9009的M代码

注：

宏程序界面的输入输出信号：

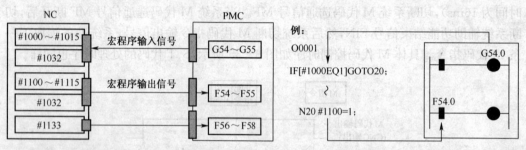

NC #1000～#1015 #1032 宏程序输入信号 G54～G55

#1100～#1115 #1032 宏程序输出信号 F54～F55

#1133 F56～F58

PMC

例： O0001 IF[#1000EQ1]GOTO20; ∽ N20 #1100=1;

G54.0 F54.0

M96/M97：用户宏程序中断有效/无效。

中断型用户宏程序功能：当一个程序正在执行时，从机床输入一个中断信号（UINT），就可以调用另一个程序，可在任意程序段时调用，如图3-36所示。当在程序中指定 M96 Pxxxx 时输入中断信号（UINT），则中断后续程序的执行，执行 Oxxxxx 程序，直到 M99 返回，而中断程序执行中以及 M97 以后的中断信号将被忽略。

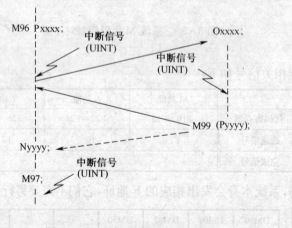

图 3-36　中断型用户宏程序功能

G53.3(UINT)：用户宏程序中断信号。

No.6003#7(MUS)：是否使用用户宏程序中断。=0 否，=1 是。

No.6003#4(MPR)：用户宏程序中断的 M 代码。=0 用 M96/M97 执行，=1 用参数 No.6033、No.6034 设定的 M 代码执行。

2. 主轴功能

如图3-37所示，主轴的控制可以分为串行主轴控制和模拟主轴控制。

146

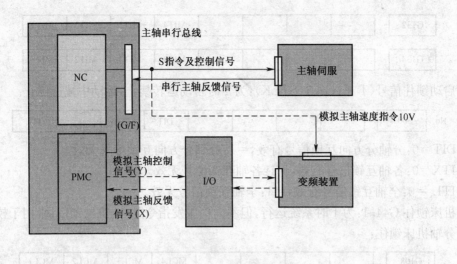

图 3-37　主轴的控制

S 指令控制的是主轴速度,主轴要想获得速度指令需要注意以下几个信号。当以下信号不正确时,主轴是不能获得速度指令的。

* G71.1(* ESPA):主轴急停。

G70.7(MRDYA):机床准备好。

* G29.6(* SSTP):主轴停止。

G30(SOV0~SOV7):主轴速度倍率。

常用的主轴信号:

G070	MRDYA	ORCMA	SFRA	SRVA				

F045	ORARA				SARA	SDTA	SSTA	ALMA

G29.4(SAR):主轴速度到达信号。为 0 时禁止切削指令运行。

No.3708♯0:是否检查主轴速度到达信号。=0 不检查,=1 检查。

3. T 功能

T 功能是用来处理机床刀具交换的功能代码,它主要是根据实际的刀具或刀库结构编写相应的梯形图,需要了解 FANUC 的功能指令。

五、互锁信号

当机床执行特定的动作或处于特定的位置时,可以通过 PMC 的逻辑互锁或信号互锁,来限制机床的动作,保护机床。

全轴互锁信号 * G8.0(* IT):为 0 时所有轴手动、自动禁止运行。

各轴互锁信号:

G130	*IT8	*IT7	*IT6	*IT5	*IT4	*IT3	*IT2	*IT1

各轴分方向互锁信号(M 系):

G132					+MIT4	+MIT3	+MIT2	+MIT1
G134					−MIT4	−MIT3	−MIT2	−MIT1

启动锁住信号(T 系)G7.1(STLK):为 1 时自动运转禁止,运动中减速停止。

No.	3003					DIT	ITX		ITL

DIT=0:分轴分方向互锁信号有效,=1:分轴分方向互锁信号无效。

ITX=0:各轴互锁信号有效,=1:各轴互锁信号无效。

ITL =0:全轴互锁信号有效,=1:全轴互锁信号无效。

机床锁住 G44.1:为 1 时系统运行,但不向伺服发指令脉冲,机械锁住,常用于校验。

分轴机床锁住:

G108					MCL4	MCL3	MCL2	MCL1

辅助功能锁住 G5.6:为 1 时 M、S、T 功能禁止执行,但系统专用 M 代码不受限制。

六、报警处理

FANUC 的报警可以分为内部报警和外部报警两大类,如图 3-38 所示。

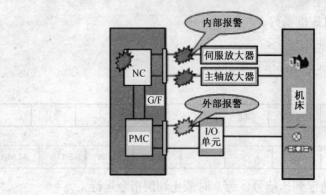

图 3-38 报警分类

1. 内部报警

系统根据它所控制的对象,如伺服放大器、串行主轴放大器、NC 本体等的运行状态来产生相应的报警文本。这类报警是系统本身所固有的。

F1.0(AL):系统报警。

F1.2(BAL):系统电池报警。

2. 外部报警

机床厂针对所设计的机床外围的运行状态通过 I/O 单元产生的报警。

(1) 1000~1999:此类报警会中断当前的操作,同时将报警文本显示在系统的报警画面。

(2) 2000~2999:此类报警不会中断当前操作,同时将报警文本显示在系统的操作信息画面。此类报警可以用来做机床的相关的警告和操作提示。

此两种通过 PMC 中 A 信息请求寄存器进行输出,如图 3-39 所示。

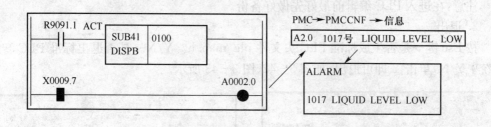

图 3-39　某 PMC 报警实例

（3）3000～3200：宏程序报警。机床厂可以根据一些加工中产生的机床状态，在执行专用宏程序当中通过专用语句产生相应的报警提示，同时中断当前的操作，如图 3-40 所示。

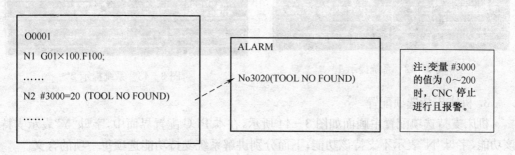

图 3-40　某宏程序报警实例

3.1.4　华中系统 PLC 的应用

一、编辑标准 PLC

1. 进入

扩展菜单（F10）→PLC（F1）→编辑 PLC（F2）→输入口令→进入标准 PLC 配置系统→铣床系统（F1）/车床系统（F2）→进入铣床/车床标准 PLC 配置系统，如图 3-41 所示。

图 3-41　标准 PLC 配置系统

注意:在进入 PLC 编辑前最好先做好备份。

2. 退出

按 Esc 键→是否生成标准 PLC 头文件 plc_map. h? Y/N→是否退出标准 PLC 智能系统? Y/N,单击 Y 即可退出,如图 3-42、图 3-43 所示。

图 3-42　系统提示 1

图 3-43　系统提示 2

3. 机床支持选项配置

机床支持选项配置主画面如图 3-44 所示,在本 PLC 配置界面中,字母"Y"表示支持该功能,字母"N"表示不支持该功能;下面分别讲解系统支持功能选项每一项的含义。

图 3-44　机床支持选项配置

1) 进给系统选项

(1) 步进驱动器——指的是系统使用的是步进电机作进给系统。

(2) 11 型数字式伺服——指的是系统使用的是 HSV-11 型数字交流伺服驱动器。

(3) 16 型全数字式伺服——指的是系统使用的是 HSV-16 型全数字交流伺服驱动器。

(4) 模拟伺服——指的是系统使用的是由其他厂家生产的伺服驱动器,如 Panasonic、FANUC、SIEMENS 等。

(5) X 轴抱闸——指的是系统是否有 X 轴抱闸功能。

150

2）主轴系统选项

（1）变频换挡——指的是系统带有变频器，通过调节 DA 值的方式来调节系统主轴转速。

（2）手动换挡——指的是通过手工换挡方式，既没有变频器，也不支持电磁离合器自动换挡，是一种纯手工换挡方式。

（3）自动换挡——指的是电磁离合器换挡和高低速自动换挡，如"××机床厂"的八挡位电磁离合器自动换挡、"XX 机床厂"高、低速线圈切换换挡。

（4）支持星三角——是指主轴电机在正转或反转时，先用星型线圈启动电机正转或反转，过一段时间后切换成三角形线圈来转动电机。

（5）支持抱闸——指的是系统是否支持主轴抱闸功能。

3）刀架系统选项

（1）支持双向选刀——指的是系统的刀架既可以正转又可以反转，如果既可以正转又可以反转，在选刀时就可以根据当前使用刀号判断出选中目标刀号是要正转还是反转，以达到使刀架旋转的最小角度就能选中目标刀。

（2）刀架锁紧定位销——指的是在当前要选用的目标刀号已经旋转到位，此时刀架停止转动，然后刀架打出一个锁紧定位销锁住刀架。一般的刀架是锁紧定位销打出一段时间后反转刀架来锁紧刀架。

（3）插销到位信号——指的是刀架锁紧定位销打出以后，刀架会反馈一个插销到位信号给系统，当系统收到此信号后才能反转刀架来锁紧刀架。

（4）刀架锁紧到位信号——指的是换刀后刀架会给系统回送一个刀架是否锁紧的信号。

4）其他功能选项

（1）气动卡盘——指是否通过外接输入信号来松紧卡盘。

（2）防护门——指车床的防护门是否外接输入信号，来检测门的开关以确保安全加工。

（3）保留——系统暂时不用的选项，用户可以不对此项进行任何配置操作。

在以上配置项中，进给系统选项中有些选项是互斥的，在步进驱动器、11 型数字式伺服、16 型全数字式伺服、模拟伺服四项中同时生效的只有一项。主轴系统选项中的自动换挡、手动换挡、变频换挡三项中同时生效的只有一项。

4. 刀架输入点定义

某数控车床 4 工位刀架，1～4 号刀的刀位信号为 X3.2～X3.5，刀架正转为 Y0.6、刀架反转为 Y0.7。配置界面如图 3-45 所示。

注：在对应的编辑框中输入"1"表示此点有效，为"0"或者"-1"表示此点无效。

此时刀架运转正常的情况下，将 PLC 的刀架正反转输出信号 Y0.6、Y0.7 进行互换，重新编译后，运转刀架会有什么现象？分析原因。

在刀架运转正常的情况下，将电断开，把输入转接板的刀架到位信号 X3.4、X3.5 的输入位置向后平移两个点，重新上电后进行换刀操作，会有什么现象？分析原因。

5. 输入/输出点定义

如图 3-46、图 3-47 所示，该表格主要由功能名称和功能定义组成。

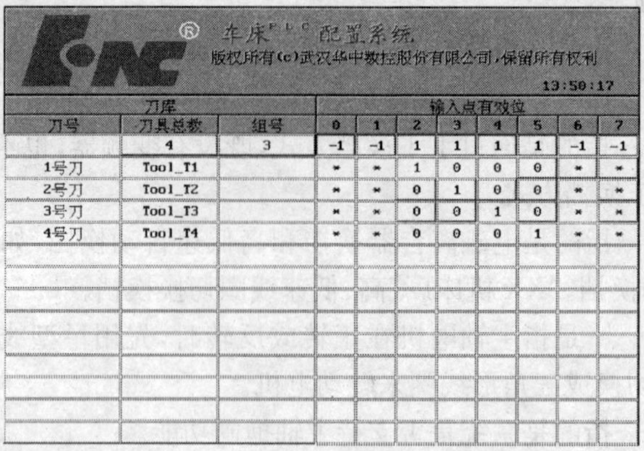

车床PLC配置系统
版权所有(c)武汉华中数控股份有限公司，保留所有权利
13:50:17

刀库			输入点有效位							
刀号	刀具总数	组号	0	1	2	3	4	5	6	7
	4	3	-1	-1	1	1	1	1	-1	-1
1号刀	Tool_T1		*	*	1	0	0	0	*	*
2号刀	Tool_T2		*	*	0	1	0	0	*	*
3号刀	Tool_T3		*	*	0	0	1	0	*	*
4号刀	Tool_T4		*	*	0	0	0	1	*	*

图 3-45　刀架配置界面

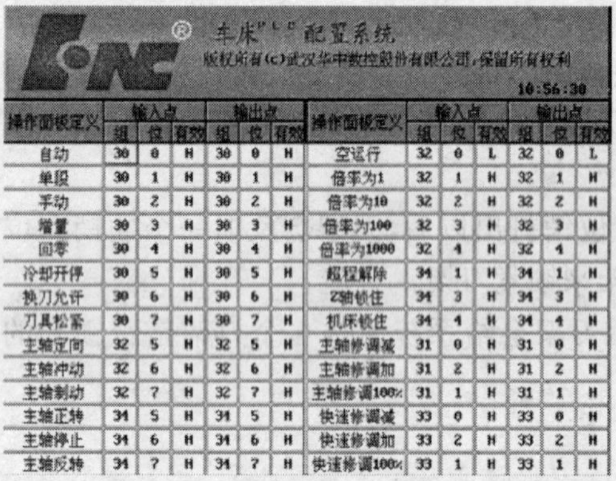

车床PLC配置系统
版权所有(c)武汉华中数控股份有限公司，保留所有权利
10:56:30

操作面板定义	输入点			输出点			操作面板定义	输入点			输出点		
	组	位	有效	组	位	有效		组	位	有效	组	位	有效
自动	30	0	H	30	0	H	空运行	32	0	L	32	0	L
单段	30	1	H	30	1	H	倍率为1	32	1	H	32	1	H
手动	30	2	H	30	2	H	倍率为10	32	2	H	32	2	H
增量	30	3	H	30	3	H	倍率为100	32	3	H	32	3	H
回零	30	4	H	30	4	H	倍率为1000	32	4	H	32	4	H
冷却开停	30	5	H	30	5	H	超程解除	34	1	H	34	1	H
换刀允许	30	6	H	30	6	H	Z轴锁住	34	3	H	34	3	H
刀具松紧	30	7	H	30	7	H	机床锁住	34	4	H	34	4	H
主轴定向	32	5	H	32	5	H	主轴修调减	31	0	H	31	0	H
主轴冲动	32	6	H	32	6	H	主轴修调加	31	2	H	31	2	H
主轴制动	32	7	H	32	7	H	主轴修调100%	31	1	H	31	1	H
主轴正转	34	5	H	34	5	H	快速修调减	33	0	H	33	0	H
主轴停止	34	6	H	34	6	H	快速修调加	33	2	H	33	2	H
主轴反转	34	7	H	34	7	H	快速修调100%	33	1	H	33	1	H

图 3-46　输入/输出点界面 1

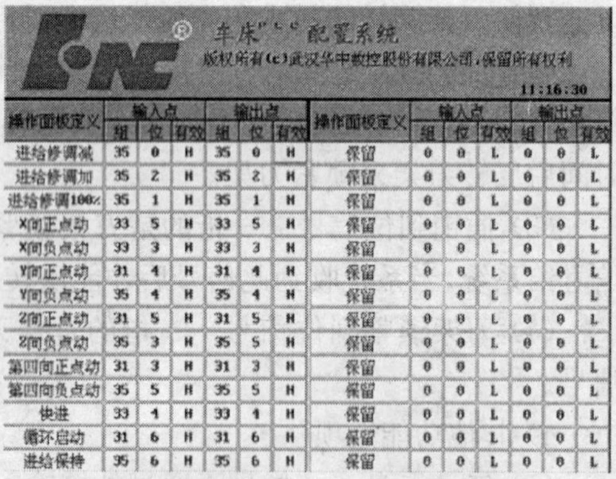

车床PLC配置系统
版权所有(c)武汉华中数控股份有限公司，保留所有权利
11:16:30

操作面板定义	输入点			输出点			操作面板定义	输入点			输出点		
	组	位	有效	组	位	有效		组	位	有效	组	位	有效
进给修调减	35	0	H	35	0	H	保留	0	0	L	0	0	L
进给修调加	35	2	H	35	2	H	保留	0	0	L	0	0	L
进给修调100%	35	1	H	35	1	H	保留	0	0	L	0	0	L
X向正点动	33	5	H	33	5	H	保留	0	0	L	0	0	L
X向负点动	33	3	H	33	3	H	保留	0	0	L	0	0	L
Y向正点动	31	4	H	31	4	H	保留	0	0	L	0	0	L
Y向负点动	35	4	H	35	4	H	保留	0	0	L	0	0	L
Z向正点动	31	5	H	31	5	H	保留	0	0	L	0	0	L
Z向负点动	35	3	H	35	5	H	保留	0	0	L	0	0	L
第四向正点动	31	3	H	31	3	H	保留	0	0	L	0	0	L
第四向负点动	35	5	H	35	5	H	保留	0	0	L	0	0	L
快进	33	4	H	33	4	H	保留	0	0	L	0	0	L
循环启动	31	6	H	31	6	H	保留	0	0	L	0	0	L
进给保持	35	6	H	35	6	H	保留	0	0	L	0	0	L

图 3-47　输入/输出点界面 2

在表格里用汉字标注的是功能名称，如“冷却开停”、“Z 轴锁住”等。功能定义可分为输入点和输出点，又包含三个部分：组、位和有效。

(1) 组——指的是该功能在电气原理图中所定义的组号（字节号），不需要时设置为−1。

(2) 位——指的是该项功能在组里的有效位，一个字节共有 8 个数据位，所以该项的有效数字为 0～7，若该项被屏蔽掉则会显示“＊”。

(3) 有效——指的是在何种情况下该位处于有效状态，一般是指高电平有效还是低电平有效。若高电平有效，则填“H”，否则填“L”。当该功能被屏蔽掉时，该项同样会显示“＊”。

注意：要避免同一个输入点被重复定义，如“自动”定义为 X30.0，其他方式就不要再定义为 X30.0 了。

二、PLC 状态显示

扩展菜单(F10)→PLC(F1)→状态显示(F4)→机床输入到 PMC：X(F1)/PMC 输出

到机床:Y(F2)等等→进入相应界面,如图 3-48、图 3-49 所示。

若所连接的输入元件的状态发生变化(如行程开关被压下),则所对应的开关量的数字状态显示也会发生变化,由此可检查输入/输出开关量电路的连接是否正确。

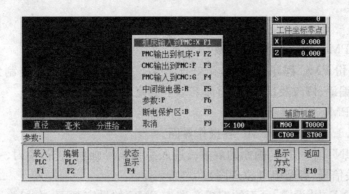

图 3-48　状态显示操作界面

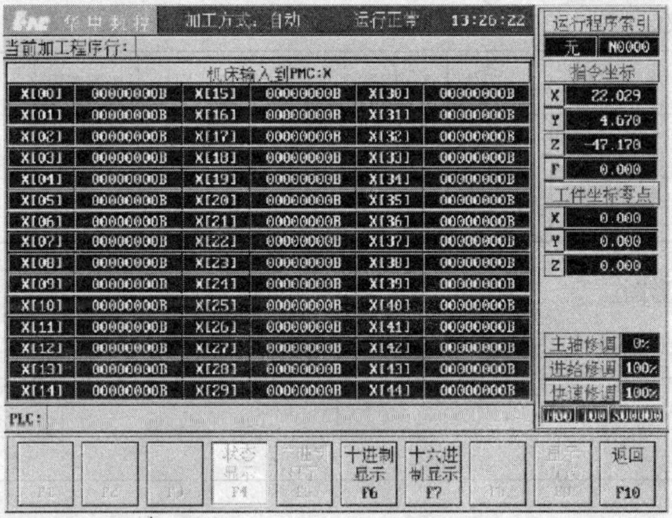

图 3-49　机床输入到 PMC 状态界面

项目 3-1　FANUC 系统 PMC 的调试

一、目标

(1) 熟悉 PMC 各操作界面,灵活运用界面观察状态与诊断。

(2) 熟练进行 PMC 的上传下载,掌握数控机床的 PMC 编程。

二、工具

CK6136 数控车床、PC 机、CF 卡。

三、内容

（一）备份 PMC 程序及 PMC 参数

用 CF 卡备份 PMC 程序及参数，记好文件名。将备份好的梯图复制到 PC 机上用 LADDER 软件编译、修改及反编译（重命名），学会使用 LADDER 软件。

（二）熟悉 PMC 操作界面

（1）参照 3.1.1 节，熟悉 PMC 各操作界面。

（2）PMCMNT 中［信号］画面的观察。进入系统信号画面，进行换刀、主轴正反转等操作并观察相关信号（参阅电气原理图）。

（3）PMCCNF 中［设定］画面的编辑。进入 PMC 的设定画面，将相关设置设为允许编辑修改，以便能进行梯图编辑。

（三）PMC 功能实现

（1）机床保护信号（急停、行程限位、进给保持）的 PMC 编程。

① 信号定义。

信号定义	急停	X＋限位	X一限位	Z＋限位	Z一限位	超程解除	进给保持
输入（开关）地址	＊X8.4	X8.0	X8.1	X8.5	X8.6	X7.5	X4.1
输出（指示灯）地址						Y6.2	

② PMC 梯形图。

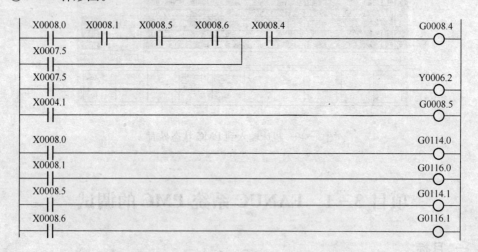

（2）系统工作状态的 PMC 控制。

① I/O 信号地址分配。

154

信号定义	编辑	自动	MDI	手轮	手动	回零
输入信号(面板开关)地址	X6.1	X5.4	X5.6	X6.0	X5.7	X5.5
输出信号(指示灯)地址	Y5.0	Y4.3	Y4.5	Y4.7	Y4.6	Y4.4

② PMC 梯形图。

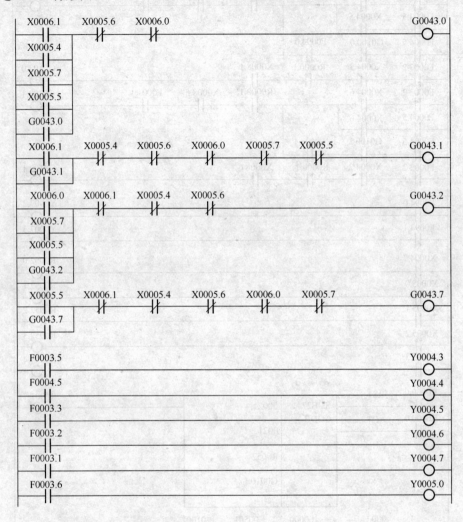

(3) 手动和回参考点的 PMC 控制。

① 信号定义。

信号定义	+X	—X	+Z	—Z	X0	Z0	手动进给倍率
输入(开关)地址	X4.5	X4.3	X4.6	X4.2			X4.7~X5.3
输出(指示灯)地址					Y7.2	Y7.3	

② PMC 梯形图。

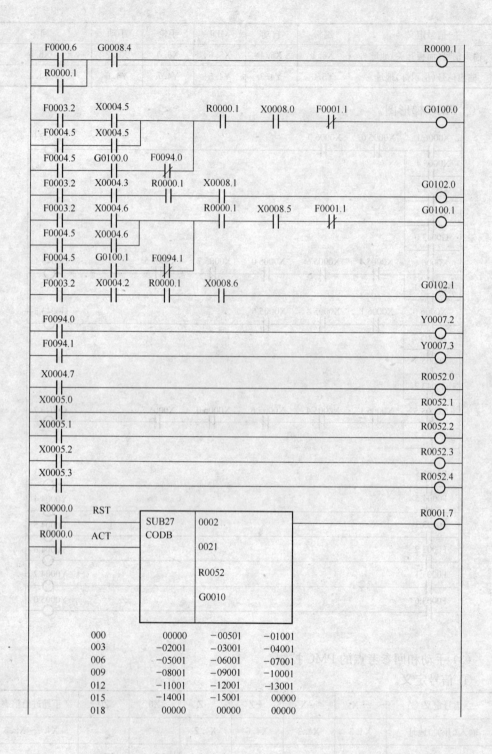

（4）冷却控制的 PMC 编程。

信号定义：冷却开停输入开关 X10.7，冷却开停输出线圈 Y3.6，冷却开停指示灯 Y6.5。

PMC 梯形图：

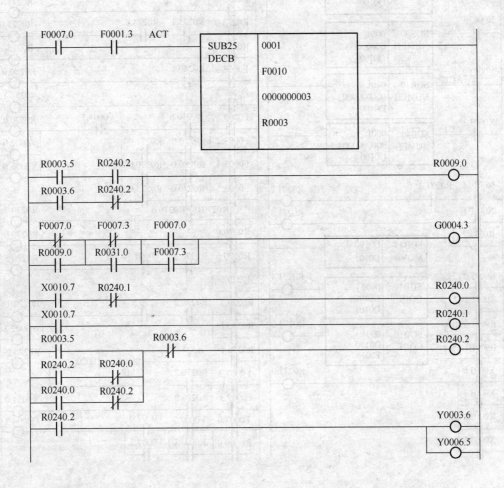

(5) 编写手轮的 PMC 控制。

(6) 编写"单段"的 PMC 控制。

(7) 编写主轴功能的 PMC 控制。

(8) 车床换刀的 PMC 控制。

以下为 CK6136 数车(FANUC 0iD 系统)的换刀 PMC 程序,此程序实现了手动和自动方式下的四工位刀架的换刀。其中,手动换刀开关地址为 X10.7,其指示灯为 Y6.6,自动换刀 T 指令刀具号存放在 F26 中。若满足换刀条件首先输出 Y2.2,使刀架电机正转松刀、选刀,由霍尔开关 X3.0～X3.3 检测 1～4 号工位,到位后输出 Y2.3,使刀架电机反转锁紧,锁紧延时时间由 20 号定时器设定。

PMC 梯形图：

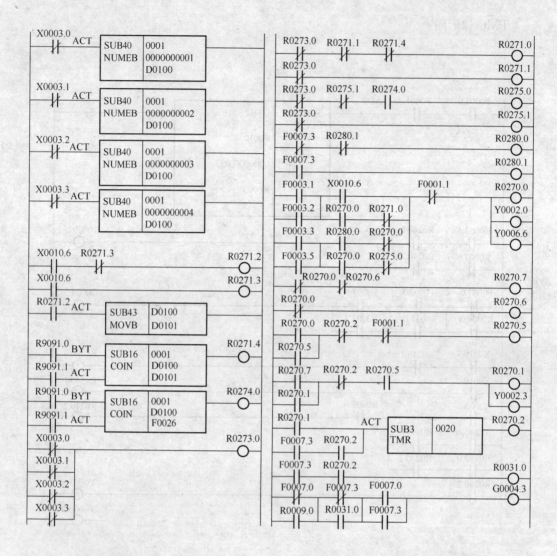

　　此 PMC 程序基本满足了本数控车床的换刀要求,但在细节上还需进一步完善。例如,可以增加刀架正转延时,确保刀架换位更精确;增加换刀整个过程的时间检测,在此时间中若未完成换刀则停止换刀并有换刀超时报警;增加刀架电机过载/短路保护、电机温升过高等保护(需在电路设计上也加以改进),若在换刀中出现过载等异常时停止换刀并有相应报警;还可以增加刀号检测,当 $T=0$ 或者 $T>5$ 时不进行换刀并输出 PMC 刀号错误报警等。因此,希望读者自己动手加以改进、完善,使换刀更加准确、安全。

项目 3 - 2　华中系统标准 PLC 的修改与调试

一、目标

　　熟悉标准 PLC 各输入输出点及各项功能,并能进行正确设置与修改。

二、工具

CAK3675V 数控车床、CK6136 数控车床等。

万用表一块、2mm 一字螺丝刀一把、PC 键盘一个。

三、内容

1. 观察标准 PLC 界面

进入标准 PLC 界面,观察各支持选项配置,观察输入输出点界面,记下伺服使能、冷却开停的信号地址,退出。

2. PLC 状态显示界面的应用

进入 PLC 状态显示界面,观察伺服使能信号,进行冷却开停操作并观察相关信号。

3. 主轴转速控制

主轴转速是通过变频器与 PLC 中的相关参数来进行控制。进入标准 PLC 界面,观察主轴界面,并记下相关信号及参数值。主要包括电机最大转速、设定转速下限/上限、实测电机下限/上限。下表列出的是变频器的最大输出频率,即变频器在接收到最大信号量的时候所输出的最大频率。变频器的输出频率和主轴转速可以通过变频器显示读出。

通过填写下表,了解一下主轴转速控制是怎么实现的。

变频器 最大频率	电机 最大转速	设定转速 下限/上限	实测电机 下限/上限	系统 给定转速	变频器 输出频率	系统模拟 电压值
100	3000	50/3000	50/3000	1000		
100	1500	50/1500	50/1500	1000		
50	3000	50/3000	50/3000	1000		
50	150	50/1500	50/1500	1000		

4. 刀架控制

进入标准 PLC,观察刀架界面,记下相关信号地址。进入 PLC 状态显示画面,多次进行换刀操作并观察相关信号。

普通车床使用的四工位刀架能够正常工作,是靠 PLC 的控制完成的。在换刀过程中为了对刀架进行保护,在 PMC 参数中设置了一个换刀超时时间,如果换刀过程在规定的时间内不能正常完成,系统就会提示报警。为了能让刀架正确选择刀具,设置了一个刀架正转延时时间(找到刀号后锁紧刀位前)。选择刀具后,要对所选刀具进行锁紧,又设置了一个刀架反转延时时间。在系统 PMC 参数中,有关刀架的参数定义如下:换刀超时时间(系统设定为 10s);刀具锁紧时间(系统设定为 1s);正转延时时间(系统设定为 0.1s)。

下面通过对这些参数进行人为的修改,来认识这些参数的功能。具体做法如下:首先确认刀架电机运转正常;进入系统参数编辑状态,选择 PMC 系统参数,分别更改相关参数,观察刀架换刀动作是否正常,把所观察到的现象填入下面表格中;完成后将参数恢复原值。

序号	故障设置方法	故障现象及分析
1	将换刀超时时间更改为 3s,换刀时有何故障现象	
2	将换刀超时时间恢复为 10s,将刀具锁紧时间更改为 0.1s,换刀时有何故障现象,并用手扳动刀架,判断刀架是否锁紧,观察选择刀具是否到位	
3	将刀具锁紧时间恢复为 1s,将正转延时时间更改为 2s,运行刀架有何故障现象,并用手扳动刀架,判断刀架是否锁紧,观察选择刀具是否到位	

5. 自动润滑功能设定

(1) 将自动润滑接线至某一闲置接口(如 Y3.7)。

(2) 进入 PLC 的编辑状态,定义自动润滑开的输出信号(如 Y3.7)。

(3) 退出 PLC 并进行重新编译。

(4) 修改系统参数中的用户 PLC 参数,设定自动润滑开的间隔时间以及每次润滑的延续时间。

(5) 进入系统,观察输出信号(Y3.7)是否有输出,且其输出时间的长短是否与定义的相一致。

(6) 修改自动润滑开的间隔时间以及每次润滑的延续时间的大小,观察输出信号(Y3.7)的变化。

6. 将输入电缆 XS10、XS11 互换,更改标准 PLC 使正常运行

将机床信号输入电缆 XSl0、XS11 互换,然后通过更改标准 PLC 的输入信号点进行调节,使机床能够正常的运行,各个部件运行正常。

方法:

(1) 将 PLC 输入电缆 XS10、XS11 互换。

(2) 将 PLC 的输入点定义栏的各输入点记下,查出其对应的 DB25 插头的管脚号。

(3) 查出 XS10 与 XS11 相应管脚对应的输入点。

(4) 进入标准 PLC 的编辑界面,更改 PLC 的输入点定义栏的各输入点。

(5) 退出 PLC 进行编译,然后进入系统检查系统是否能够正常运行。

3.2 系统参数

数控装置的运行,严格依赖于系统参数的设置,因此大多系统对参数修改设置了权限或保护,防止因误操作而引起故障和事故。修改参数前,必须理解参数的功能和熟悉原设定值,不正确的参数设置与更改,可能造成严重的后果。修改参数前,建议先将参数备份。部分参数修改后,必须重新启动数控装置方能生效。

3.2.1 FANUC 系统参数及基本操作

一、数据备份与恢复

下面介绍存储卡数据备份与恢复的方法。

存储卡即平时使用的 CF(Compact Flash)卡。存储卡插入时要注意方向,正面向右

160

插入存储卡。注意插入时不要用力过大,以免损坏插针。

CNC 存储区中,FROM 为非易失型存储器,掉电后数据不丢失,存有系统文件、梯形图等。SRAM 为易失型存储器,掉电后数据丢失,故其数据需用系统主板上的电池来保存,存有系统参数、PMC 参数(定时器、计数器等)、螺补值、加工程序等,见表 3 - 4。

表 3 - 4   数据存储

数据类型	保存在	来　源	备　注
CNC 参数	SRAM	机床厂家提供	必须保存
PMC 参数	SRAM	机床厂家提供	必须保存
螺距误差补偿	SRAM	机床厂家提供	必须保存
宏程序	SRAM	机床厂家提供	必须保存
加工程序	SRAM		有需保存
梯形图程序	FROM	机床厂家提供	必须保存
宏编译程序	FROM	机床厂家提供	较少使用,有需保存
C 执行程序	FROM	机床厂家提供	较少使用,有需保存
系统文件	FROM	FANUC 提供	不需保存

用存储卡进行数据的输入输出的方法可以分为三种,每种方法各有特点。

第一种方法:通过 BOOT 画面的备份。这种方法备份数据,备份的是 SRAM 的整体,数据为二进制形式,在计算机上打不开。但此方法的优点是恢复或调试其他相同机床时可以迅速完成。

第二种方法:通过各个操作画面对 SRAM 里各个数据分别备份。这种方法在系统的正常操作画面操作,EDIT 方式或急停方式均可操作,输出的是 SRAM 的各个数据,并且是文本格式,计算机可以打开,但缺点是输出的文件名是固定的。

第三种方法:通过 ALL I/O 画面对 SRAM 里各个数据分别备份。这种方法也在系统的正常操作画面里的操作,有个专门的操作画面 ALL I/O 画面,但必须是 EDIT 方式才能操作,急停状态下不能操作。SRAM 里所有的数据都可以分别的被备份和恢复。和第二种方法一样,输出文件的格式是文本格式,计算机也可以打开,和第二种方法不一样的地方在于可以自定义输出的文件名。这样,一张存储卡可以备份多台系统(机床)的数据,以不同的文件名保存。

下面分别介绍这三种方法。

1. 通过 BOOT 画面的备份

第一步　BOOT 画面的进入

按住屏幕下方最右端两个软键,通电一直到进入系统 BOOT 引导画面(图 3 - 50)。

对于触摸屏式,按住 MDI 键盘上的 6 和 7 键,通电进入 BOOT 画面。

(1) 装载系统数据(卡→FROM)。

(2) 查找系统数据。

(3) 系统数据删除。

(4) 系统数据保存(FROM→卡)。

(5) SRAM 数据保存和恢复。

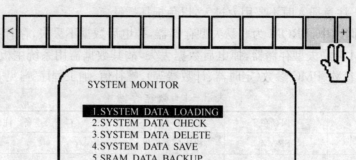

SYSTEM MONITOR

　　1.SYSTEM DATA LOADING
　　2.SYSTEM DATA CHECK
　　3.SYSTEM DATA DELETE
　　4.SYSTEM DATA SAVE
　　5.SRAM DATA BACKUP
　　6.MEMORY CARD FILE DELETE
　　7.MEMORY CARD FORMAT

10.END
*** MESSAGE ***
SELECT MEMU AND HIT SELECT KEY

<1 [SEL 2][YES 3][NO 4][UP 5][DOWN 6] 7>

图 3-50　BOOT 引导画面

（6）存储卡文件删除。

（7）存储卡格式化。

（8）退出。

FANUC 系统文件不需要备份，也不能轻易删除，因为有些系统文件一旦删除了，再原样恢复也会出系统报警而导致系统停机而不能使用。

第二步　SRAM 数据的备份

在 BOOT 画面中，1～4 项是针对存储卡和 FROM 的数据交换，第 5 项是保存 SRAM 中的数据，因为 SRAM 中保存的系统参数、加工程序等都是系统出厂时没有的，所以要注意保存，做好备份。

在 BOOT 画面中按软键［UP］，［DOWN］把光标移至 5. SRAM　DATA BACKUP，然后按软键［SELECT］，显示 SRAM 备份画面，如图 3-51 所示。

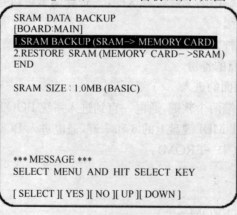

SRAM DATA BACKUP
[BOARD:MAIN]
1.SRAM BACKUP (SRAM-> MEMORY CARD)
2.RESTORE SRAM (MEMORY CARD->SRAM)
END

SRAM SIZE : 1.0MB (BASIC)

*** MESSAGE ***
SELECT MENU AND HIT SELECT KEY

[SELECT][YES][NO][UP][DOWN]

图 3-51　SRAM 备份画面

（1）数据备份（SRAM→卡）。

（2）数据恢复（卡→SRAM）。

注：括号里注明了数据传输的方向，复制的时候注意不是同一系统，参数等内容不相同，如果选择错误会造成系统数据被覆盖，NC 不能正常运行，所以选择第二项时要慎重。

第三步　从 BOOT 画面备份梯形图

完整的梯形图分为 PMC 程序和参数两部分，其中 PMC 程序在 FROM 中，PMC 参数在 SRAM 中。

在 BOOT 画面中按软键[UP]，[DOWN]把光标移至 4. SYSTEM　DATA　SAVE，然后按软键[SELECT]，进入相应画面后按软键[UP]，[DOWN]把光标移动到 PMC－RA 或 PMC－SB 上（根据 PMC 版本不同，名称有所差别），按软键[SELECT]后，显示如下询问：

```
*** MESSAGE ***
SAVE OK ? HIT YES OR NO KEY.
```

按软键[YES]，即可备份 PMC 程序。

2. 通过各个操作画面对 SRAM 里各个数据分别备份

下面以备份参数为例。

（1）在系统正常进入后，"编辑 EDIT"方式或急停状态下。

（2）参数 No. 0020＝4（或按功能键 OFS/SET→I/O 通道＝4）。

（3）按功能键"SYSTEM"→按软键[PARAM]，显示参数画面，如图 3－52 所示。

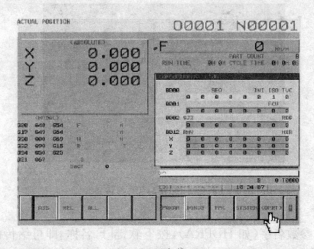

图 3－52　参数画面

（4）依次按软键[OPRT]→[＋]→[PUNCH]→[ALL]→[EXEC]，则参数以系统默认文件名"CNCPARA. DAT"保存在存储卡上。

3. 使用 ALL I/O 画面进行 SRAM 数据的输入输出

下面以备份参数为例。

（1）在系统正常进入后，"编辑 EDIT"方式下。

(2) 参数 No. 0020=4(或按功能键 OFS/SET→I/O 通道=4)。

(3) 按功能键"SYSTEM"→依次按软键［＋］→［＋］→［ALL I/O］→［OPRT］→［PARAM］→［OPRT］，出现可备份的操作类型，如图 3-53 所示。

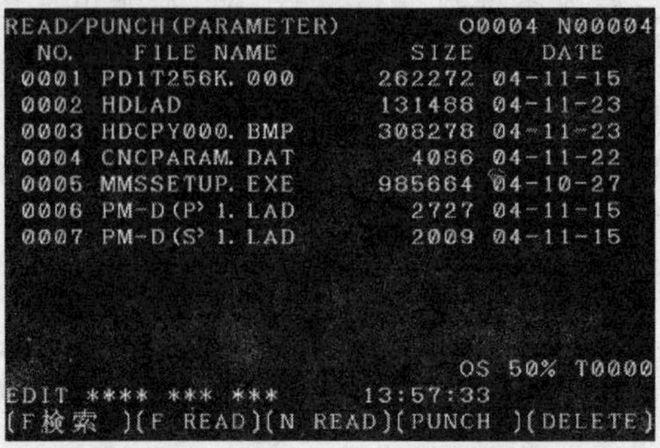

```
READ/PUNCH(PARAMETER)          O0004 N00004
  NO.    FILE NAME          SIZE     DATE
 0001  PD1T256K. 000      262272  04-11-15
 0002  HDLAD              131488  04-11-23
 0003  HDCPY000. BMP      308278  04-11-23
 0004  CNCPARAM. DAT        4086  04-11-22
 0005  MMSSETUP. EXE      985664  04-10-27
 0006  PM-D(P' 1. LAD       2727  04-11-15
 0007  PM-D(S' 1. LAD       2009  04-11-15



                                  OS 50% T0000
EDIT **** *** ***        13:57:33
[F检索 ](F READ)(N READ)(PUNCH )(DELETE)
```

图 3-53　ALL I/O 中的参数备份 1

［F READ］：在读取参数时按文件名读取 M-CARD 中的数据。

［N READ］：在读取参数时按文件号读取 M-CARD 中的数据。

［PUNCH］：传出参数。

［DELETE］：删除 M-CARD 中数据。

(4) 在向 M-CARD 中备份数据时选择［PUNCH］，按下该键出现如下画面（图 3-54）。

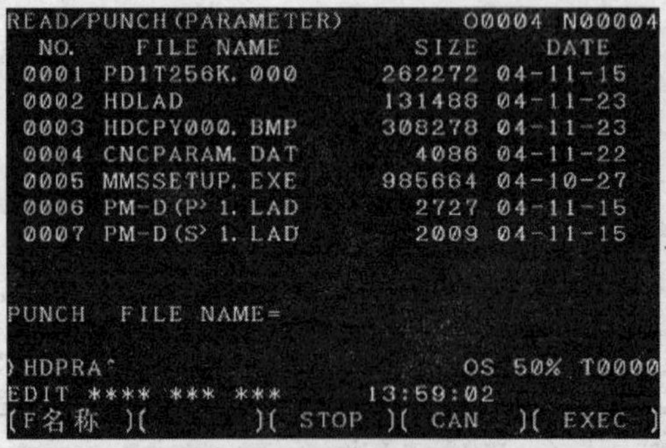

```
READ/PUNCH(PARAMETER)          O0004 N00004
  NO.    FILE NAME          SIZE     DATE
 0001  PD1T256K. 000      262272  04-11-15
 0002  HDLAD              131488  04-11-23
 0003  HDCPY000. BMP      308278  04-11-23
 0004  CNCPARAM. DAT        4086  04-11-22
 0005  MMSSETUP. EXE      985664  04-10-27
 0006  PM-D(P' 1. LAD       2727  04-11-15
 0007  PM-D(S' 1. LAD       2009  04-11-15


PUNCH  FILE NAME=

) HDPRA^                          OS 50% T0000
EDIT **** *** ***        13:59:02
(F 名称 )(       )( STOP )( CAN )( EXEC )
```

图 3-54　ALL I/O 中的参数备份 2

输入要传出的参数名字（如 HDPRA），按下软键［F 名称］即可给传出的数据定义名称（原默认文件名为 CNCPARA. DAT），按软键［EXEC］执行即可。

通过这种方法备份参数可以给参数起自定义的名字，这样也可以备份不同机床的多个数据。

对于备份系统其他数据也是相同的方式。

二、参数画面显示

(1) 如图 3-55 所示，按功能键 SYSTEM→按软键［参数］，即可出现参数画面。

(2) 用翻页键或光标移动键,显示所选参数所在的页。

(3) 输入希望显示的参数的数据号,按下软键[搜索号码],也可调出该参数所在页。

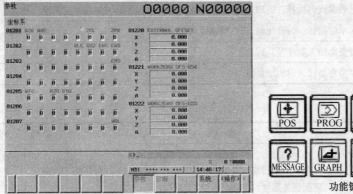

功能键

图 3-55　参数画面及功能键

三、设定参数

(1) 设定为 MDI 方式,或者设定为紧急停止状态。

(2) 按功能键 OFS/SET→按软键[设定],显示出设定画面,如图 3-56 所示。

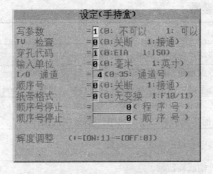

图 3-56　设定画面

(3) 将写参数=1(出现 100 号允许参数写入报警),再进入参数画面即可进行参数的设定。在输入重要参数后会出现 000 号请关闭电源报警,需关机重新启动系统。

注:按下 CAN+RESET 键,可以屏蔽 100 号报警。

(4) 参数设定结束后,将设定画面上"写参数"的设定重新改为 0,以禁止参数的设定。

四、FANUC 系统常用参数及其意义

数控系统中参数很多,在这里列出 FANUC 16/18/21/0i (mate)系统常用参数,具体详见相应系统的参数说明书。

(1) 设定参数。

参数号	符号	意　义	T 系列	M 系列
0000#0	TVC	是否代码垂直检查。1:是	0	0
0000#1	ISO	输出数据代码选择。0:EIA 代码;1:ISO 代码	0	0
0000#2	INI	输入单位选择。0:公制输入;1:英制输入	0	0
0000#5	SEQ	是否自动插入顺序号。1:是	0	0
3216		顺序号自动插入时的增量值	0	0

(2) 通道参数。

参数号	符号	意　义	T 系列	M 系列
0020		I/O 通道。 0,1:RS-232-C串行端口 1;2:RS-232-C串行端口 2;4:存储卡接口;5:数据服务器接口;9:嵌入式以太网接口	0	0

其中,当 RS232 串口传输方式,即 I/O 通道=0 时需设置的参数主要有:

参数号	符号	意　义	T 系列	M 系列
0101#0	SB2	停止位的位数。0:1 位;1:2 位	0	0
0101#3	ASI	数据输入/输出代码。0:EIA 或 ISO 代码(输入自动判别,输出根据 ISO 定);1:均为 ASCII 代码	0	0
0101#7	NFD	输出数据时,是否在数据前后输出馈送。1:否	0	0
0103		波特率。10:4800;11:9600;12:19200	0	0

(3) 轴控制/设定单位参数。

参数号	符号	意　义		T 系列	M 系列
1001#0	INM	直线轴移动单位。0:米制;1:英制		0	0
1002#3	AZR	未回参考点指定 G28 的情况。 0:执行与手动回参考点相同的操作;1:显示报警 PS0304			0
1005#0	ZRN	未回参考点指定伴随 G28 以外移动指令的情况。0:发出报警(PS0224)"回零未结束"。1:不发出报警就执行操作		0	0
1005#1	DLZ	无挡块参考点设定功能。1:有效		0	0
1006#1/0	ROS/ROT	设定直线轴或旋转轴。 0/0:直线轴;0/1:A 类旋转轴;1/1:B 类旋转轴		0	0
1006#3	DIA	指定直径/半径编程。1:直径		0	0
1006#5	ZMI	手动参考点返回方向。0:正向;1:负向		0	0
1008#0	ROA	旋转轴的循环功能。1:有效		0	0
1008#1	RAB	绝对指令的旋转方向。0:快捷方向;1:根据指令轴符号		0	0
1008#2	RRL	相对指令时,每一转移动量是否取整数控制。1:是		0	0
1013#1/0	ISC/ISA	各轴设定单位。 0/1:IS-A;0/0:IS-B;1/0:IS-C	0iD	0	0
1004#1/0			其他	0	0
1010		CNC 的控制轴数(不包括 PMC 轴)		0	0
8130		控制轴数		0	0

参数号	符号	意 义	T 系列	M 系列
1020		各轴的编程名称。88:X;89:Y;90:Z;65:A;66:B;67:C;85:U;86:V;87:W	0	0
1022		设定各轴为基本坐标系中的哪个轴。0:旋转轴;1:基本 3 轴的 X 轴;2:基本 3 轴的 Y 轴;3:基本 3 轴的 Z 轴;4:X 轴的平行轴;5:Y 轴的平行轴;6:Z 轴的平行轴	0	0
1023		各轴的伺服轴号	0	0

（4）坐标系参数。

参数号	符号	意 义	T 系列	M 系列
1201#0	ZPR	手动返回参考点后是否进行自动坐标系设定。1:是	0	0
1201#2	ZCL	手动返回参考点后是否取消局部坐标系。1:是	0	0
1202#3	RLC	复位时是否取消局部坐标系。1:是	0	0
1240~1243		第 1~第 4 参考点在机械坐标系中的坐标值	0	0
1250		进行自动坐标系设定时的参考点的坐标系	0	0
1260		旋转轴转动一周的移动量	0	0

（5）行程限位参数。

参数号	符号	意 义	T 系列	M 系列
1300#0	OUT	第 2 行程限位的禁止区。0:内侧;1:外侧	0	0
1320		各轴行程限位 1 的正方向坐标值	0	0
1321		各轴行程限位 1 的负方向坐标值	0	0
1322		各轴行程限位 2 的正方向坐标值	0	0
1323		各轴行程限位 2 的负方向坐标值	0	0
1324		各轴行程限位 3 的正方向坐标值	0	0
1325		各轴行程限位 3 的负方向坐标值	0	0

（6）进给速度参数。

参数号	符号	意 义	T 系列	M 系列
1401#1	LRP	G00 运动方式。0:非直线;1:直线	0	0
1401#4	RF0	G00 倍率为 0% 时刀具是否停止移动。1:是	0	0
1401#6	RDR	空运行在快速移动中 0:无效;1:有效	0	0
1402#4	JRV	JOG 进给和增量进给 0:每分钟进给;1:每转进给	0	
1410		空运行速度	0	0
1420		各轴的快速移动速度	0	0
1421		各轴的快速移动倍率的 F0 速度	0	0
1422		最大切削进给速度	0	0
1423		各轴的 JOG 进给速度	0	0
1424		各轴的手动快速移动速度	0	0
1425		各轴的手动返回参考点的 FL 速度	0	0
1430		各轴的最大切削进给速度	0	0

（7）加/减速控制参数。

参数号	符号	意　义	T 系列	M 系列
1610#1/0	CTB/ CTL	切削进给或空运行的加/减速类型。0/0:指数函数型加/减速;0/1:直线型加/减速;1/0:铃型加/减速	0	0
1610#4	JGL	JOG进给的加/减速类型。0:指数函数型;1:同切削进给	0	0
1620		各轴的快速移动直线型加/减速时间常数	0	0
1622		各轴的切削进给加/减速时间常数	0	0
1623		各轴的切削进给加/减速的FL速度	0	0
1624		各轴的JOG进给加/减速时间常数	0	0
1625		各轴的JOG进给加/减速的FL速度	0	0
1626		各轴的螺纹切削加/减速时间常数	0	0
1627		各轴的螺纹切削加/减速的FL速度	0	0

（8）伺服参数。

参数号	符号	意　义	T 系列	M 系列
1815#1	OPT	是否使用分离型脉冲编码器。0:不使用;1:使用	0	0
1815#4	APZ	机械位置与绝对位置检测器之间的位置关系 0:尚未建立;1:已经建立	0	0
1815#5	APC	位置检测器为 0:绝对位置检测器以外的检测器;1:绝对位置检测器	0	0
1816#4/5/6	DM1~3	检测倍乘比 DMR	最小移动单位/CMR=检测单位=	0	0
1820		各轴的指令倍乘比 CMR	反馈脉冲单位/DMR	0	0
1819#0	FUP	各轴是否在伺服断开状态下进行位置跟踪。0:取决于位置跟踪信号 * FLWU(=0进行,=1不进行);1:不进行	0	0
1821		各轴的参考计数器容量	0	0
1825		各轴的伺服环增益。进行插补加工的机械各轴需设置相同的值。其值越大,响应越快,精度越高,但过大会影响稳定性	0	0
1826		各轴的到位宽度	0	0
1828		各轴的移动中的位置偏差极限值。根据位置偏差=进给速度/(60×环路增益)计算得到	0	0
1829		各轴的停止时的位置偏差极限值	0	0
1850		各轴的参考点栅格偏移量	0	0
1851		各轴的反向间隙补偿量	0	0
1852		各轴的快速移动时的反向间隙补偿量	0	0
1800#4	RBK	是否进行切削进给/快速移动分别反向间隙补偿。1:是	0	0

（9）DI/DO 参数。

参数号	符号	意　义	T 系列	M 系列
3003#0	ITL	所有轴互锁信号 0:有效;1:无效	0	0
3003#2	ITX	各轴互锁信号 0:有效;1:无效	0	0
3003#3	DIT	不同轴向互锁信号 0:有效;1:无效	0	0

参数号	符号	意　义	T系列	M系列
3004#5	OTH	是否进行超程信号的检查。1:不进行	0	0
3010		选通信号 MF、SF、TF、BF 的迟延时间	0	0
3011		M、S、T、B 功能结束信号 FIN 宽度	0	0
3017		复位信号 RST 的输出时间	0	0
3030		M 代码的允许位数	0	0
3031		S 代码的允许位数	0	0
3032		T 代码的允许位数	0	0
3033		B 代码的允许位数	0	0

（10）显示与编辑参数。

参数号	符号	意　义	T系列	M系列
3104#3	PPD	根据坐标系设定是否预置相对位置显示。1:是	0	0
3104#4	DRL	相对位置显示是否包括刀长补偿量。1:否	0	0
3104#5	DRC	相对位置显示是否包括刀径补偿量。1:否	0	0
3104#6	DAL	绝对位置显示是否包括刀长补偿量。1:否	0	0
3104#7	DAC	绝对位置显示是否包括刀径补偿量。1:否	0	0
3105#0	DPF	是否显示实际进给速度。1:是	0	0
3105#2	DPS	是否显示实际主轴转速、T 代码。1:是(与3106#5冲突)	0	0
3106#4	OPH	是否显示操作履历画面。1:是	0	0
3106#5	SOV	是否显示主轴倍率值。1:是(与3105#2冲突)	0	0
3107#4	SOR	程序一览显示。 0:按程序的登录顺序显示;1:按程序的名称顺序显示	0	0
3109#1	DWT	刀具磨损/形状补偿是否显示"G"和"W"。1:否	0	0
3111#0	SVS	是否显示伺服设定画面。1:是	0	0
3111#1	SPS	是否显示主轴设定画面。1:是	0	0
3111#5	OPM	是否显示操作监控画面。1:是	0	0
3111#6	OPS	操作监控画面中 0:显示主轴电机速度;1:显示主轴速度	0	0
3111#7	NPA	报警发生时是否切换到报警/信息画面。1:否	0	0
3122		操作履历画面上的时间间隔	0	0
3202#0	NE8	是否禁止程序号 8000～8999 的程序编辑。1:是	0	0
3202#4	NE9	是否禁止程序号 9000～9999 的程序编辑。1:是	0	0
3203#7	MCL	是否通过复位操作删除由 MDI 方式创建的程序。1:是	0	0
3281		显示语言。15:中文(简体字)	0	0
3290#0	WOF	是否禁止 MDI 键入刀偏量(磨损)。1:是	0	0
3290#1	GOF	是否禁止 MDI 键入刀偏量(形状)。1:是	0	0
3290#3	WZO	是否禁止 MDI 键入工件原点偏移量。1:是	0	0

参数号	符号	意 义	T 系列	M 系列
3290#4	IWZ	是否禁止 MDI 键入工件原点偏移量（自动方式）。1：是	0	
3290#6	MCM	宏程序变量设定。0：可以设定而与方式无关；1：只有在 MDI 方式下可以设定	0	0
3290#7	KEY	存储器保护键信号。0：使用 KEY1、KEY2、KEY3 及 KEY4 信号；1：仅使用 KEY1 信号	0	0
3291#0	WPT	刀具磨耗补偿量的输入。0：通过 KEY1 输入；1：可以输入而与 KEY1 无关		0

（11）编程参数。

参数号	符号	意 义	T 系列	M 系列
3401#0	DPI	在可以使用小数点的地址中省略小数点时 0：视为最小设定单位；1：视为 mm、inch、度、s 的单位	0	0
3401#4	MAB	MDI 方式中，绝对/增量指令的切换 0：取决于 G90/G91；1：取决于参数 ABS(No. 3401#5)	0	
3401#5	ABS	MDI 方式中的程序指令 0：视为增量指令；1：视为绝对指令	0	
3402#0	G01	通电时以及清除状态时为 0：G00 方式；1：G01 方式	0	0
3402#3	G91	通电时以及清除状态时为 0：G90 方式；1：G91 方式	0	0

（12）螺距误差参数。

参数号	符号	意 义	T 系列	M 系列
3620		各轴的参考点螺距误差补偿点号	0	0
3621		各轴的最靠近负侧的螺距误差补偿点号	0	0
3622		各轴的最靠近正侧的螺距误差补偿点号	0	0
3623		各轴的螺距误差补偿倍率	0	0
3624		各轴的螺距误差补偿点间隔	0	0

（13）主轴控制参数。

参数号	符号	意 义		T 系列	M 系列
3701#1	ISI	是否使用第 1、第 2 主轴串行接口。1：否	0iD 系统中，SS2/ISI： 0/1 或 1/1 时路径内主轴数 0；	0	0
3701#4	SS2	是否使用第二串行主轴。1：是	0/0 时路径内主轴数 1； 1/0 时路径内主轴数 2	0	0
3705#1	GST	SOR 信号用于 0：主轴定向；1：齿轮换挡			0
3705#2	SGB	齿轮换挡方式。0：方式 A(根据参数 No. 3741～No. 3743)；1：方式 B(根据参数 No. 3751～No. 3752)			0
3706#4	GTT	主轴齿轮选择方式。0：M 类型；1：T 类型			0
3706#7/6	TCW/CWM	0/0：M03、M04 均为正；0/1：M03、M04 均为负；1/0：M03 为正，M04 为负；1/1：M03 为负，M04 为正		0	0
3708#0	SAR	是否检查主轴速度到达信号。1：是		0	0
3708#1	SAT	螺纹切削开始是否检查主轴速度到达信号。0：取决于参数 SAR(No. 3708#0)；1：必须检查		0	

参数号	符号	意 义		T系列	M系列
3716#0	A/Ss	主轴电机的种类。0:模拟主轴;1:串行主轴	0iD 系统	0	0
3717		各主轴的主轴放大器号		0	0
3730		主轴速度模拟输出的增益调整		0	0
3731		主轴速度模拟输出的偏置电压补偿量		0	0
3732		主轴定向时的主轴转速或齿轮换挡时的主轴电机速度		0	0
3735		主轴电机的最低钳制速度			0
3736		主轴电机的最高钳制速度			0
3740		从执行S功能到检查主轴速度到达信号SAR的时间		0	0
3741~3744		齿轮1挡~齿轮4挡主轴最高转速		0	0
3751		齿轮1挡至2挡的切换速度			0
3752		齿轮2挡至3挡的切换速度			0
3771		恒线速G96中的主轴最低转速		0	0
3772		各主轴的最高转速		0	0
4960		主轴定向M代码		0	0
8133#0	SSC	是否使用恒线速控制。1:是		0	0
8133#5	SSN	是否使用主轴串行输出。1:否		0	0

（14）刀具补偿参数。

参数号	符号	意 义	T系列	M系列
5001#1/0	TLB/TLC	刀具长度补偿A、B、C		0
5001#2	OFH	刀具半径补偿(G40~G42)中补偿号的地址。0:设定为地址D;1:设定为地址H		0
5001#5	TPH	刀具位置补偿(G45~G48)中补偿号的地址。0:设定为地址D;1:设定为地址H		0
5002#5	LGC	是否偏置号为0的指令取消刀具形状偏置。1:是	0	
5002#7	WNP	刀尖半径补偿号的指定。0:由形状偏置号指定;1:由磨损偏置号指定	0	
5003#6	LVK	通过复位是否取消刀具长度补偿。1:否	0	0
5003#7	TGC	通过复位是否取消刀具形状补偿。1:是	0	
5004#1	ORC	刀具位置补偿量的设定。0:直径;1:半径	0	
5013		刀具磨损补偿量的最大值	0	
5014		刀具磨损补偿量增量输入的最大值	0	

（15）手轮进给参数。

参数号	符号	意 义	T系列	M系列
8131#0	HPG	是否使用手轮进给。1:是	0	0
7113		手轮进给的倍率m	0	0
7114		手轮进给的倍率n	0	0

3.2.2 FANUC 系统基本参数的设定

在这里介绍系统全清后基本参数设定的方法。全清前,请备份。

一、系统初始化

(1) 存储器全清:按 RESET+DELETE 键同时上电。全清后进入系统的画面如图 3-57所示。

(2) 参数/偏置量清除:按 RESET 键同时上电(需 PWE=1)。

(3) 程序清除:按 DELETE 键同时上电(需 PWE=1)。

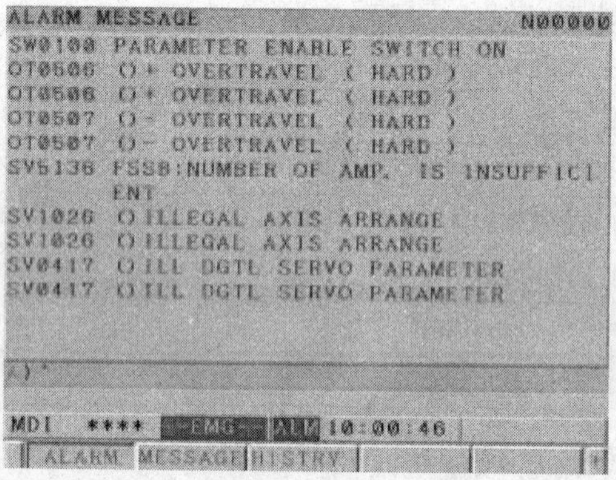

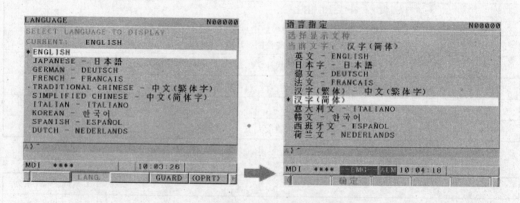

图 3-57 存储器全清后进入系统的画面

可以看到全清后系统默认语言为英文,为方便操作首先设置为简体中文。将参数 3281 设置为15,或在[OFSSET]功能键的[LANG]画面下选择中文(简体字)都可实现, 如图 3-58 所示。

图 3-58 语言的修改

全清后经常引起的报警请参照表 3-5 进行处理。

172

表 3-5 系统全清后报警解决方案

报警号	解 决 方 案	
SW0100	含义原因	参数写入开关打开
	解决方案	将写参数关闭(PWE=0),或屏蔽报警(按 CAN+RESET 键)
OT0506~ OT0507	含义原因	正/负向硬超程。梯形图中未处理硬超程信号
	解决方案	若机床具备硬超程信号,修改 PMC 程序
		若机床不具备硬超程信号,设定参数 3004♯5=1,重启系统
SV0417	含义原因	伺服非法参数。伺服参数设定不正确
	解决方案	根据伺服系统重新设定伺服参数,或设定参数 1023=-128 屏蔽伺服参数检测
SV1026	含义原因	轴分配非法。FSSB 未设定或者参数 1023 设置错误
	解决方案	进行 FSSB 设定,或正确设置参数 1023
SV5136	含义原因	FSSB 放大器数目不足。FSSB 放大器数目少或未连接或连接不正确,或 FSSB 设定未完成或未设定
	解决方案	确认 FSSB 连接正常

二、基本参数设定

系统基本参数设定可通过"参数设定支援"页面进行操作。按下 SYSTEM 功能键,找到[PRM 设定]软键按下,出现如图 3-59 所示画面。此菜单中含有"起刀"(启动)和"调整"两项。

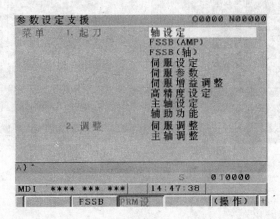

图 3-59 参数设定支援画面

"启动"设定在启动机床时需要进行最低限度设定的参数。包含的内容见表 3-6。

表 3-6 启动内容

名 称	内 容
轴设定	设定轴、主轴、坐标、进给速度、加/减速等系统参数
FSSB(AMP)	显示 FSSB 放大器设定页面
FSSB(轴)	显示 FSSB 轴设定页面

名　称	内　容
伺服设定	显示伺服设定页面
伺服参数	设定伺服电流控制、速度控制、位置控制等参数
伺服增益调整	自动调整速度环增益
高精度设定	设定伺服的时间常数、自动加/减速等系统参数
主轴设定	显示主轴设定页面
辅助功能	设定 DI/DO、串行主轴等系统参数

"调整"显示伺服调整、主轴调整及 AICC 调整页面，便于机床调整。

1. 轴设定、伺服参数、高精度设定、辅助功能的初始化

可以通过初始化操作，将相应对象项目内的参数设定标准值。可执行初始化的项目有轴设定、伺服参数、高精度设定、辅助功能。选中相应项目（为确保安全，请在急停状态下进行），单击［初始化］，如图 3-60 所示，确认执行后可将该项目中所有参数设为标准值。未提供标准值的参数，不会被变更。也可进入某个项目中针对个别参数进行初始化。

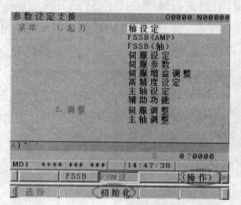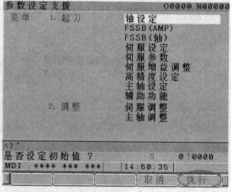

图 3-60　参数初始化

2. 轴设定中参数的设定

轴设定项目又分为轴设定（基本）、轴设定（主轴）、轴设定（坐标）、轴设定（进给速度）和轴设定（加/减速）五组。可以在每组中分别进行标准参数和非标准参数的设置。

1）基本组

如图 3-61 所示，在轴设定（基本）页面，按下［GR 初期］软键，确认执行后完成标准值设定。

本组中，标准参数见表 3-7。另外，没有标准值的参数需要根据配置手工设定，见表 3-8。注：以下各表中的初始值或一般设定值均以 T 类（车削）为例，/前为 X 轴值，/后为 Z 轴值。

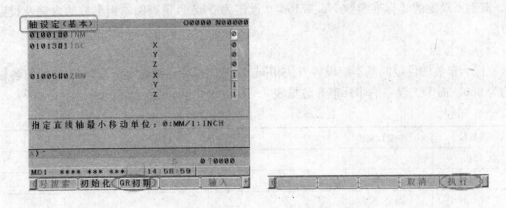

图 3-61 轴设定(基本)组参数的初始化

表 3-7 基本组标准参数

参数号	初始值	含义(请填写)
1005#0	0(X)/0(Z)	
1005#1	0(X)/0(Z)	
1008#0	1(X)/1(Z)	
1008#2	1(X)/1(Z)	
1020	88(X)/90(Z)	
1022	1(X)/3(Z)	
1023	1(X)/2(Z)	虚拟运行时设为−128
1829	500(X)/500(Z)	

表 3-8 基本组非标准参数

参数号	一般设定值		含义(请填写)
1001#0	0		
1013#1	0/0		
1006#0	0/0		
1006#3	1/0		
1006#5	0/0		
1815#1	0/0		
1815#4	1/1	0/0	
1815#5	1/1	0/0	
1825	5000/5000		
1826	10/10		
1828	7000/7000		

2) 主轴组

标准参数的设定与基本组的设置方法相同。本组中,标准参数 No. 3717 的初始值为

175

1.需手工设定的非标准参数 No.3716♯0 设定为 0 或 1,请查阅本组参数的含义及设定方法。

3)坐标组

标准参数的设定同基本组设置方法相同。本组中,标准参数 No.1260 的初始值各轴均为 360。需手工设定的非标准参数见表 3-9。

表 3-9　坐标组非标准参数

参数号	一般设定值	含义(请填写)
1240	0/0	
1241	0/0	
1320	据实/据实	
1321	据实/据实	

4)进给速度组

标准参数的设定同基本组设置方法相同。需手工设定的非标准参数见表 3-10。

表 3-10　进给速度组非标准参数

参数号	一般设定值	含义(请填写)
1401♯6	1	
1410	5000	
1420	6000/6000	
1421	500/500	
1423	1000/1000	
1424	6000/6000	
1425	400/400	
1428	3000/3000	
1430	3000/3000	

5)加/减速组

标准参数的设定同基本组设置方法相同。需手工设定的非标准参数见表 3-11 所示。

表 3-11　加/减速组非标准参数

参数号	一般设定值	含义(请填写)
1610♯0	0/0	
1610♯4	0/0	
1620	150/150	
1622	50/50	
1623	0/0	
1624	50/50	
1625	0/0	

此外,还需设置互锁、辅助功能和手轮进给。常用参数见表 3－12。

表 3－12 常用 DI/DO、手轮参数

	参数号	一般设定值	含义(请填写)
互锁	3003#0	1	
	3003#2	1	
	3003#3	1	
	3004#5	1	
辅助	3017	0	
	3030	3(初始值)	
手轮	8131#0	1	
	7113	100	
	7114	1000	

为方便调试和加工,根据需要设置有关显示类的参数。常用参数见表 3－13。

表 3－13 常用显示类参数

参数号	一般设定值	含 义
3105#0	1	实际进给速度显示
3105#2	1	主轴速度和 T 代码显示
3106#4	1	操作履历画面显示
3106#5	1	主轴倍率显示
3108#6	1	显示主轴负载表
3108#7	1	实际手动速度显示
3111#0	1	伺服调整画面显示
3111#1	1	主轴设定画面显示
3111#2	1	主轴调整画面显示
3111#5	1	操作监控画面显示
3112#2	1	外部操作信息履历画面显示

这里只介绍参数初始化和基本参数的设置,有关伺服、主轴设定及调整、高精度加工等参数后续介绍。

3.2.3 华中系统参数

一、HNC－21/22 系统参数关系及类型

HNC－21/22 数控系统主要参数关系如图 3－62 所示。

以①为例:硬件配置参数中通过将部件 3 的型号设为 5301、标识设为 49、配置[0]设为 0,将由 XS40 控制的 11 型伺服分配到系统硬件清单中的 3 号部件;在坐标轴参数中通过将轴 2 的部件号设为 3,而使得系统实际轴 2 控制的轴为部件 3 指定的轴即 XS40 控制的 11 型伺服轴;在通道参数中通过将 A 轴的轴号设为 2,使得轴 2 成为逻辑 A 轴,相应的轴 2 的名称即为 A。综合起来:用户在编零件程序时的 A 轴即为 X40 所控制的轴,而对

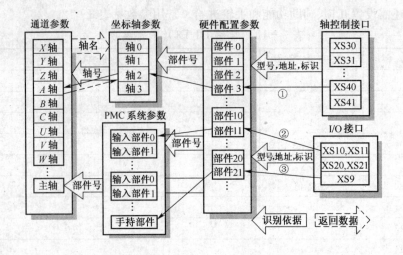

图 3 - 62　HNC - 21/22 主要参数关系图

系统底层程序来讲是轴 2,对系统硬件设备来讲是第 3 号部件。

　　HNC - 21/22 数控系统主要参数有系统参数(F1)、通道参数(F2)、坐标轴参数(F3)、轴补偿值参数(F4)、硬件配置参数(F5)、PMC 系统参数(F6)、PMC 参数(F7)、外部报警信息(F8)、机床参数(F9)和 DNC 参数设置(F10)。

二、HNC - 21MF 系统(全功能铣削类世纪星系列)主要参数及其意义

1. 系统参数

　　系统参数主要是对系统软件所工作的环境进行设置,对本系统所具有的功能进行选择,正确设置系统参数是正常运行系统的前提条件。

参 数 名	参数值	说　　明
数控系统的型号	HNC - 21MF	本系统软件所支持的硬件类型
数控系统的类型	1	系统软件的类型(1 铣床,2 车床,3 车铣复合)
最多允许通道数	1	本系统软件所支持得最多通道数
最多允许的轴数	4	本系统软件所支持得最多轴数
最多允许的联动轴数	3	本系统软件所支持得最多联动轴数
极坐标编程	0	本系统软件是否开通极坐标功能(1 开通,0 未开通)
旋转变换	0	本系统软件是否开通旋转变换功能(1 开通,0 未开通)
缩放	0	本系统软件是否开通缩放功能(1 开通,0 未开通)
镜像	0	本系统软件是否开通镜像功能(1 开通,0 未开通)

2. 通道参数

　　以下参数是指定分配给某通道的有效逻辑轴名(X、Y、Z、A、B、C、U、V、W)以及与之对应的实际轴号(0~15)。在某一通道中,逻辑轴不可同名;在不同通道中,逻辑轴可以同名。例如,每个通道都可以有 X 轴。标准设置选"0 通道",其余通道现在尚未使用。实际轴号在整个系统中是唯一的,不能重复,最多只能分配一次。

参 数 名	参数值	说　明
通道名称	CPP	通道名称用于区别不同的通道,字母或数字的组合,最多8位字符
通道使能	1	0:无效;非0:有效
X 轴轴号	0	分配到本通道逻辑轴 X 的实际轴轴号,0~15 有效,−1 无效
Y 轴轴号	1	分配到本通道逻辑轴 Y 的实际轴轴号,0~15 有效,−1 无效
Z 轴轴号	2	分配到本通道逻辑轴 Z 的实际轴轴号,0~15 有效,−1 无效
A 轴轴号	3	分配到本通道逻辑轴 A 的实际轴轴号,0~15 有效,−1 无效
B 轴轴号	−1	分配到本通道逻辑轴 B 的实际轴轴号,0~15 有效,−1 无效
C 轴轴号	−1	分配到本通道逻辑轴 C 的实际轴轴号,0~15 有效,−1 无效
U 轴轴号	−1	分配到本通道逻辑轴 U 的实际轴轴号,0~15 有效,−1 无效
V 轴轴号	−1	分配到本通道逻辑轴 V 的实际轴轴号,0~15 有效,−1 无效
W 轴轴号	−1	分配到本通道逻辑轴 W 的实际轴轴号,0~15 有效,−1 无效
主轴编码器部件号	23	指定主轴编码器部件号,以便在硬件配置参数中找到相应编号的硬件设备。23 或−1(−1 为未安装主轴编码器)
主轴编码器每转脉冲数	1024	主轴每旋转一周编码器反馈到数控装置的脉冲数,根据实际设定

3. 轴参数

参数名	参数值		说　明
轴名	轴 0	X	轴 0 的逻辑轴名,与通道参数中轴号设为 0 的逻辑轴轴名相同。一般直线轴用 X、Y、Z、U、V、W 等命名,旋转轴用 A、B、C 等命名
	轴 1	Y	
	轴 2	Z	
	轴 3	A	
所属通道号	0		0~3 通道供选择。该实际轴在通道参数中,指定的所属的通道号(0~3)
轴类型	0		0:未安装;1:移动轴;2:旋转轴可以超过 360°也可以小于 0°;3:坐标范围只能为 0°~360°之间的旋转轴初始值为 0
外部脉冲当量分子(μm)	1		两者的商为坐标轴的实际脉冲当量,即电子齿轮比。移动轴分子单位 μm,分母无单位。21/22 系列数控装置使用步进驱动时,数控装置细分数为 16;使用交流驱动时,数控装置细分数为 1。18/19 型数控装置对脉冲指令有 4 细分
外部脉冲当量分母	1		
正软极限位置(μm)	800000		软件规定的正方向极限软件保护位置。只有在机床回参考点后,此参数才有效(单位:内部脉冲当量)
负软极限位置(μm)	−800000		软件规定的负方向极限软件保护位置。只有在机床回参考点后,此参数才有效(单位:内部脉冲当量)
回参考点方式	2		0——无;1——单向回参考点方式;2——双向回参考点方式;3——Z 脉冲方式
回参考点方向	+		+/−。发出回参考点指令后,坐标轴寻找参考点的初始移动方向。若发出回参考点指令时,坐标轴已经压下了参考点开关,则初始移动方向与回参考点方式有关
参考点位置(μm)	0		设置参考点在机床坐标系中的坐标位置。一般将机床坐标系的零点定为参考点位置。因此通常将其设置为 0

参数名	参数值	说　明
参考点开关偏差	0	回参考点时,坐标轴找到 Z 脉冲后,并不作为参考点,而是继续走过一个参考点开关偏差值,才将其坐标设置为参考点
回参考点快移速度	500	回参考点时,在压下参考点开关前的快速移动速度。 注意:该值必须小于最高快移速度。若此速度设置得太快,应注意参考点开关与临近限位开关的距离不宜太小,以避免因回参考点速度太快而来不及减速,压下了限位开关,造成急停。同样,参考点开关的有效行程也不宜太短
回参考点定位速度	200	回参考点时,在压下参考点开关后,减速定位移动的速度,单位为 mm/min 或(°)/min。注意:该参数必须小于回参考点快移速度
单向定位偏移值(μm)	1000	工作台 G60 单向定位时,在接近定位点从快移速度转换为定位速度时,减速点与定位点之间的偏差(即减速移动的位移值)。单向定位偏移值>0:正向定位;单向定位偏移值<0:负向定位。单位:内部脉冲当量
最高快移速度	1000	当快移修调为最大时,G00 快移定位(不加工)的最大速度。 注意:最高快移速度必须是该轴所有速度设定参数里值最大的。要合理设置此参数,以免超出电机的转速范围。例如,若电机的额定转速为 2000r/min,电机通过传动比 1∶1.5 的同步齿形带与螺距为 6mm 的滚珠丝杠连接,则最高快移速度≤2000×(1/1.5)×6=8000mm/min
最高加工速度	500	在一定精度条件下,数控系统执行加工指令(G01、G02 等)所允许的最大加工速度。 注意:此参数与加工要求、机械传动情况及负载情况有关。最高加工速度必须小于最高快移速度
快移加减速时间常数(ms)	64	G00 快移定位(不加工)时,从 0 加速到 1m/min 或从 1m/min 减速到 0 的时间。时间常数越大,加减速越慢。 注意:根据电机转动惯量、负载转动惯量、驱动器加速能力确定。一般为 32~250,一般交流伺服驱动设为 32、64,步进驱动设为 100
快移加减速捷度时间常数(ms)	32	本参数设置在快移过程中加速度的变化速率。一般设置为 32、64、100 等。时间常数越大,加速度变化越平缓。 注意:根据电机转动惯量、负载转动惯量、驱动器加速能力确定。一般为 20~150
加工加减速时间常数(ms)	64	加工过程(G01、G02 等)时,从 0 加速到 1m/min 或从 1m/min 减速到 0 的时间。时间常数越大,速度变化越平缓。 注意:一般为 32~250,一般交流伺服驱动设为 32、64,步进驱动设为 100
加工加减速捷度时间常数(ms)	32	本参数设置在加工过程中加速度的变化速率。一般设置为 32、64、100 等。时间常数越大,加速度变化越平缓。 注意:一般为 20~150
上述四个参数,均是根据电机转动惯量、负载转动惯量、驱动器加速能力确定		
定位允差(μm)	20	坐标轴定位时,所允许的最大偏差。 注意:根据机床定位精度及脉冲当量确定。若该参数太小,系统容易因达不到定位允差而停机;若该参数太大,则会影响加工精度。一般来说,可选择机床定位精度的 1/2,并大于该轴脉冲当量。当该参数值小于该轴反向间隙时,该轴在反向时,会因为在消除反向间隙时要达到定位允差范围内,而出现停顿

（续）

参数名		参数值	说　明
伺服驱动器型号	串行式	49	系统据此参数,确定伺服驱动装置的类型及驱动程序。在硬件配置参数中,部件标识的设置量应与此参数相对应
	步进式	46	
	脉冲式	45	
	模拟式	41 或 42	
伺服驱动器部件号		0	根据此部件号,系统在硬件配置参数中确定该轴指向的部件,并由所指向的部件,对应到具体的外部接口和接口板卡驱动程序。 注意:数控装置有四个进给轴接口(XS30～XS33 或 XS40～XS43)。在硬件配置参数中,一般安排为部件0～部件3,且一一对应。所以轴0伺服驱动装置的部件号一般设为0,即对应外部轴控制接口 XS30 或 XS40(X 轴)
		1	
		2	
		3	
位置环开环增益		3000	根据机械惯性、所需伺服刚性选择,该值越大增益越高,刚性越高,动态误差越小。但太大易超调、不稳定
位置环前馈系数		0	决定伺服位置前馈增益。增强增益即响应速度,设置不合理导致振荡、超调,建议设为0
速度环比例系数		2000	本参数设定速度环调节器的比例增益,设定值越大,增益越高,刚性越大,但太大会造成震荡甚至不稳定。一般情况下,可选择3000～7000,原则是负载惯量越大,设定值越大
速度环积分时间常数(ms)		100	本参数设定速度环调节器的积分时间常数,该值越小积分速度越快,刚性越大,但太小易振荡不稳定。该值越大积分速度越慢,跟踪稳定性越好,过大导致跟踪误差超差。一般是速度环比例系数的1/20或更小

上述四参数,一般在保持速度环比例系数为标准值的基础上,调试位置环开环增益。调好后,保持位置环开环增益不变,再调速度环比例系数的值

参数名	参数值	说明
最大力矩值	150	用于设置伺服驱动装置的最大力矩值(瞬时运行)。根据伺服驱动型号和所带电机型号正确设置。当设为255时,电机最大电流为伺服单元额定电流的100%。设置错误会损坏电机
额定力矩值	100	用于设置伺服驱动装置的最大额定力矩值(连续运行)。根据伺服驱动型号和所带电机型号正确设置。当设为255时,电机额定电流为伺服单元额定电流的100%。一般小于最大力矩值的70%。设置错误会损坏电机

注意:上述六参数只有在使用 HSV-11 型伺服驱动装置时才有效,其他在驱动单元中设置

参数名	参数值	说明
最大跟踪误差(μm)	12000	本参数用于"跟踪误差过大"报警,设置为0时无"跟踪误差过大"报警功能。使用时应根据最高速度和伺服环路滞后性能合理选取
电机每转脉冲数	2500	所用电机旋转一周,CNC接收到的脉冲数。即由伺服驱动装置或伺服电机反馈到CNC的脉冲数,一般为伺服电机位置编码器的实际脉冲数
电机极对数	2	根据所配电机设置
反馈电子齿轮分子	1	两者的商为反馈电子齿轮比
反馈电子齿轮分母	1	

4. 轴补偿参数

参数名	参数值	说　　明	备注
反向间隙	0	一般设置为机床常用工作区的测量值。 如果采用双向螺距补偿,则此值可以设为0	偏差值: 若为双向 螺补,应先 输入正向 螺距偏差 数据,再紧 随其后输 入负向螺 距偏差 数据
螺补类型	0、1、2、3、4	0:无;1:单向;2:双向; 3:单向扩展;4:双向扩展	
补偿点数	0～5000	螺距误差补偿的补偿点数。 单向补偿时,最多可补128点;双向补偿时,最多可补 64点;扩展方式下,所有轴总点数可达5000点	
参考点 偏差号	0～5000	参考点在偏差表中的位置。 排列原则:按照各补偿点在坐标轴的位置从负向往正 向排列,由0开始编号	
补偿间隔	0～4294967295	单位:内部脉冲当量。 指两个相邻补偿点之间的距离	
偏差值	−32768～+32767	单位:内部脉冲当量。 偏差值=指令机床坐标值−实际机床坐标值。 为了使坐标轴到达准确位置,所需多走或少走的值	

5. 硬件配置参数

硬件配置参数可以看作是系统内部所有硬件设备的清单,共可配置32个部件(部件0～部件31)。对系统中相应的硬件进行设置,包括每个硬件的功能、控制方式以及每个硬件模块所对应的接口。主要包括每个进给轴、输入输出模块、主轴及手摇等其他部件的硬件配置参数,每个部件包含五个参数。

硬件配置参数如下表。

部件类型	型号	标识	地址	配置0	配置1
串行伺服接口		49		D0～D3:0000−1111轴号	
步进驱动		46		D0～D3:0000−1111轴号 D4～D5:00/01单脉冲输出、10正反向脉冲输出、11正交脉冲输出	
脉冲接口伺服		45		D0～D3:0000～1111轴号 D4～D5:00/01单脉冲输出、10正反向脉冲输出、11正交脉冲输出 D6～D7:00/11正交脉冲反馈、01单脉冲反馈、10正反向脉冲反馈	
模拟接口伺服	5301	41/42	0	D0～D3:0000～1111轴号 D6～D7:00/11正交脉冲反馈、01单脉冲反馈、10正反向脉冲反馈	0
外部输入开关量		13		1	
外部输出开关量		13		1	
键盘与操作面板 输入开关量		13		0	
键盘与操作面板 输出开关量		13		0	
手摇脉冲发生器		31		5(21/22系列四代为7)	
主轴模拟电压输出		15		4(21/22系列四代为0)	
主轴编码器反馈		32		4(21/22系列四代为6)	

1) 部件型号

指定接口板卡的型号。不同的数控装置,所规定的接口板卡的型号也不同,在 HNC-21/22 数控装置中,板卡型号为 5301。

2) 标识

值:0,13,15,31,32,41,42,45,46,49。

标识外部设备的型号。通过更改参数值,对外部设备的型号进行设定。

3) 地址

指定外部设备占用的地址。在数控装置中,有可能采用多块板卡,不同的板卡,应具有一个相应的地址,如果装置中只有一块 NC 板卡,如 HNC-21/22 数控装置,其地址应设为 0。

4) 配置 0

值:0~255。

对于不同功能的硬件,配置 0 的设置也有所不同,其参数大小为一个字节,一个字节用二进制表示共有八位,用 D0~D7 表示,每一位的含义有所不同。

5) 配置 1

暂未使用。

配置 0、配置 1 是用来区别 HNC-21/22 数控装置中相同类型的接口,具有调整所接外部设备的功能。也就是说,对于相同类型的控制接口,其具有的控制形式、控制功能也相同,但是在使用的过程中,有可能只使用了其中的部分功能,或采用不同的控制形式,这种情况下可以通过更改配置 0 或配置 1 的值来进行区分。

6. PMC 系统参数

PMC 系统参数对 PLC 的输入输出模块接口进行定义,具体设置如下表:

参数名	参数值	说　明
开关量输入 总组数	46	开关量输入总字节数。 第 0~4 字节,所代表的 40 位为 HNC-21 数控装置自带的基本外部开关量输入;第 5~29 字节,为预留扩展的开关量输入;第 30~45 字节,为 HNC-21 编程键盘和机床操作面板上各按键的开关量输入
开关量输出 总组数	38	开关量输出总字节数。 第 0~3 字节代表的 32 位为 HNC-21 数控装置自带的基本外部开关量输出;第 4~27 字节,为预留扩展的开关量输出;第 28、29 字节所代表的 16 位,为主轴 D/A 的数字量输出;第 30~37 字节为 HNC-21 编程键盘和机床操作面板上各按键指示灯等的开关量输出
输入模块 0 部件号	21	外部输入开关量: X0~X4 共 5 组,为 HNC-21 自带基本的外部输入开关量(XS10、XS11);X5~X29 共 25 组,其为预留扩展的外部输入开关量(远程 XS6)
组数	30	
输入模块 1 部件号	20	外部输入开关量: X30~X45 共 16 组,其为编程键盘与操作面板输入开关量
组数	16	
输出模块 0 部件号	21	外部输出开关量: Y0~Y3 共 4 组,为 HNC-21 自带基本的外部输出开关量(XS20、XS21);Y4~Y27 共 24 组,为预留扩展的外部输出开关量(远程 XS6)
组数	28	

参数名	参数值	说　明
输出模块1部件号	22	外部输出开关量：
组数	2	Y28～Y29共2组，其为主轴D/A对应数字量输出
输出模块2部件号	20	外部输出开关量：
组数	8	Y30～Y37共8组，其为编程键盘与操作面板按键指示灯输出开关量
手持单元0部件号	24	

7. PMC用户参数

P[0]～P[99]共有100组。在PLC编程中调用，并由PLC程序定义其含义。用以实现不改PLC源程序，通过改用户参数的方法来调整一些PLC控制的过程参数，来适应现场要求，如润滑开时间、润滑停时间、主轴最低转速、主轴定向速度等。

8. 外部报警信息

共16个外部报警信息。用户可以在PLC编程中定义其报警条件，并在此设置报警信息内容。

9. 机床参数

参　数　名	参数值
机床类型(1:铣,2:车)	1
轴1:铣床(X),车床(X)	0
轴2:铣床(Y)	1
轴3:铣床(Z),车床(Z)	2
刀架方位(0/1)	0
直径/半径编程(1/0)	0
公制/英制编程(1/0)	1
是否采用断电保护机床位置(1/0)	1
刀补类型选择(0:绝对刀偏,1:相对刀偏)	0
主轴编码器方向(32:正,33:负)	32

10. DNC参数设置

DNC参数设置应遵循"CNC侧与PC侧的参数设置相一致"原则。

具体设置见下表。例如，选择串口号设置为1；数据传输波特率为9600；收发数据位长度为8；数据传输停止位为1；奇偶校验位为1。

参数名	参数值	参　数　说　明
选择串口号	1,2	DNC通信时所用串口号
数据传输波特率	300～38400	DNC通信时的波特率，应与PC计算机上设置相同
收发数据位长度	5,6,7,8	DNC通信时的数据位长度
数据传输停止位	1,2	DNC通信时的停止位
奇偶校验位	1,2,3	DNC通信时是否需要校验。 1:无校验;2:奇校验;3:偶校验

项目 3-3　数据备份、恢复与基本参数设置

一、目标

(1) 掌握数控系统常用参数分类及其含义。

(2) 熟练应用数据的备份与恢复。

(3) 熟练参数的修改、初始化与基本参数的设置。

二、工具

CK6136 数控车床、XH7132 加工中心等。

CF 卡。

三、内容

对 FANUC 数控系统进行以下实验。

(1) 在 BOOT 画面,对 SRAM 数据、PMC 分别进行打包备份。

注意:首先正确进入 BOOT 画面,整个操作过程一定要严格、仔细。

(2) 进入系统,通过 ALL I/O 画面对 SRAM 里各个数据分别备份。

(3) 进入系统,通过各个操作画面对 SRAM 里各个数据分别备份。

注意比较以上两种方式的不同。

将备份好的数据文件妥善保存以备后期恢复。

(4) 系统全清。

(5) 语言修改。

(6) 报警消除。

写下报警信息,并逐步将报警消除。

(7) 参数的初始化。

(8) 基本参数的设置。

记下整个步骤,将设置的参数含义及值写下来。

(9) 参数的恢复。

3.3　进给系统调试

3.3.1　FANUC 进给系统的调试

一、进给轴基本参数的设定

在 3.2.2 节中,讲解了进给轴基本参数的设定,相关参数含义参见 3.2.1 节中的 FANUC 系统常用参数及其意义(其中的"轴控制/设定单位参数"、"行程限位参数"、"进给速度参数"、"加/减速控制参数"和"DI/DO 参数"等)。

二、伺服设定与调整

1. 伺服初始化、设定

伺服设定画面的显示(图3-63):

(1) 在紧急停止状态下将电源置于 ON。

(2) 设定用于显示伺服设定画面、伺服调整画面的参数(No. 3111♯0＝1)。

(3) 暂时将电源置于 OFF,然后再将其置于 ON。

(4) 按下功能键 SYSTEM→按功能菜单键＋→按软键[SV 设定],即显示伺服设定画面。

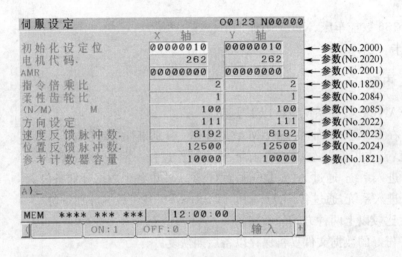

图 3-63 伺服设定画面

1) 初始化设定位(No. 2000)

No. 2000♯1＝0 进行数字伺服参数的初始化设定;＝1 不进行数字伺服参数的初始化设定。

2) 电机代码(No. 2020)

根据所使用的伺服电动机的类型及规格,查出 ID 代码。

常用伺服电动机的 ID 代码见表 3-14。

表 3-14　FANUC 系统 αis、βis 系列伺服电动机的 ID 代码

电 机 型 号	电机代码	电 机 型 号		电机代码
αis 2 /5000	262	βis 0.2/5000		260
αis 2 /6000	284	βis 0.3/5000		261
αis 4 /5000	265	βis 0.4/5000		280
αis 8 /4000	285	βis 0.5/6000		281
αis 8 /6000	290	βis 1/6000		282
αis 12 /4000	288	βis 2/4000	20A	253
αis 22 /4000	315		40A	254

电 机 型 号	电机代码	电 机 型 号		电机代码
αis 22 /6000	452	βis 4/4000	20A	256
αis 30 /4000	318		40A	257
αis 40 /4000	322	βis 8/3000	20A	258
αis 50 /3000	324		40A	259
αis 50 /3000 FAN	325	βis 12/2000	20A	269
αis 100 /2500	335		40A	268
αis 100 /2500 FAN	330	βis 12/3000		272
αis 200 /2500	338	βis 22/2000		274
αis 200 /2500 FAN	334	βis 22/3000		313

3）AMR（No. 2001）

设定电枢倍增比，设定为"00000000"。

4）指令倍乘比（No. 1820）

设定伺服系统的指令倍率 CMR。CMR＝指令单位/检测单位。CMR 为 1～48 时，设定值＝2×CMR；CMR 为 1/2～1/27 时，设定值＝1/CMR＋100。

注意：检测单位与指令单位尽量一致。

No. 2000♯0＝0 检测单位 0.001；＝1 检测单位 0.0001。No. 1013♯1（No. 1004♯1）＝0 指令单位 0.001，IS-B 标准；＝1 指令单位 0.0001，IS-C 标准。

5）柔性齿轮比 N/M（No. 2084、No. 2085）

对不同的丝杠螺距或机床传动有减速齿轮时，为了使位置反馈脉冲数与指令脉冲数相同而设定进给齿轮比 N/M，由于通过系统参数可以修改，所以又称柔性进给齿轮比。

N/M＝（电机 1 转机床的运动量/电机 1 转检测装置的脉冲数）的约分数，故柔性齿轮比即反馈给位置误差寄存器的一个脉冲所代表的机床运动量。

电机 1 转机床的运动量：

对于移动轴，＝螺距×传动比/检测单位；对于旋转轴，＝360°×传动比/检测单位。

电机 1 转检测装置的脉冲数：

对于半闭环系统，多采用内装型编码器，＝100 万；对于半闭环系统，若采用独立型编码器，＝编码器线数×倍频数；对于全闭环系统，因采用光栅尺，＝光栅尺的脉冲数。

6）方向设定（No. 2022）

电机旋转方向。111：正向（从脉冲编码器一侧看沿顺时针方向旋转）；－111：负向（从脉冲编码器一侧看沿逆时针方向旋转）。

7）速度反馈脉冲数（No. 2023）

速度反馈脉冲数设定为 8192。

8）位置反馈脉冲数（No. 2024）

半闭环系统中，设定为 12500；全闭环系统中，按电机 1 转来自分离型检测装置的位置反馈脉冲数设定，即光栅尺的脉冲数。

9) 参考计数器容量(No.1821)

半闭环系统中,设定为电机1转机床的运动量或其整数分之一;全闭环系统中,设定为(Z相间隔/检测单位)或其整数分之一。

N0.2000~2999为数字伺服用的参数。详情参阅相应的伺服参数说明书。

2. 伺服参数的设定

在急停状态下,进入"参数设定支援"的伺服参数画面,单击[初始化],进行标准值设定。

3. 伺服增益调整

在急停状态下,进入"参数设定支援"的伺服增益调整画面,选择相应坐标轴,选择MDI方式,单击[调整始],电机开始速度环增益优化调整,调整结束后得到的数据代表伺服系统根据电机所带的机械特性在各种运行速度下所应有的最优速度环增益值。若自动优化调整后的效果不能达到要求,还可通过手调功能调整。

4. 伺服调整的应用

伺服调整画面的显示:

① 设定用于显示伺服设定画面、伺服调整画面的参数(No.3111♯0=1)。

② 按下功能键SYSTEM→按功能菜单键＋→按软键[SV设定]。

③ 按下软键[SV调整],选择伺服调整画面,如图3-64所示。

伺服调整画面中,左半部为参数画面,介绍常用的几个参数。

(1) 位置环增益:参数(No.1825),位置偏差量=进给速度/(60×位置环增益);

(2) 速度环积分增益:参数(No.2043);

(3) 速度环比例增益:参数(No.2044);

(4) 速度增益:参数(No.2046),设定值=(负载惯量比[No.2021]+256)×100/256。

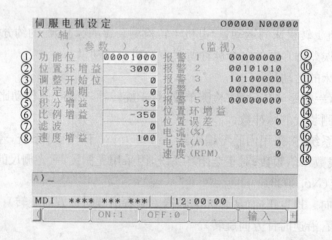

图3-64 伺服调整画面

右半部为监视画面。具体解释见表3-15。

移动中位置偏差量(300号诊断)超过No.1828极限值时系统停止并发出411伺服报警。停止中位置偏差量超过No.1829极限值时系统停止并发出410伺服报警。

表 3-15 伺服监视各项说明

名称	内容	名称	内容
报警1	诊断号 200 号	位置环增益	表示实际环路增益
报警2	诊断号 201 号	位置误差	表示实际位置误差值(诊断号 300 号)
报警3	诊断号 202 号	电流(%)	以相对于电机额定值的百分比表示电流值
报警4	诊断号 203 号	电流(A)	以 A 表示实际电流
报警5	诊断号 204 号	速度(RPM)	表示电机实际转速

报警 1~报警 5 的说明如下。

	#7	#6	#5	#4	#3	#2	#1	#0
报警1	OVL	LVA	OVC	HCA	HVA	DCA	FBA	OFA
报警2	ALD			EXP				
报警3		CSA	BLA	PHA	RCA	BZA	CKA	SPH
报警4	DTE	CRC	STB	PRM				
报警5		OFS	MCC	LDM	PMS	FAN	DAL	ABF

与断线相关的报警:

报警1							报警2		报警内容	处理办法
OVL	LVA	OVC	HCA	HVA	DCA	FBA	ALD	EXP		
						1	1	1	硬件断线 (外置 A/B 相断线)	1
						1	0	0	软件断线 (全闭环/αi 脉冲编码器)	2

与放大器和电机相关的报警:

报警1							报警5		报警2		报警内容	处理办法
OVL	LVA	OVC	HCA	HVA	DCA	FBA	MCC	FAN	ALD	EXP		
		1							0	0	过电流报警(PSM)	
		1							0	1	过电流报警(SVM)	1
		1							0	1	过电流报警(软件)	1
			1								电压过大报警	
				1							过再生放电报警	
	1								0	0	电源电压不足(PSM)	
	1								1	0	DC 链路电压不足(PSM)	
	1								0	1	控制电源电压不足(SVM)	
	1								1	1	DC 链路电压不足(SVM)	
1									0	0	过热(PSM)	2
1									1	0	电机过热	2
							1				MCC 熔敷、预先充电	
								1	0	0	风扇停止(PSM)	
								1	0	1	风扇停止(SVM)	
		1									OVC 报警	3

与 αi 脉冲编码器相关的报警:

189

报警3							报警5		1	报警2		报警内容	处理方法
CSA	BLA	PHA	RCA	BZA	CKA	SPH	LDM	PMS	FBA	ALD	EXP		
						1						软相报警	2
				1								电池电压零	1
			1						1	1	0	计数错误报警	2
		1										EEPROM 异常报警	
	1											电池电压降低(警告)	1
								1				脉冲错误报警	
							1					LED 异常报警	

与串行脉冲编码器通信相关的报警:

报警4				报警内容
DTE	CRC	STB	PRM	
1				
	1			串行脉冲编码器的通信报警
		1		

参数非法报警:

报警4				报警内容
DTE	CRC	STB	PRM	
			1	因伺服软件引起的参数非法

其他报警:

报警5							报警内容	处理办法
OFS	MCC	LDM	PMS	FAN	DAL	ABF		
						1	反馈不一致报警	1
					1		半-全误差过大报警	2
1							电流偏移异常报警	3

3.3.2 华中进给系统的调试

现以 CAK3675V 数控车床 Z 轴为例,介绍采用 HNC-21T 数控系统、HSV-16 驱动器(内部电子齿轮比为 1/1)、2500 线编码器、电机与丝杠(螺距为 6mm)由联轴器连接的交流伺服半闭环进给系统的调试。此伺服系统接收 CNC 发出的控制指令类型为单脉冲,编码器反馈的脉冲类型为正交脉冲。

一、数控系统侧进给参数的调试

数控系统控制伺服驱动器时,需要对系统参数进行必要的设置,才能够正常地控制伺服驱动器,按表 3-16 对 Z 轴伺服电机有关参数设置坐标轴参数,按表 3-17 设置硬件参数。

1. 电子齿轮比

华中系统具有两级电子齿轮比:第一级调整程序指令与机床实际运动量的匹配关系,称为外部电子齿轮比;第二级调整位置指令和位置反馈的匹配关系,称为反馈电子齿轮比。

表 3-16 坐标轴参数

参 数 名	参数值	参 数 名	参数值
外部脉冲当量分子	-3	反馈电子齿轮分子	1
外部脉冲当量分母	5	反馈电子齿轮分母	-1
伺服驱动型号	45	快移加减速时间常数	32
伺服驱动器部件号	2	快移加速度时间常数	16
最大定位误差	30	加工加减速时间常数	32
最大跟踪误差	12000	加工加速度时间常数	16
电机每转脉冲数	2500		

表 3-17 硬件配置参数

参数名	型号	标识	地址	配置[0]	配置[1]
部件 2	5301	45	0	2	0

1) 反馈电子齿轮比

华中数控装置的反馈电子齿轮比由反馈电子齿轮分子/反馈电子齿轮分母两个参数组成,在伺服参数中设置,设置的范围是-32767~+32767。由于步进电机没有反馈,这两个参数无效。对于伺服电机,反馈电子齿轮的计算公式为

$$\frac{反馈电子齿轮分子}{反馈电子齿轮分母} = \frac{电机1转系统指令脉冲数}{电机1转检测装置反馈脉冲数}$$

通常,为使反馈脉冲数与指令脉冲数相同,将反馈电子齿轮比设置为1(或-1)。

2) 外部电子齿轮比(外部脉冲当量)

$$外部脉冲当量 = \frac{外部脉冲当量分子}{外部脉冲当量分母} = \frac{电机1转机床的运动量}{电机1转系统指令脉冲数}$$

$$= \frac{电机1转机床的运动量}{电机1转检测装置反馈脉冲数}$$

通过上式可看出,改变外部电子齿轮比的值,即可改变每个位置单位(脉冲信号)所对应的实际坐标轴移动的距离或旋转的角度。也可通过改变外部电子齿轮比的符号,达到改变电机旋转方向的目的。外部脉冲当量分子和外部脉冲当量分母两个参数的设置范围是-32767~+32767。分子单位为 μm 或 $0.001°$,分母无单位。

世纪星系列数控系统的内部脉冲当量为 $1\mu m$,为了提高控制精度,系统对内部脉冲当量有固定的细分系数 $X1$,见表 3-18。

表 3-18 世纪星系列数控装置的内部脉冲当量细分系数 $X1$

数控装置	HNC-21/22		HNC-18i
	伺服驱动	步进驱动	HNC-19i
$X1$	1	16	4

采用伺服电机的移动轴,其外部电子齿轮比的具体计算公式为

$$\frac{外部脉冲当量分子(\mu m)}{外部脉冲当量分母} = \frac{L \cdot J}{M \cdot B \cdot X1 \cdot X2}$$

式中:L 为丝杠螺距(μm);J 为机床进给轴的机械传动齿轮比;M 为伺服电机码盘的每转脉冲数,即电机的码盘线数;B 为数控系统对伺服电机的码盘反馈的倍频数(世纪星系列倍频数为 4);$X1$ 为数控系统对内部脉冲当量的细分数;$X2$ 为伺服驱动器的细分数,即驱动器内部电子齿轮比的倒数。

例如,某数控机床采用 HNC-21 系统,半闭环,电机与丝杠采用联轴器直连,丝杠螺距为 6mm,电机编码器 2500 线,4 倍频,数控系统对内部脉冲当量的细分数为 1,伺服驱动器内部电子齿轮比为 1,则外部电子齿轮比为

$$\frac{外部脉冲当量分子(\mu m)}{外部脉冲当量分母} = \frac{L \cdot J}{M \cdot B \cdot X1 \cdot X2} = \frac{6000 \cdot 1}{2500 \cdot 4 \cdot 1 \cdot 1} = \frac{3}{5}$$

2. 脉冲指令(配置 0)

脉冲指令有单脉冲、正交脉冲和双脉冲。华中数控系统可以提供这三种指令,HSV-16 伺服驱动器亦可以接收这三种指令。数控系统采用什么类型的控制指令,要根据所控制的伺服系统需要什么类型的控制指令,所以可以通过调节数控系统与伺服驱动器的参数,来对数控系统与伺服系统的指令类型进行匹配。

定义系统控制指令类型的参数是硬件配置参数中的配置 0,配置 0 的大小是一个字节,这个字节用二进制表示共有八位,每一位都有不同的功能定义。

D7	D6	D5	D4	D3	D2	D1	D0

对于脉冲接口伺服驱动器来说:

D0~D3:指电机的轴号

D4~D5:指数控系统脉冲指令形式

00——(默认)单脉冲输出 01——单脉冲输出

10——正反向脉冲输出 11——正交脉冲输出

D6~D7:数控系统接受反馈脉冲的指令形式

00——(默认)正交脉冲反馈 01——单脉冲反馈

10——正反向脉冲反馈 11——正交脉冲反馈

以 Z 轴为例,定义它为 2 号轴,D0~D3 数值为 0010;伺服驱动器运行指令是单脉冲,反馈指令采用正交脉冲,D4~D7 数值为 0000。那么配置 0 的数值如下:

0	0	0	0	0	0	1	0

换算成十进制数 2,并将其输入到配置 0 中。

二、伺服驱动器侧进给参数的调试

1. HSV-16 驱动器的操作与使用

驱动器面板由 6 位 LED 数码管显示器和 5 个按键组成,用来显示系统各种状态、设置参数等。5 个按键及功能分别如下:

M:用于主菜单方式间的切换。

S:进入下一层操作菜单,或返回及输入确认。

↑:序号、数值增加,或选项向前。

↓:序号、数值减少,或选项退后。

←:移位。

2. HSV-16驱动器模式与参数

主菜单包括四种操作模式:

1) dP—EPS:显示模式

HSV-16伺服驱动器共有14种显示方式,见表3-19。

表3-19　显示模式一览表

序号	名　称	功　　能
1	DP—EPS	显示位置跟踪误差(单位:脉冲)
2	DP—SPD	显示实际速度(单位:0.1r/min)
3	DP—TRQ	显示实际力矩电流
4	DP—PRL	显示位置给定低16位
5	DP—PRM	显示位置给定高16位
6	DP—PFL	显示位置反馈低16位
7	DP—PFM	显示位置反馈高16位
8	DP—SPR	显示速度指令
9	DP—ALM	显示硬件报警端口状态
10	DP—PIO	显示输入端口状态
11	DP—IUF	显示U相电流反馈
12	DP—IVF	显示V相电流反馈
13	DP—UVW	显示编码器U、V、W状态
14	DP—CNT	显示系统控制模式

2) PA-0:运动参数模式

HSV-16伺服驱动器共有32种运动参数,表3-20以配置登齐GK6060-6(3N·m、2000r/min)电机为例,带*标志表示在其他型号中可能不一样。

表3-20　运动参数一览表

参数号	名　称	参数范围	出厂值	单　位
0	位置比例增益	1~32767	3000*	0.01Hz
1	位置前馈增益	0~100	0	%
2	速度比例增益	5~32767	2560*	
3	速度积分时间常数	1~1000	16*	ms
4	速度反馈滤波因子	0~4	0	
5	最大力矩输出值	1~32767	30000	
6	加减速时间常数	1~10000	200	ms
7	速度指令输入增益	10~32767	20000	
8	速度指令零漂补偿	−1023~1023	0	
9	力矩指令输入增益	10~32767	32767	

参数号	名 称	参数范围	出厂值	单 位
10	力矩指令零漂补偿	−1023～1023	0	
11	定位完成范围 速度到达范围	0～32767	100	脉冲 0.1r/min
12	位置超差范围	0～32767	20000	脉冲
13	位置指令脉冲分频分子	1～32767	1	
14	位置指令脉冲分频分母	1～32767	1	
15	正向最大力矩输出值	1～32767	30000	32767 对应正向最大输出电流
16	负向最大力矩输出值	−32767～−256	−30000	−32767 对应负向最大输出电流
17	最高速度限制	0～30000	25000	0.1r/min
18	系统过载力矩设置	1～32767	20000	32767 对应正向最大输出电流
19	软件过热时间设置	1～32767	20000	0.25ms
20	内部速度	−30000～30000	0	0.1r/min
21	JOG 运行速度	−30000～30000	3000	0.1r/min
22	位置指令脉冲输入方式	0～2	1	
23	控制方式选择	0～3	0	
24	伺服电机磁极对数	1～4	3	
25	编码器分辨率	0～3	2	
26	编码器零位偏移量	−32767～32767	0	脉冲
27—31	保留			

3) EE－WRI:辅助模式

HSV-16 伺服驱动器共有 4 种辅助方式,见表 3-21。

表 3-21　辅助模式一览表

序号	名称	模 式	功 能
0	EE—WRI	控制参数保存	伺服驱动器将设置的控制参数保存至内部的 EEPROM 内
1	JOG—	JOG 运行方式	驱动器和电机按设定速度进行 JOG 方式运行
2	RST—AL	复位报警功能	复位伺服驱动器,清除历史故障
3	TST—MD	内部测试方式	驱动器内部开环测试(注意该方式不适于长时间运行)

4) STA-0:控制参数模式

HSV-16 伺服驱动器共有 16 种控制参数,见表 3-22。

表 3-22　控制参数一览表

参数号	名称	功 能	说 明
0	STA-0	速度监视增益选择:选择速度监视信号的全范围值	0:全范围值为 2047r/min; 1:全范围值为 8191r/min
1	STA-1	位置指令脉冲方向或速度指令输入取反	0:正常;1:反向
2	STA-2	是否允许反馈断线报警	0:允许;1:不允许

参数号	名称	功 能	说 明
3	STA-3	是否允许系统超速报警	0:允许;1:不允许
4	STA-4	是否允许位置超差报警	0:允许;1:不允许
5	STA-5	是否允许软件过热报警	0:允许;1:不允许
6	STA-6	是否允许由系统内部启动 SVR-ON 控制	1:允许;0:不允许
7	STA-7	是否允许主电源欠压报警	0:允许;1:不允许
8	STA-8	是否允许 CCW 极限开关输入	0:允许;1:不允许
9	STA-9	是否允许 CW 极限开关输入	0:允许;1:不允许
10	STA-10	是否允许控制电源欠压报警	0:允许;1:不允许
11	STA-11	保留	
12	STA-12	是否允许伺服电机过热报警	0:允许;1:不允许
13	STA-13	保留	
14	STA-14	保留	
15	STA-15	省线式编码器选择	0:不选择省线式编码器; 1:选择省线式编码器

3. 伺服驱动器常用参数调节(表 3-20)

（1）控制方式选择。伺服控制方式一般有位置控制、速度控制和转矩控制等。数控机床中多为位置控制,见表 3-23。本例伺服参数 23 设置为 0。

（2）伺服电机磁极对数。根据所选伺服电机的实际配置设置。本例伺服参数 24 设置为 3。

（3）编码器分辨率。根据所安装的编码器设置,见表 3-23。本例伺服参数 25 设置为 2。

（4）位置指令脉冲输入方式。通过修改参数 22 的数值来改变伺服驱动器的指令脉冲接受形式,见表 3-23。本例中将伺服参数 22 设置为 1,数控系统和伺服驱动器脉冲匹配。

表 3-23　部分运动参数值及功能说明

参数 22 值	功能	参数 23 值	功能	参数 25 值	功能
0	正交脉冲	0	位置	0	1024 线
1	单脉冲	1	模拟速度	1	2000 线
2	正反向脉冲	2	模拟转矩	2	2500 线
		3	内部速度	3	5000 线

（5）位置指令脉冲分频分子。

（6）位置指令脉冲分频分母。由伺服参数 13、14 共同确定伺服驱动器内部齿轮比。本例设为 1/1。

（7）定位完成范围。位置模式下驱动器判断是否完成定位的依据,当位置偏差计数器内的剩余脉冲数小于或等于本参数设定值时,驱动器认为定位已完成。伺服参数 11 可设为 100。

（8）位置超差范围。伺服参数 12 可设为 12000。设置方法同系统参数最大跟踪误差。

（9）加减速时间常数。电机从 0～2000r/min 的加速时间或从 2000～0r/min 的减速时间。伺服参数 6 可在出厂值基础上根据实际需要调整。

（10）位置比例增益。

① 设定位置环调节器的比例增益。

② 设置值越大,增益越高,刚度越大,相同频率指令脉冲条件下,位置滞后量越小。但数值太大可能会引起振荡或超调。

③ 参数数值由具体的伺服系统型号和负载情况确定。

设置伺服参数 0,在出厂值基础上按照上述原则设置。

（11）速度比例增益。

① 设定速度调节器的比例增益。

② 设置值越大,增益越高,刚度越大。参数数值根据具体的伺服驱动系统型号和负载值情况确定。一般情况下,负载惯量越大,设定值越大。

③ 在系统不产生振荡的条件下,尽量设定较大的值。

设置伺服参数 2,在出厂值基础上按照上述原则设置。

（12）速度积分时间常数。

① 设定速度调节器的积分时间常数。

② 设置值越小,积分速度越快。参数数值根据具体的伺服驱动系统型号和负载情况确定。一般情况下,负载惯量越大,设定值越大。

③ 在系统不产生振荡的条件下,尽量设定较小的值。

设置伺服参数 3,在出厂值基础上按照上述原则设置。

3.3.3 位置检测元件

一、进给系统位置检测元件的要求及分类

位置检测元件是闭环进给伺服系统中重要的组成部分,它检测机床工作台的位移、伺服电动机转子的角位移和速度,将信号反馈到伺服驱动装置或数控装置与预先给定的理想值相比较,得到的差值用于实现位置闭环控制和速度闭环控制。检测元件通常利用光或磁的原理完成位置或速度的检测。检测元件的精度一般用分辨率表示,它是检测元件所能正确检测的最小数量单位,它由检测元件本身的品质以及测量电路决定。在数控装置位置检测接口电路中常对反馈信号进行倍频处理,以进一步提高测量精度。

位置检测元件一般也可以用于速度测量。位置检测和速度检测可以采用各自独立的检测元件,如速度检测采用测速发电动机、位置检测采用光电编码器;也可以共用一个检测元件,如都用光电编码器。

1. 对检测元件的要求

（1）寿命长,可靠性要高,抗干扰能力力强。

（2）满足精度、速度和测量范围的要求。分辨率通常要求在 0.001～0.01mm 之间或更小,快速移动速度达到每分钟数十米,旋转速度达到 2500r/min 以上。

（3）使用维护方便,适合机床的工作环境。

（4）易于实现高速的动态测量和处理，易于实现自动化。

（5）成本低。

不同类型的数控机床对检测元件的精度与速度的要求不同。一般来说，对于大型数控机床以满足速度要求为主，而对于中小型和高精度数控机床以满足精度要求为主。一般要求测量元件的分辨率比加工精度高一个数量级。

2. 检测元件的分类

1）直接测量和间接测量

测量传感器按形状可分为直线型和回转型。若测量传感器所测量的指标就是所要求的指标，即直线型传感器测量直线位移，回转型传感器测量角位移，则该测量方式为直接测量。典型的直接测量装置有光栅、编码器等。

若回转传感器测量的角位移只是中间量，由它再推算出与之对应的工作台直线位移，那么该测量方式为间接测量，其测量精度取决于测量装置和机床传动链两者的精度。典型的间接测量装置有编码器、旋转变压器。

2）增量式测量和绝对式测量

按测量装置编码方式可分为增量式测量和绝对式测量。增量式测量的特点是只测量位移增量，即工作台每移动一个基本长度单位，测量装置便发出一个测量信号，此信号通常是脉冲形式。典型的增量式测量装置为光栅和增量式光电编码器。

绝对式测量的特点是被测的任一点的位置相对于一个固定的零点来说，都有一对应的测量值，常以数据形式表示。典型的绝对式测量装置为绝对式光电编码器。

3）接触式测量和非接触式测量

接触式测量的测量传感器与被测对象间存在着机械联系，因此机床本身的变形、振动等因素会对测量产生一定的影响。典型的接触式测量装置有光栅。

非接触式测量传感器与测量对象是分离的，不发生机械联系。典型的非接触式测量装置有双频激光干涉仪、光电式编码器。

4）数字式测量和模拟式测量

数字式测量以量化后的数字形式表示被测的量。数字式测量的特点是测量装置简单，信号抗干扰能力强，且便于显示处理。典型的数字式测量装置有光电编码器、光栅板等。

模拟式测量是被测的量用连续的变量表示，如用电压、相位的变化来表示。典型的模拟式测量装置有旋转变压器等。

数控机床上用到的检测装置包括光电编码器、旋转变压器、感应同步器、光栅、磁栅尺等上十种。下面着重介绍最常用的增量式光电编码器、绝对式光电编码器和光栅这三种检测元件。光栅的分辨率一般要优于光电编码器。

二、增量式光电编码器

光电编码器（图 3-65）利用光电原理把机械角位移变换成电脉冲信号，它是数控机床最常用的位置检测元件。光电编码器按输出信号与对应位置的关系，通常分为增量式光电编码器、绝对式光电编码器和混合式光电编码器。

1. 基本结构

光电编码器由 LED（带聚光镜的发光二极管）、光栏板、码盘、光敏元件及印制电路板

图 3-65　光电编码器实物

(信号处理电路)组成,如图 3-66 所示。图中码盘与转轴连在一起,它一般是由真空镀膜的玻璃制成的圆盘,在圆周上刻有间距相等的细密狭缝和一条零标志槽,分为透光和不透光两部分;光栏板是一小块扇形薄片,制有和码盘相同的三组透光狭缝,其中 A 组与 B 组条纹彼此错开 1/4 节距,狭缝 A、$\overline{A}$ 和 B、$\overline{B}$ 在同一圆周上,另外一组透光狭缝 C、$\overline{C}$ 称为零位狭缝,用以每转产生一个脉冲,光栏板与码盘平行安装且固定不动;LED 作为平行光源与光敏元件分别置于码盘的两侧。

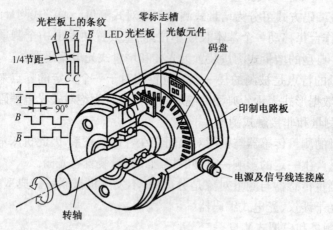

图 3-66　增量式光电编码器结构示意图

2. 工作过程

当码盘随轴一起,每转过一个缝隙就发生一次光线的明暗变化,由光敏元件接受后,变成一次电信号的强弱变化,这一变化规律近似于正弦函数。光敏元件输出的信号经信号处理电路的整形、放大和微分处理后,便得到脉冲输出信号,脉冲数就等于转过的缝隙数(即转过的角度),脉冲频率就表示了转速。

由于 A 组与 B 组的狭缝彼此错开 1/4 节距,故此两组信号有 90°相位差,用于辨向,即光电码盘正转时 A 信号超前 B 信号 90°,反之,B 信号超前 A 信号 90°。而 A、$\overline{A}$ 和 B、$\overline{B}$ 为差分信号,用于提高传输的抗干扰能力。C、$\overline{C}$ 也为差分信号,对应于码盘上的零标志槽,产生的脉冲为基准脉冲,又称零脉冲,它是轴旋转一周在固定位置上产生的一个脉冲,在进给电动机所用的光电编码器上,零位脉冲常用于精确确定机床的参考点,而在主轴电动机上,则常用于主轴定向以及螺纹加工等。

增量式光电编码器的测量精度取决于它所能分辨的最小角度,这与码盘圆周内的狭缝数有关,其分辨角 $\alpha = 360°/$狭缝数。

数控装置的接口电路通常会对接收到的增量式光电编码器差动信号作四倍频处理,从而提高检测精度,方法是从 A 和 B 的上升沿和下降沿各取一个脉冲,则每转所检测的脉冲数为原来的四倍,如图 3-67 所示。

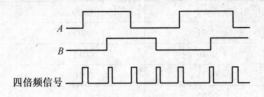

图 3-67　四倍频信号的波形图

进给电动机常用增量式光电编码器的分辨率有 2000p/r、2024p/r、2500p/r 等。目前,光电编码器每转可发出数万至数百万个方波信号,因此可满足高精度位置检测的需要。

光电编码器的安装有两种形式:一种是安装在伺服电动机的非输出轴端,称为内装式编码器,用于半闭环控制,这种应用最多;另一种是安装在传动链末端,称为外置式编码器,用于闭环控制。光电编码器安装时要保证连接部位可靠、不松动,否则会影响位置检测精度,引起进给运动不稳定,使机床产生振动。

三、绝对式光电编码器

绝对式光电编码器通过读取编码盘上的编码图案来确定位置。编码盘上有透光和不透光的编码图案。编码方式可以有二进制编码、二进制循环编码、二至十进制编码等。

如图 3-68 所示,码盘上有四圈码道。码道就是码盘上的同心圆。按照二进制分布规律,把每圈码道加工成透明和不透明相间的形式。码盘的一侧安装光源,另一侧安装一排径向排列的光电管,每个光电管对准一条码道。当光源照射码盘时,如果是透明区,则光线被光电管接收,并转变成电信号,输出信号为"0";如果是不透明区,光电管接收不到光线,输出信号为"1"。被测工作轴带动码盘旋转时,光电管输出的信息就代表了轴的对应位置,即绝对位置。

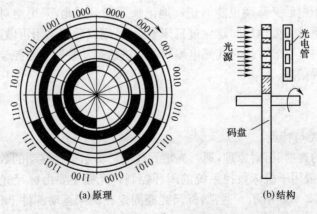

(a)原理　　　　　　　(b)结构

图 3-68　绝对式光电编码器

绝对式光电编码器大多采用格雷码编盘,格雷码数码见表3-24。格雷码的特点是每一相邻数码之间仅改变一位二进制数,这样,即使制作和安装不十分准确,产生的误差最多也只是最低位的一位数。

表3-24 编码盘的数码表

角 度	二进制数码	格雷码	对应十进制数
0	0000	0000	0
α	0001	0001	1
2α	0010	0011	2
3α	0011	0010	3
4α	0100	0110	4
5α	0101	0111	5
6α	0110	0101	6
7α	0111	0100	7
8α	1000	1100	8
9α	1001	1101	9
10α	1010	1111	10
11α	1011	1110	11
12α	1100	1010	12
13α	1101	1011	13
14α	1110	1001	14
15α	1111	1000	15

四位二进制码盘能分辨的最小角度(分辨率)为

$$\alpha = \frac{360°}{2^4} = 22.5°$$

码道越多,分辨率越小。目前,码盘码道可做到18条,能分辨的最小角度为

$$\alpha = \frac{360°}{2^{18}} \approx 0.0014°$$

绝对式光电编码器转过的圈数则由RAM保存,断电后由后备电池供电,保证机床的位置即使断电或断电后又移动也能够正确地记录下来。因此,采用绝对式光电编码器进给电动机的数控系统只要出厂时建立过机床坐标系,则以后就不用再做回参考点的操作,保证机床坐标系一直有效。绝对式光电编码器与进给驱动装置或数控装置通常采用通信的方式来反馈位置信息。

四、光栅

1. 光栅的种类与特点

光栅利用光的透射、衍射原理,通过光敏元件测量莫尔条纹移动的数量来测量机床工作台的位移量,一般用于机床数控系统的闭环控制。光栅主要由标尺光栅和光栅读数头两部分组成,如图3-69所示。通常,标尺光栅固定在机床运动部件上(如工作台或丝杠上),光栅读数头产生相对移动。

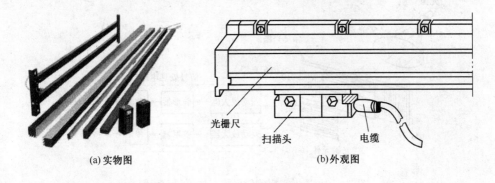

光栅尺　　扫描头　　电缆

(a) 实物图　　　　　　　　　(b) 外观图

图 3-69　直线光栅

从位移量的测量种类看,光栅分为直线光栅和圆光栅。直线光栅用于测量直线位移量,如机床的 X、Y、Z、U、V、W 等直线轴的位移;圆光栅则用于旋转位移量的测量,如机床 A、B、C 等回转轴的角位移。

从光信号的获取原理看,光栅分为玻璃透射光栅和金属反射光栅。玻璃透射光栅是在透明玻璃片上刻制或腐蚀出一系列平行等间隔的密集线纹(对于圆光栅则是向心线纹),利用光的透射现象形成光栅。透射光栅的特点如下:

(1) 光源可以垂直入射,因此信号幅度大,读数头结构比较简单。

(2) 刻线密度较大,分辨率高。

金属反射光栅一般在不透明的金属材料上刻线纹,利用光的全反射或漫反射形成光栅。金属反射光栅的特点如下:

(1) 标尺光栅的线膨胀系数很容易与机床材料一致。

(2) 易于接长或制成整根的长光栅。

(3) 不易碰碎。

(4) 分辨率比玻璃透射光栅低。

另外,光栅输出信号也有两种形式:一种是 TTL 电平脉冲信号;另一种是电压或电流正弦信号。

光栅安装在机床上,容易受到油雾、冷却液污染,致使信号丢失,影响位置测量精度,所以对光栅要经常维护,保持光栅的清洁。另外特别是对于玻璃透射光栅要避免振动和敲击,以防止损坏光栅。

2. 透射光栅的工作原理

透射光栅测量系统原理如图 3-70 所示,它由光源、透镜、标尺光栅、指示光栅、光敏元件和信号处理电路组成。信号处理电路又包括放大、整形和鉴向倍频等。通常情况下,标尺光栅与工作台装在一起随工作台移动,光源、透镜、指示光栅、光敏元件和信号处理电路均装在一个壳体内,做成一个单独部件固定在机床上,这个部件称为光栅读数头,其作用是将光信号转换成所需的电脉冲信号。标尺光栅和指示光栅间保持一定的间隙,重叠在一起,并在自身的平面内转一个很小的角度 θ,如图 3-71 所示。

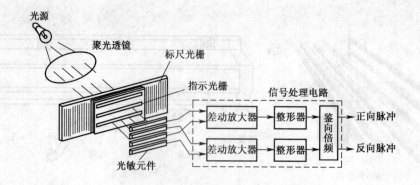

图 3-70 透射光栅测量系统工作原理示意图

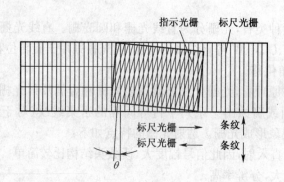

图 3-71 指示光栅和标尺光栅

3. 莫尔条纹的原理

光栅读数是利用莫尔条纹的形成原理进行的。图 3-72 是莫尔条纹形成原理图。将指示标光栅和标尺光栅叠合在一起,中间保持 0.01~0.1mm 的间隙,并且指示光栅和标尺光栅的线纹相互交叉保持一个很小的夹角 θ,如图 3-72 所示。当光源照射光栅时,在 $a-a$ 线上,两块光栅的线纹彼此重合,形成一条横向透光亮带;在 $b-b$ 线上,两块光栅的线纹彼此错开,形成一条不透光的暗带。这些横向明暗相间出现的亮带和暗带就是莫尔条纹。

两条暗带或两条亮带之间的距离叫莫尔条纹的间距 B,设光栅的栅距为 W,两光栅线纹夹角为 θ,则它们之间的几何关系为

$$B = \frac{W}{2\sin(\theta/2)}$$

因为夹角 θ 很小,所以可取 $\sin(\theta/2) \approx \theta/2$,故上式可改写为

$$B = \frac{W}{\theta}$$

由上式可见,θ 越小,则 B 越大,相当于把栅距 W 扩大了 $1/\theta$ 倍后,转化为莫尔条纹。例如:栅距 $W = 0.01$ mm,夹角 $\theta = 0.001$rad,则莫尔条纹的间距 B 等于 10mm,相对于栅距 W 扩大了 1000 倍。

两块光栅每相对移动一个栅距,则光栅某一固定点的光强按明-暗-明规律变化一个周期,即莫尔条纹移动一个莫尔条纹间距。因此,光电元件只要读出移动的莫尔条纹数目,就可以知道光栅移动了多少栅距,也就知道了运动部件的准确位移量。

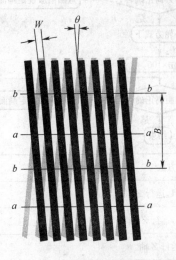

图 3-72　莫尔条纹

项目 3-4　FANUC 系统进给驱动的调试

一、目标

(1) 熟悉 FANUC 伺服系统的调试。
(2) 初步掌握进给参数故障的分析。

二、工具

CK6136 数控车床、XH7132 加工中心等。

三、内容(以 Z 轴为实验对象)

(1) 通过观察机床、查阅资料,了解机床进给系统的配置。例如,根据进给轴是否安装检测元件及安装位置判断是开环还是半闭环、全闭环或者混合闭环系统,所采用的电机代码、丝杠螺距等。

(2) 根据机床实际配置,计算指令倍乘比 CMR、柔性齿轮比 N/M、参考计数器容量等。

(3) 进入伺服设定画面,根据之前的准备工作,进行伺服设定。

(4) 重启系统,使伺服设置生效。运行 Z 轴,观察实际运动情况。按以下流程检验。

(5) 进入参数设定支援的伺服参数画面,进行伺服参数的初始化,执行标准值设定。

(6) 进入参数设定支援的伺服增益调整画面,进行轴增益的自动优化调整。

(7) 进入伺服调整画面,不同速度运行 Z 轴,观察 Z 轴此画面的变化,记录并分析。

(8) 常见进给参数故障设置实验。

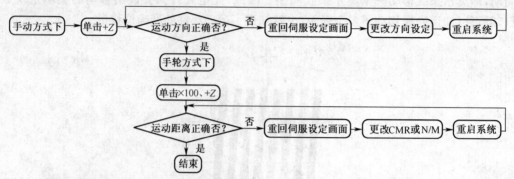

序号	故障设置方法	现象及分析
1	将参数 No.1006＃0 由 0 改为 1,运行 Z 轴	
2	将参数 No.1023 值由 2 改为 3,运行 Z 轴	
3	将参数 No.1825 值改为 100,运行 Z 轴	
4	将参数 No.1321 值改为 -30000,运行 Z 轴	
5	将参数 No.1424 值改为 2000,手动快移 Z 轴	
6	将参数 No.2020 值改为 288,运行 Z 轴	
7	将参数 No.2084 的值增大 10 倍,运行 Z 轴	

项目 3-5　华中系统的进给驱动调试

一、目标

(1) 掌握 HNC-21/22 系统的进给驱动调试。
(2) 熟悉 HSV-16 伺服驱动器的基本参数调整。

二、工具

CAK3675V 数控车床、CK6136 数控车床(HNC-21/22 系统、HSV-16 驱动器)。

三、内容(以 Z 轴为实验对象)

(1) 通过观察机床、查阅资料,了解机床进给系统的实际配置。

CNC	伺服驱动器	开环/闭环	机械连接	丝杠螺距	编码器	电机对数
其他:						

(2) CNC 侧进给参数的调试(填写下表并上机调试)。

坐标轴参数

参 数 名	参数值	参 数 名	参数值
外部脉冲当量分子		反馈电子齿轮分子	
外部脉冲当量分母		反馈电子齿轮分母	
伺服驱动型号		快移加减速时间常数	
伺服驱动器部件号		快移加速度时间常数	
最大定位误差		加工加减速时间常数	
最大跟踪误差		加工加速度时间常数	
电机每转脉冲数			

硬件配置参数

参数名	型号	标识	地址	配置[0]	配置[1]
部件2					

（3）伺服驱动器侧进给参数的调试（填写下表并上机调试）。

参 数 名	参 数 号	参 数 值
控制方式选择		
伺服电机磁极对数		
编码器分辨率		
位置指令脉冲输入方式		
位置指令脉冲分频分子		
位置指令脉冲分频分母		
定位完成范围		
位置超差范围		
加减速时间常数		
位置比例增益		
速度比例增益		
速度积分时间常数		

（4）常见轴参数故障设置实验。

序号	故障设置方法	现象及分析
1	改变 Z 坐标轴参数中外部脉冲当量的分子或分母的符号,运行 Z 轴	
2	改动(增加或减小)坐标轴参数中的外部脉冲当量的分子分母比值,运行 Z 轴	
3	将 Z 轴参数中的定位允差设置为5,并快速移动 Z 轴,观察现象	
4	将 Z 轴参数中的最大跟踪误差设置为1000,并快速移动 Z 轴,观察现象	
5	将 Z 坐标轴参数中的伺服单元型号设置为46,重新开机观察系统运行状况	
6	将系统参数中的硬件配置参数中的部件2的配置0更改为50,运行 Z 轴	

四、扩展

（1）如果数控系统脉冲输出指令和反馈信号均采用正交脉冲,系统硬件配置参数配置 0 设为（　　）,驱动器参数 22 设为（　　）,系统才能够正常运行。并用实验验证是否正确。

（2）将 X 轴的指令线接到 XS31 的接口上,应怎样设置参数? 并把修改过程记录下来。

项目 3-6　返回参考点的控制与调试

一、目标

掌握数控机床返回参考点的调试方法。

二、工具

CK6136 数控车床、XH7132 加工中心等。

2mm 一字螺丝刀一把、百分表。

三、内容

1. 回参考点的方式

现代数控机床回参考点方式主要分为有挡块式和无挡块式两种。

回原点轴接到回零信号后,在当前位置以一个较慢的速度向固定的方向移动,同时数控系统开始检测光栅的栅点或编码器的零脉冲;当系统检测到第一个栅点或零脉冲后,电动机马上停止转动,当前位置即为机床零点。这种方式为无挡块式。

目前,大多机床采用有挡块式回零,其机床原点的保持性好。这种方式需在机械本体上安装减速挡块和减速开关,通过减速挡块压下减速开关进行初定位;检测元件随着电动机一转信号产生一个栅点或一个零脉冲,通过数控系统检测第一个栅点或零脉冲进行终定位。有挡块式又可分为正向、负向和双向回零三种。

（1）正向回零。回原点轴先以参数设置的快移速度向原点方向移动;当减速挡块压下原点减速开关时,回原点轴减速到系统参数设置的较慢参考点定位速度,继续向前移动;当减速开关被释放后,数控系统开始检测栅点或零脉冲,当检测到第一个栅点或零脉冲后,电动机马上停转或转过微小偏移量后停转,当前位置即为机床零点。这种方式最为普遍。

（2）负向回零。回原点轴先以参数设置的快移速度向原点方向移动;当减速挡块压下原点减速开关时,回零轴减速到系统参数设置较慢的参考点定位速度,轴向相反方向移动;当减速开关被释放后,数控系统开始检测栅点或零脉冲,当检测到第一个栅点或零脉冲后,电动机停转,当前位置即为机床零点。

（3）双向回零。回原点轴先以参数设置的快移速度向原点方向移动;当减速挡块压下原点减速开关时,回零轴减速到系统参数设置较慢的参考点定位速度,轴向相反方向移动;当减速开关被释放后,回零轴再次反向;当减速开关再次被压下后,数控系统开始检测栅点或零脉冲,当检测到第一个栅点或零脉冲后,电动机停转,当前位置即为机床零点。

另外,按检测元件的不同可分为以绝对脉冲编码器方式回零和以增量脉冲编码器方式回零。在使用绝对脉冲编码器作为反馈元件的系统中,机床调试时第一次开机后,通过参数设置配合机床回零操作调整到合适的参考点后,只要绝对编码器的后备电池有效,此后每次开机,不必进行回参考点操作。在使用增量脉冲编码器的系统中,回参考点有两种方式:一种是开机后在参考点回零模式下直接回零;另一种是在存储器模式下,第一次开机手动回原点,以后均可用 G 代码方式回零。

下图是 FANUC 系统有挡块式回零方式。系统在返回参考点模式下,按下各轴方向按钮(+J),机床以快移速度向机床参考点方向移动,当减速开关(*DEC)撞到减速挡块时,系统开始减速,以低速向参考点方向移动。当减速开关离开减速挡块时,系统开始找编码器一转信号,系统接收到一转信号后,运动轴按系统参数偏移一定距离后停止,该位置为机床的参考点。

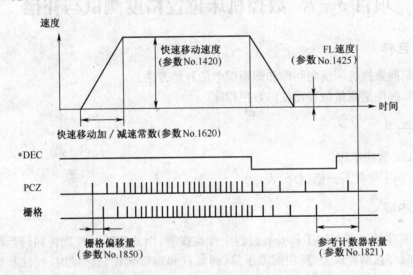

2. FANUC 系统回参考点调试参数

No. 1005♯1 ＝0 无挡块无效,＝1 无挡块有效;

No. 1815♯1 ＝0 不使用外置编码器,＝1 使用外置编码器;

No. 1815♯4 ＝0 机械位置与绝对编码器间的位置尚未建立,＝1 已经建立;

No. 1815♯5 ＝0 不使用绝对编码器,＝1 使用绝对编码器;

No. 1006♯5 ＝0 正向,＝1 负向;

No. 1420 快速移动速度;

No. 1425 手动返回参考点的 FL 速度(碰到挡块后速度);

No. 1821 参考计数器容量(栅格宽度);

No. 1850 栅格偏移量(一般为 0);

No. 1240、No. 1241 第一参考点、第二参考点在机床坐标系中的坐标。

3. 减速挡块的位置调整

从减速挡块末端(无挡块参考点开始位置)到最初栅格点的距离应该为 1/2 栅格的宽度。0i 系统诊断号为 302。

（1）手动把机床调整到机床的基准位置（机床厂家设定的基准点）。

（2）把系统位置坐标的相对坐标清零。

（3）执行返回参考点控制，并记录相对坐标值。

（4）检查记录的数据和规定的数据是否相同。

（5）若误差超过半个栅格时，调整挡块位置。若误差不超过半个栅格，修改系统栅格偏移量参数 No. 1850。

（6）再次返回参考点操作，记录实际参考点的位置数据。

（7）进行微调（栅格偏移量参数）。

注意：事先掌握厂家设定的参考点具体位置。若机床参考点位置与出厂实际位置不符时，调整后要重新进行机床螺距补偿和重新对刀；加工中心还需对换刀点进行重新调整，否则会出现撞刀故障。

项目 3 - 7　数控机床位置精度测试与补偿

一、目标

（1）掌握数控机床反向间隙和螺距误差的补偿方法。

（2）掌握编制测量位置精度的数控程序。

二、工具

CK6136 数控车床。

2mm 一字螺丝刀一把、百分表。

三、内容

由于滚珠丝杠副在加工和安装过程中存在误差，因此滚珠丝杠副将回转运动转换为直线运动时存在两种误差：反向间隙误差（即丝杠和螺母无相对转动时，丝杠和螺母之间的最大窜动）和螺距误差（即丝杠导程的实际值与理论值的偏差）。机床误差补偿可以使用百分表、块规或激光干涉仪测量。

1. 反向间隙误差补偿

反向间隙的存在，会引起电机的空转，而无工作台的实际运动，称为失动。反向间隙补偿原理是在无补偿条件下，将测量行程等分为若干段，测出各目标位置的平均反向差值，作为机床的补偿参数输入系统。CNC 在控制轴反向运动时，先让轴反向运动补偿值，然后按指令进行运动。测量方法如下图所示。

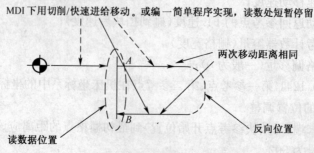

（1）首先返回参考点。

（2）切削/快速进给移动到测量点（A 处），读取百分表。

（3）切削/快速进给继续沿相同方向移动。

（4）切削/快速进给返回测量点（B 处），读取百分表。

（5）按检测单位换算为补偿量输入系统中。

反向间隙误差补偿值 $=|A$ 处读到百分表的数据$-B$ 处读到百分表的数据$|$，单位为系统检测单位。例如，数据 $A=3$mm，数据 $B=2.975$mm，则反向间隙误差补偿值为 $3-2.975=0.025$mm$=25\mu$m（系统检测单位为 1μm）。

上图中，也可在 A 处将百分表调零，读取 B 处数据换算为补偿量输入系统中。

不同速度下测得的误差不同，一般低速、负载较大时测得的误差值较大。0i 系统中，通过参数 No.1800♯4(RBK)设定是否进行切削/快速移动分别反向间隙补偿。$=0$ 不进行，$=1$ 进行。每个轴切削进给时的反向间隙补偿量设定在参数 No.1851 中，每个轴快速移动时的反向间隙补偿量设定在参数 No.1852 中。

另外，手动进给与切削进给采取的补偿方式相同。

注意：① 在测量前应将反向间隙误差补偿值设置为零。

② 采用激光干涉仪测量时可以同时得到反向间隙误差补偿值和螺距误差补偿值。

③ 全闭环系统中，来自于光栅尺的实际值中已包含反向间隙，因此无需补偿。

④ 若采用双向螺距误差补偿，则可以不进行反向间隙补偿，而通过双向螺距补偿数据补偿反向间隙。

2. 螺距补偿

螺距误差补偿通过调整系统的参数增减指令值的脉冲数，实现机床实际移动距离与指令移动距离相接近，以提高定位精度。螺补只对机床补偿段起作用。

螺距误差补偿分单向和双向补偿两种。单向补偿为进给轴正反向移动采用相同的数据补偿，双向补偿为进给轴正反向移动分别采用各自不同的数据补偿。

螺补时将参考点返回位置作为补偿原点，设定每个轴的补偿间隔，将每个补偿点的补偿值设定在系统螺补数据中。

现举例说明。已知 X 轴参考点坐标为 0，正向回参考点，正软限位为 52000(52mm)，负软限位为 $-402000(-402$mm)，在行程内补偿间隔为 50mm。本例设 9 个补偿点，各补偿点的坐标依次为：$-350,-300,-250,-200,-150,-100,-50,0,50$。

（1）首先设置如下参数。

参数号	设定值	说　　明
3620	10	参考点的补偿点号，可随意设置，但注意 0i 系统共提供 0～1023 个螺补点
3621	3	负向最远端的补偿点号，≈参考点补偿号-（机床负方向行程长度/补偿间隔）+1
3622	11	正向最远端的补偿点号，≈参考点补偿号+（机床正方向行程长度/补偿间隔）
3623	3	补偿倍率，因为 FANUC 系统螺距补偿画面的设置值为-7～$+7$。例如，补偿值为 14 时，补偿倍率可设为 2，补偿画面设置值为 7。$=0$ 或者 1 时补偿倍率为 1
3624	50	补偿点间隔，本例 50mm
11350♯5	1	补偿画面显示轴号

通过参数 No.3605♯0(BDPx)设定是否使用双向螺距误差补偿。0:不使用;1:使用。

(2) 在 MDI 方式下测量各补偿点的补偿值或编一程序实现。测螺距误差时,应先将反向间隙设为 0,在改变测量方向前,应消除坐标轴反向间隙。

在 MDI 方式下,输入 G98 G01 X-401. F300,按下自动循环按钮。

输入 G98 G01 X-400. F300,按下自动循环按钮。

按下[单段]按键,把表清零,输入 G98 G01 U50. F300,按下自动循环按钮,X 轴向正方向运动 50mm 位置,记录读数后清零,再次运行以上程序。记录各次数据填入下表:

补偿点号	补偿位置	测量值	补偿值(μm)	No.3623=3 时
3	−350	−350.012	12	4
4	−300	−300.01	10	3
5	−250	−250.015	15	5
6	−200	−200.007	7	2
7	−150	−150.006	6	2
8	−100	−100.004	4	1
9	−50	−50.005	5	2
10	0	0.001	1	0
11	50	50.003	−3	−1

注:螺距误差补偿值＝机床指令坐标−机床实际测量位置,单位:系统检测单位。

(3) 将各补偿值填入螺距补偿画面(下图左)。

(4) 再次测量,观察补偿效果(下图右)。补偿值可以通过 361 诊断号进行查看。

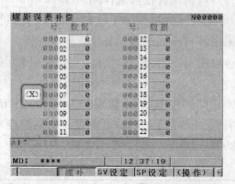 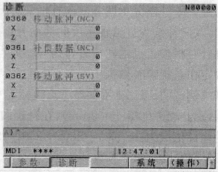

3.4 主轴系统调试

3.4.1 FANUC 主轴系统的调试

一、主轴基本参数设定

参照 3.2.1 节中的 FANUC 系统常用参数及其意义,表 3-25 列举了常用的主轴基本参数。

表 3-25 主轴常用基本参数

参数号	一般设定值	含 义
3705#2	0 或 1	M 系列方式 A(根据参数 No. 3741~No. 3743)
		M 系列方式 B(根据参数 No. 3751~No. 3752)
3706#4	0 或 1	主轴齿轮换挡方式(M 系列/T 系列)
3708#0	1 或 0	主轴速度到达检查(是/否)
3716#0	0 或 1	主轴电机种类(模拟主轴/数字主轴)
3717	1	主轴放大器号
3718	80	显示下标
3732		主轴定向速度或换挡速度
3735	0	主轴最低钳制速度
3736		主轴最高钳制速度(=4095×主轴最高钳制速度/主轴电机最大速度)
3741~3744		1~4 挡主轴最大速度(=主轴电机额定转速×各挡齿轮比)
3751		齿轮 1 挡至 2 挡的切换速度	设定值=4095×主轴电机界限速度
3752		齿轮 2 挡至 3 挡的切换速度	/主轴电机最大速度
3772	0	主轴上限钳制(=0 时不钳制)
8133#0	0 或 1	使用周速恒定控制(否/是)
8133#5	1 或 0	串行主轴(否/是)

基本参数主要包括主轴的种类、数目、速度范围、换挡类等参数,根据实际数控机床主轴系统的配置进行参数设置。

二、模拟量主轴系统的调试

在调试模拟量主轴系统时,首先根据需要设置以上主轴基本参数,由于主轴的参数既包括模拟主轴,也包括串行主轴,故两者的参数在设定时不要冲突。接下来必须对模拟量主轴专属参数进行设置。常用的模拟量主轴参数见表 3-26。

表 3-26 常用的模拟量主轴参数

参数号	一般设定值	含 义
3720	4096	主轴编码器脉冲数(1024×4 倍频)
3721	1	主轴编码器与主轴连接的齿轮比
3722	1	
3730	1000	主轴速度模拟输出增益调整(=1000×理想电压/实际电压)
3731	0	主轴速度模拟输出偏置电压补偿(=-8191×偏置电压/12.5)

模拟主轴控制时,主轴的正反转可以由变频器上的正反转输出端子决定,此时梯形图中要处理主轴的正反转输出信号,类似于串行主轴的 G70#4、G70#5,单极性变频器可通过参数 No. 3706#7、No. 3706#6 来控制主轴输出电压极性(采用默认值即可)。

不仅要设置以上 CNC 侧主轴参数,还需对变频器进行调试。生产变频器的厂家很多,但其控制方式和调试过程大致相同。通常有通用磁通矢量控制和 V/F 控制两种方式。

通用磁通矢量控制，可得到较大的启动转矩及充分的低速转矩。通用磁通矢量控制，通过矢量运算，将变频器的输出电流分为励磁电流和转矩电流，能通过实施电压补偿使电机电流与负载转矩相匹配，以提高低速转矩。同时，通过设定转差补偿，可以对输出频率进行补偿，以使得电机的实际转速与速度指令值更为接近。

V/F 控制是在频率可变时，通过控制使频率与电压保持一定比率的控制方式。

下面以 FR－D700 变频器为例介绍。

1. 变频器功能面板

图 3－73 为变频器操作面板及其具体按键功能介绍。

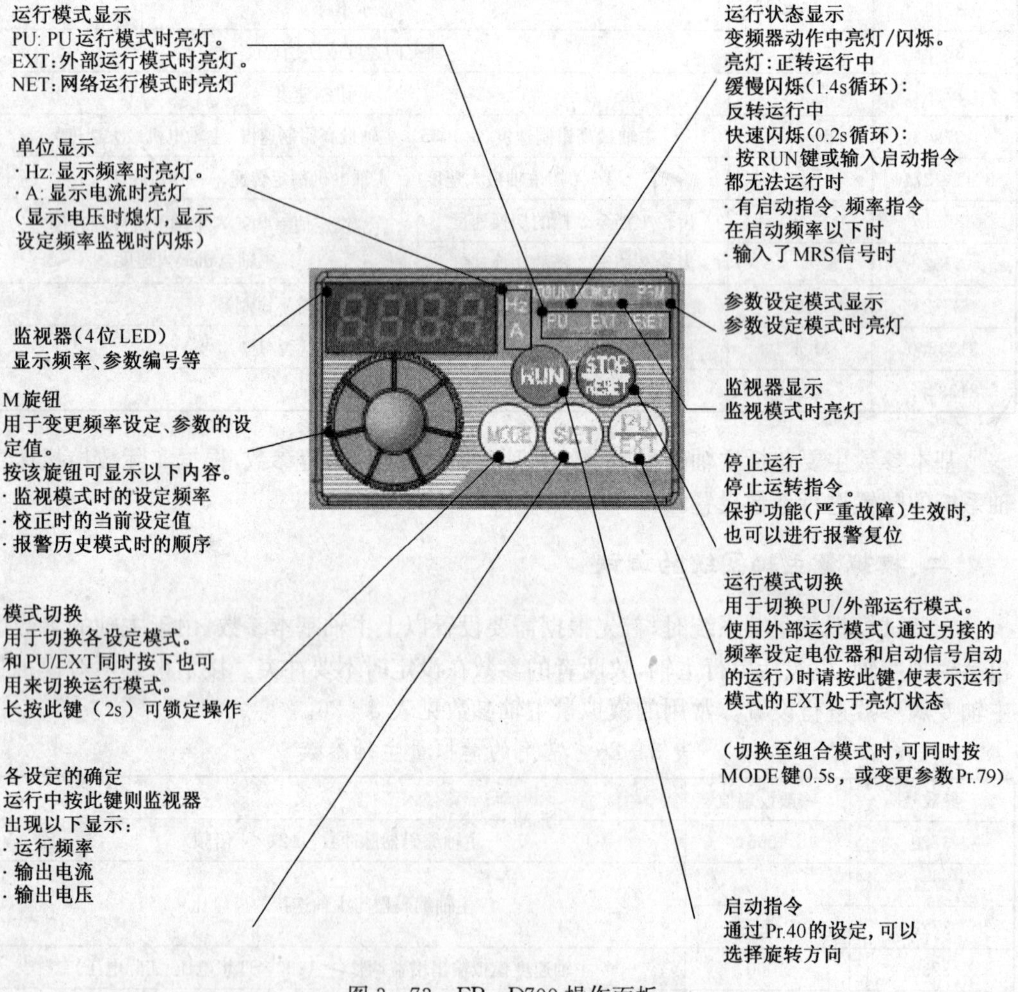
运行模式显示
PU: PU运行模式时亮灯。
EXT:外部运行模式时亮灯。
NET:网络运行模式时亮灯
单位显示
· Hz:显示频率时亮灯。
· A:显示电流时亮灯
(显示电压时熄灯，显示设定频率监视时闪烁)
监视器(4位LED)
显示频率、参数编号等
M旋钮
用于变更频率设定、参数的设定值。
按该旋钮可显示以下内容。
· 监视模式时的设定频率
· 校正时的当前设定值
· 报警历史模式时的顺序
模式切换
用于切换各设定模式。
和PU/EXT同时按下也可用来切换运行模式。
长按此键（2s）可锁定操作
各设定的确定
运行中按此键则监视器出现以下显示:
· 运行频率
· 输出电流
· 输出电压
运行状态显示
变频器动作中亮灯/闪烁。
亮灯:正转运行中
缓慢闪烁(1.4s循环):
反转运行中
快速闪烁(0.2s循环):
· 按RUN键或输入启动指令都无法运行时
· 有启动指令、频率指令在启动频率以下时
· 输入了MRS信号时
参数设定模式显示
参数设定模式时亮灯
监视器显示
监视模式时亮灯
停止运行
停止运转指令。
保护功能(严重故障)生效时，也可以进行报警复位
运行模式切换
用于切换PU/外部运行模式。
使用外部运行模式(通过另接的频率设定电位器和启动信号启动的运行)时请按此键，使表示运行模式的EXT处于亮灯状态
(切换至组合模式时，可同时按MODE键0.5s，或变更参数Pr.79)
启动指令
通过Pr.40的设定，可以选择旋转方向
Hz
A
RUN
MON
P.RM
PU
EXT
NET
RUN
STOP
RESET
MODE
SET
PU
EXT

图 3－73 FR－D700 操作面板

2. 变频器常用参数调试

(1) 初始化：

PU 模式下，MODE→P0→ALLC→0 改为 1→闪烁完成！

(2) 调试：

Pr160＝0(扩展功能显示选择，扩展显示所有参数)

Pr77＝2(参数写入选择，任何情况均可写入)或 Pr77＝0(停止时参数可写入)

Pr161＝1(频率设定/键盘锁定操作选择,M 旋钮,电位器模式)

Pr79＝0(运行模式选择,外部/PU 切换模式)

Pr73＝0(模拟量输入选择,端子 2,0~10V 无极性)

Pr1＝50(上限频率)Pr2＝0(下限频率)(此两项可限制电机速度)

Pr3＝50(基准频率,参照铭牌设定电机额定频率)

Pr178＝60(STF 端子功能选择,正转指令)

Pr179＝61(STR 端子功能选择,反转指令)

Pr4＝50(多段速度设定,高,50Hz)

Pr5＝30(多段速度设定,中,30Hz)

Pr6＝10(多段速度设定,低,10Hz)

Pr180＝0(RL 端子功能选择,低速运行指令)

Pr181＝1(RM 端子功能选择,中速运行指令)

Pr182＝2(RH 端子功能选择,高速运行指令)

Pr9＝2.2(电子过电流保护,设定电机额定电流)

Pr82＝500(电机励磁电流)

Pr7＝5(加速时间)Pr8＝5(减速时间)

Pr125＝50×理想电压/实际电压(端子 2 增益频率,初始值 50,模拟输入频率的校正)

三、数字量主轴系统的调试

串行主轴的调试很简单,首先按需设置主轴基本参数,接下来进行主轴初始化、设定。

1. 主轴初始化、设定

可以自动设定有关主轴电机的标准参数,步骤如下。

(1) 在紧急停止状态下,进入"参数设定支援"的主轴设定画面,如图 3-74 所示。

(2) 在电机型号(参数 No. 4133)处输入主轴电机代码。代码见表 3-27。

(3) 其他项目按需设置,所有项目输入完成后,单击[设定]。

(4) 串行主轴自动设定完成后,参数 No. 4019#7 置为"1"。

(5) 重启系统后,参数即被读入生效。

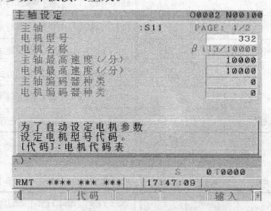

图 3-74　"参数设定支援"中的主轴设定画面

表 3-27 串行主轴电动机代码

型号	β3/10000i	β6/10000i	β8/8000i	β12/7000i		αc15/6000i
代码	332	333	334	335		246
型号	αc1/6000i	αc2/6000i	αc3/6000i	αc6/6000i	αc8/6000i	αc12/6000i
代码	240	241	242	243	244	245
型号	α0.5/10000i	α1/10000i	α1.5/10000i	α2/10000i	α3/10000i	α6/10000i
代码	301	302	304	306	308	310
型号	α8/8000i	α12/7000i	α15/7000i	α18/7000i	α22/7000i	α30/6000i
代码	312	314	316	318	320	322
型号	α40/6000i	α50/4500i	α1.5/15000i	α2/15000i	α3/12000i	α6/12000i
代码	323	324	305	307	309	401
型号	α8/10000i	α12/10000i	α15/10000i	α18/10000i	α22/10000i	
代码	402	403	404	405	406	
型号	α12/6000ip	α12/8000ip	α15/6000ip	α15/8000ip	α18/6000ip	α18/8000ip
代码	407	407,No. 4020＝8000,No. 4023＝94	408	408,No. 4020＝8000,No. 4023＝94	409	409,No. 4020＝8000,No. 4023＝94
型号	α22/6000ip	α22/8000ip	α30/6000ip	α40/6000ip	α50/6000ip	α60/4500ip
代码	410	410,No. 4020＝8000,No. 4023＝94	411	412	413	414

参数 No.4000～4799 基本上使用于主轴放大器的处理,表 3-28 列举了常用的 4000 号以后(串行)主轴参数,详情参阅相应的主轴参数说明书。

表 3-28 常用的 4000 号以后(串行)主轴参数

参数号	含义	参数号	含义
4001#0	是否使用 MRDY 机床准备好信号	4010#0～2	电机编码器种类
4019#7	初始化位	4011#0～2	电机传感器轮齿(线数)设定
4133	电机代码	4056～4059	各(高～低)挡主轴与电机齿轮比
4020	电机最高转速	4500～4503	主轴传感器与主轴齿轮比
4000#0	电机旋转方向(＝0/1 与主轴相同/反)	4171～4174	电机传感器与主轴齿轮比
4001#4	编码器旋转方向(＝0/1 与主轴相同/反)	4015#0	主轴定向功能的有无
4002#0～3	主轴编码器种类	4003#0	主轴定向的方式
4003#4～7	主轴传感器轮齿(线数)设定	4003#2～3	主轴定向旋转方向
4004#2～3	接近开关检测设定	4038、4077	定向速度、定向停止位移量

No. 4002 说明:

	#7	#6	#5	#4	#3	#2	#1	#0
					SSTYP3	SSTYP2	SSTYP1	SSTYP0

214

SSTYP3	SSTYP2	SSTYP1	SSTYP0	
	0	0	0	没有位置控制功能
0	0		1	使用电机传感器做位置反馈
0	0	1	0	α 位置编码器
0	0	1	1	独立的 BZi,CZi 传感器
0	1	0	0	α 位置编码器 S

No. 4010 说明：

#7	#6	#5	#4	#3	#2	#1	#0
					MSTYP2	MSTYP1	MSTYP0

MSTYP2	MSTYP1	MSTYP0	
0	0	0	Mi 传感器
0	0	1	MZi,BZi,CZi 电机传感器

2. 主轴伺服画面应用

主轴伺服画面的显示：

(1) 设定用于显示主轴伺服画面的参数(No. 3111♯1=1)。

(2) 按下功能键 SYSTEM→按功能菜单键＋→按软键[主轴设定]，即显示主轴伺服画面。

(3) 通过软键选择相应的画面，[SP 设定]：为主轴设定画面，[SP 调整]：主轴调整画面，[SP 监测]：主轴监控器画面，如图 3-75～图 3-77 所示。

主轴设定画面中，齿轮选择：1 为主轴第一挡，2 为主轴第二挡，3 为主轴第三挡，4 为主轴第四挡；主轴：S11 为第 1 主轴，S21 为第 2 主轴，S22 为第 3 主轴；齿轮比：与主轴齿轮挡位相对应的齿轮比参数(高挡 No. 4056、中高挡 No. 4057、中低挡 No. 4058、低挡 No. 4059)；主轴最高速度：与主轴齿轮挡位相对应的主轴最高转速参数(1 挡 No. 3741、2 挡 No. 3742、3 挡 No. 3743、4 挡 No. 3744)；电机最高速度：主轴电动机最高转速参数(No. 4020)；C 轴最高速度：主轴作为 C 轴控制时，C 轴最高转速参数(No. 4021)。

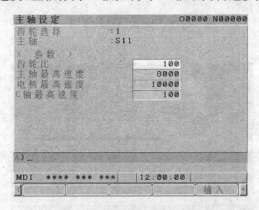

图 3-75　主轴设定画面

主轴调整画面中，运行方式：显示当前主轴运行状态，如速度控制、主轴定向、同步控制、刚性攻丝、主轴恒线速控制、主轴定位控制(T 系列)；参数：显示项目根据运行方式而不同；监视：监控器的显示项目也随运行方式而不同。参数及监视说明见表 3-29。

表 3-29　主轴调整画面中参数项目及监视项目说明

运行方式	参数项目	监视项目
速度控制	比例增益(No. 4040,4041)、积分增益(No. 4048,4049)、电机电压(No. 4083)、再生能量(No. 4080)	电机、主轴
主轴定向	比例增益(No. 4042,4043)、积分增益(No. 4050,4051)、位置环增益(No. 4060,4061,4062,4063)、电机电压(No. 4084)、定向增益%(No. 4064)、停止点(No. 4077)、参考点偏移(No. 4031)	电机、主轴、位置误差 S
同步控制	比例增益(No. 4044,4045)、积分增益(No. 4052,4053)、位置环增益(No. 4065,4066,4067,4068)、电机电压(No. 4085)、加减速时间常数%(No. 4032)、参考点偏移(No. 4034)	电机、主轴、位置误差 S1、位置误差 S2、同步偏差
刚性攻丝	比例增益(No. 4044,4045)、积分增益(No. 4052,4053)、位置环增益(No. 4065,4066,4067,4068)、电机电压(No. 4085)、回零增益%(No. 4091)、参考点偏移(No. 4073)	电机、主轴、位置误差 S1、位置误差 Z、同步偏差
主轴定位控制	电机、进给速度、位置误差 S
主轴恒线速控制	比例增益(No. 4046,4047)、积分增益(No. 4054,4055)、位置环增益(No. 4069,4070,4071,4072)、电机电压(No. 4086)、回零增益%(No. 4092)、参考点偏移(No. 4135)	电机、主轴、位置误差 S

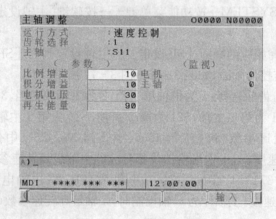

图 3-76　主轴调整画面

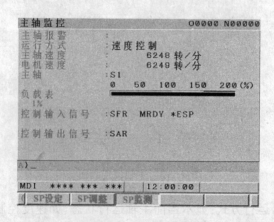

图 3-77　主轴监控画面

主轴监控画面中,主轴报警:当主轴系统出现故障时,显示主轴放大器的报警号及报警内容;负载表:显示当前主轴电动机的负载大小(实际输出电流的百分比);控制输入信号:显示当前主轴输入的控制信号,如 CTH1 齿轮信号 1、CTH2 齿轮信号 2、SRV 主轴反转信号、SFR 主轴正转信号、ORCM 定向指令、MRDY 机床准备好信号、ARST 报警复位信号、*ESP 紧急停止信号等,最多显示 10 个;控制输出信号:显示当前主轴输出的控制信号,如 ALM 报警信号、SST 速度零信号、SDT 速度检测信号、SAR 速度到达信号、ORAR 定向结束信号等。

3.4.2 华中主轴系统的调试

一、模拟量主轴系统调试

数控机床变频器的调试方法都大致相同,可参阅相关变频器说明书进行调试。

数控系统侧常用主轴参数调试见表 3-30、表 3-31。具体参阅相关数控系统参数说明书。

表 3-30 通道参数和机床参数中的主轴参数

参数名称	主轴编码器部件号	主轴编码器每转脉冲数	主轴编码器方向(32:正;33:负)
一般设定值	23	1024	32

表 3-31 硬件配置参数中的主轴参数

部件类型	型号	标识	地址	配置 0	配置 1
主轴模拟电压输出	5301	15	0	4(21/22 系列四代为 0)	0
主轴编码器反馈		32		4(21/22 系列四代为 6)	

二、数字量主轴系统调试

HNC-21/22 系统若配备数字量主轴,多采用华中公司生产的 HSV-18 数字交流主轴驱动器进行控制。HSV-18S 主轴驱动器的操作与使用和 HSV-16 伺服驱动器相同,这里就不再赘述。其参数调试与 HSV-16 也相似,主要包括五种操作模式:显示模式(共 14 种,状态信息只能查看不能修改)、运动参数模式、辅助模式(共 6 种)、控制参数模式和故障历史模式(共保存最后十次故障报警状态可查看)。在此重点介绍运动参数模式、辅助模式和控制参数模式。

1. PA—0:运动参数模式

HSV-18 主轴驱动器提供了 40 种运动参数。表 3-32 中运动参数以 HSV-18S-050 主轴驱动器配置登齐 GM7 主轴电机 GM7103-4SB61(额定功率 5.5kW、额定转速 1500r/min、额定电流 13A)为例,带*标志的参数需根据现场实际使用情况进行调整。

表 3-32 运动参数一览表

参数号	名 称	参数范围	出厂值	单 位
0	位置比例增益	10~9999	1000*	0.01Hz
1	转矩滤波时间常数	0~499	10	0.1ms

参数号	名　称	参数范围	出厂值	单　位
2	速度比例增益	25～32767	6560*	
3	速度积分时间常数	5～32767	20*	ms
4	速度反馈滤波因子	0～4	0	
5	减速时间常数	1～1800	30*	0.1s/最高转速(PA-17)
6	加速时间常数	1～1800	30*	0.1s/最高转速(PA-17)
7	速度指令输入增益	10～12000	8000*	1r/min/10V
8	速度指令零漂补偿	−1023～1023	0	
9	速度指令增益修调	80～120	100	1%
10	最大转矩电流限幅	0～30000	25000	32767对应正向最大输出电流
11	速度到达范围	0～32767	10	1r/min
12	位置超差检测范围	1～32767	20000	脉冲
13	位置指令脉冲分频分子	1～32767	1	仅适用C轴控制
14	位置指令脉冲分频分母	1～32767	1	仅适用C轴控制
15	第二转矩电流限幅	10～32767	7000	32767对应正向最大输出电流
16	保留			
17	最高速度限制	1000～16000	8500	1r/min
18	过载电流设置	10～32000	20000	32767对应正向最大输出电流
19	系统过载允许时间设置	10～30000	600	0.1s
20	内部速度	−8000～12000	0	1r/min
21	JOG运行速度	0～500	300	1r/min
22	位置指令脉冲输入方式	0～3	1*	仅适用C轴控制
23	控制方式选择	0～3	1*	
24	主轴电机磁极对数	1～4	2	
25	编码器分辨率	0～3	0	
26	保留			
27	电流控制比例增益	0～32767	1560	
28	电流控制积分时间	1～127	10	ms
29	零速到达范围	0～300	10	1r/min
30	速度倍率	1～256	64	1/64
31	保留			
32	弱磁修调系数	50～150	100	%
33	磁通电流	400～16383	6500	32767对应正向最大输出电流
34	电机转子电气时间常数	50～4095	1300	0.1ms
35	电机额定转速	100～3000	1500	1r/min
36	最小磁通电流限制	100～4095	650	32767对应正向最大输出电流
37	主轴定向完成范围	0～100	10	脉冲
38	主轴定向速度	40～600	400	1r/min
39	主轴定向位置	0～4095	0	脉冲

2. EE‑WRI:辅助模式

HSV‑18 主轴驱动器共有 6 种辅助模式,见表 3‑33。

表 3‑33 辅助模式一览表

序号	名称	模式	功　　能
0	EE‑WRI	参数保存	主轴驱动器将设置的控制参数保存至内部的 EEPROM 内
1	JOG‑	JOG 运行	驱动器和电机按设定速度进行 JOG 方式运行
2	RST‑AL	复位报警	复位主轴驱动器,清除历史故障
3	TST‑MD	内部测试	驱动器内部开环测试(该方式仅适于短时间运行,3min 以内)
4	DFT‑PA	恢复缺省设置	将参数设置成出厂的默认值
5	CLR‑AL	清除故障历史	将故障历史中的报警记录信息清空
6	AUT‑TU	保留	

3. STA‑0:控制参数模式

HSV‑18 主轴驱动器提供了 16 种控制参数,见表 3‑34。

表 3‑34 控制参数一览表

参数号	名称	功　　能	说　　明
0	STA‑0	保留	
1	STA‑1	位置指令脉冲方向或速度指令输入取反	0:正常;1:反向
2	STA‑2	是否允许反馈断线报警	0:允许;1:不允许
3	STA‑3	是否允许系统超速报警	0:允许;1:不允许
4	STA‑4	是否允许位置超差报警	0:允许;1:不允许
5	STA‑5	是否允许系统过载报警	0:允许;1:不允许
6	STA‑6	是否允许由系统内部启动 SVR‑ON 控制	1:允许;0:外部使能
7	STA‑7	是否允许主电源欠压报警	0:允许;1:不允许
8	STA‑8	是否允许正转矩限制开关输入	0:允许;1:不允许
9	STA‑9	是否允许负转矩限制开关输入	0:允许;1:不允许
10	STA‑10	是否允许控制电源欠压报警	0:允许;1:不允许
11	STA‑11	系统开环控制模式使能	0:正常运行模式; 1:系统开环测试控制方式
12	STA‑12	是否允许系统或电机过热报警	0:允许;1:不允许
13	STA‑13	主轴编码器定向或电机编码器定向	0:电机编码器定向; 1:主轴编码器定向
14	STA‑14	主轴定向旋转方向设定	0:正转定向;1:反转定向
15	STA‑15	保留	

3.4.3 主轴换挡

主轴换挡是指通过改变主轴电动机至主轴的传动比来获得更宽的主轴转速范围以及更高的转矩输出的过程,以满足加工的需要。

对于采用变频器等主轴驱动装置的主轴电动机,可实现主轴的无级调速。采用无级

219

调速主轴机构,主轴箱虽然得到大大简化,但其低速段输出转矩常无法满足机床强力切削的要求。如单纯追求无级调速,势必要增大主轴电动机的功率,从而使主轴电动机与驱动装置的体积、重量及成本增加。因此,数控机床常采用1~4挡齿轮变速与无级调速相结合的方式,即分段无级变速方式,同时满足低速转矩和最高主轴转速的要求。电动机的扭矩、功率和转速有如下的关系。

$$M_{KP}=9545.5\times W/n$$

在功率 W 不变时,若转速 n 降低1倍,则扭矩 M_{KP} 增加1倍。数控机床通常使用2~3挡即可满足要求。

例如,某机床主轴电机最低速度为100r/min,此时输出转矩为100N·m,恒功率范围为1500~6000r/min(4倍范围)。当电机与主轴1:1连接时,主轴功率特性完全由电机决定。当采用高低两挡时,假设低速挡和高挡齿轮比分别为6/25和18/25,那么主轴最低速度为25/min,此时主轴输出转矩为320N·m,恒功率范围为350~4000r/min(11倍范围)。

一、主轴换挡常见方式

(1) 手动换挡。通过人工转动机械机构,拨动传动齿轮来改变传动比。这种方式结构简单,经济,但是在加工前必须把主轴的挡位设置正确,加工的过程中不能通过数控系统或 PLC 自动改变主轴速度。

(2) 液压拨叉换挡。这是采用一只或几只液压缸带动齿轮移动的变速机构,图3-78所示为差动油缸实现三联齿轮变速的原理图,它由液压缸1和5、活塞杆2、拨叉3和活塞4组成,通过电磁阀改变不同的通油方式,可以获得拨叉的3个位置。当液压缸1通入压力油而液压缸5卸压,活塞杆2(相当于活塞)带动拨叉3向左移至极限位置;当液压缸5通入压力油而液压缸1卸压,活塞杆和活塞4带动拨叉3向右移至极限位置;当缸1和缸5同时通压力油,由于活塞4和活塞杆2直径不同,向右的推力大于向左的推力,拨叉处于中间位置。

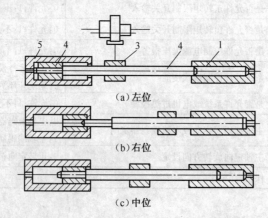

图3-78 三位液压拨叉工作原理图
1、5—液压缸;2—活塞杆;3—拨叉;4—套筒。

液压拨叉变速必须在主轴停车之后才能进行。但是在停车时拨动滑移齿轮啮合时,有可能出现"顶齿"的现象。在手动换挡时只需将齿轮暂时脱开,按点动按钮使主电动机瞬时冲动接通,然后再重新尝试换挡。因此可以像手动换挡一样处理,也可以利用主轴电动机(或增设一台微电动机),在拨叉移动滑移齿轮的同时带动各传动齿轮作低速回转或振动,滑移齿轮就能够较顺利地啮合。

每个齿轮到位后必须有到位检测元件(如感应开关)检测,以确保主轴换挡成功。

液压拨叉换挡是一种有效的办法,但需要附加一套液压装置,将电信号转换为电磁阀动作,再将压力油分至相应的液压缸,因而增加了其结构的复杂性。

(3) 电磁离合器自动换挡。电磁离合器是应用电磁效应接通或切断运行的元件,便于实现自动化操作。相对于第 2 种方法,使用电磁离合器能够简化换挡机构。

数控机床中常使用无滑环摩擦片式电磁离合器和牙嵌式电磁离合器。摩擦片式电磁离合器采用摩擦片传递转矩,允许不停机变速,但如果速度过高,会由于滑差运动产生大量的摩擦热;牙嵌式电磁离合器由于将摩擦面加工成一定齿形,提高了传递转矩,减小了离合器的径向轴向尺寸,使主轴结构更加紧凑,摩擦热减小,但牙嵌式电磁离合器必须在主轴停止或转速很低时换挡。电磁离合器的缺点是体积大,磁通易使机械零件磁化。

二、自动换挡控制流程

主轴的自动换挡由 M41~M44 代码或 S 指令根据速度范围启动更换相应的挡位,常采用液压拨叉或电磁离合器完成自动换挡控制,自动换挡控制的具体实现一般由 PLC 来完成,其流程是大致相同的。

(1) 系统发出换挡指令。

(2) 通过 PMC 挡位信号检测指令挡位与实际挡位是否一致,判别是否执行换挡请求。

(3) PMC 发出换挡控制信号,驱动相应电磁离合器或液压阀动作,实现挡位切换(同时主轴电机转动,防止顶齿)。

(4) 指令挡位与实际挡位检测一致时,发出换挡完成信号,电磁阀断电,主轴停转。

(5) 通过 PMC 程序,输入主轴新的挡位确定信号,同时发出辅助代码完成信号。

(6) 辅助代码完成信号发出后,系统根据主轴速度指令和挡位最高速度参数,向主轴模块发出速度信息,主轴模块驱动电机实现主轴速度控制。

三、主轴齿轮换挡参数设定

FANUC 数控系统中,主轴齿轮换挡共有三种切换方式。M 系列 A 方式、M 系列 B 方式和 T 系列,如图 3 - 79 所示。M 系列应用在铣削类机床,T 系列应用在车削类机床。选用哪种换挡方式及相应挡位速度的参数设置查阅表 3 - 25。另外,当参数 No. 3706 #4=1 或 No. 8133 #0=1 时,主轴钳制速度(No. 3735、No. 3736)无效,主轴上限钳制(No. 3772)有效。

主轴自动换挡控制中常见的故障主要有不能执行换挡控制、换挡过程不能完成、换挡后主轴指令速度与实际速度不符等,请读者试分析引起这些故障的原因。

3.4.4 数控机床主轴定向

主轴定向功能又称为主轴准停功能,即当主轴停止时能控制其以一定的力矩准确地

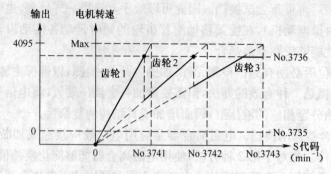

（a）M系列齿轮切换方式 A

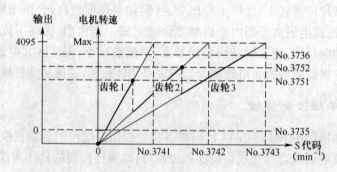

（b）M系列齿轮切换方式 B

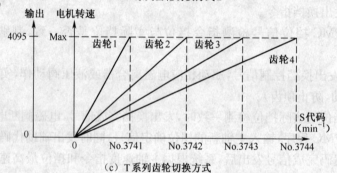

（c）T系列齿轮切换方式

图 3-79　主轴齿轮换挡三种切换方式

停止于固定位置。首先，主轴定向是自动换刀所必须具有的功能。在自动换刀的镗铣加工中心上，切削时的切削转矩不能完全靠主轴锥孔的摩擦力传递，因此通常在主轴前端设置一个或两个凸键，当刀具装入主轴时，刀柄上的键槽必须与此凸键对准。为保证顺利换刀，主轴必须具有准确定位于特定角度的功能。其次，当精镗孔后退刀时，为防止刀具因弹性恢复拉伤已精加工的内孔表面，必须先让刀再退刀，而让刀时刀具必须具有定向功能，如图 3-80 所示。

　　加工中心的主轴定向方法有机械式和电气式两种。机械式采用机械凸轮等机构和无触点感应开关进行初定位，然后由定位销（液动或气动）插入主轴上的销孔或销槽完成精定位，换刀或精镗孔完成后定位销退出，主轴才可旋转。采用这种方法定向比较可靠、准确，但结构较复杂，定向较慢。电气式定向一般是采用具有定向功能或位置控制功能的主

222

轴驱动装置来完成,定向位置由内装或外置型的感应开关或编码器获得。定向过程一般由数控装置和PLC共同完成。

一、机械定向控制

机械定向一般要求主轴具有无级调速的功能,图3-81为典型的机械定向的结构示意图。下面简单介绍机械定向的步骤:数控系统接收到定向指令(如M19)后,控制主轴电动机带动主轴以设定的定向速度(一般为小于100r/min的低速)和方向旋转;当检测到无触点开关有效信号后,停止主轴转动,主轴电动机与主轴传动件依惯性继续旋转,同时控制定位销伸出压向主轴定位盘;当检测到定位销到位信号LS_2后,通知系统定向指令完成。

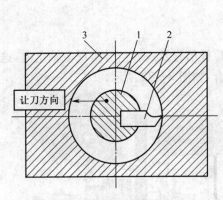

图3-80 主轴定向在镗孔时的应用

1—镗杆;2—镗刀;3—工件。

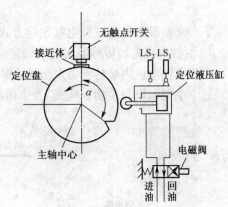

图3-81 主轴机械定向示意图

根据机械结构的具体特点,为防止定位销提前顶死主轴而使定向失败,定位销伸出的同时也可以不停止主轴,而是待定位销到位后立即停止主轴。

若接收到取消主轴定向的指令(如M20)则控制定位销退回,检测到定位销退回到位的回答信号LS_1后,表示主轴定向取消的指令完成。

采用机械定向的方式,主轴定向定位销的伸出和退回必须分别有到位检测信号,并且必须和主轴的运行有互锁关系。例如:主轴以非定向速度旋转时不得伸出定位销;若定位销退回到位信号无效则禁止主轴旋转;若定位销伸出到位信号无效则禁止换刀继续进行。

机械准停还有其他方式,如端面螺旋凸轮等,它们的定向过程和互锁要求都大致相同。

二、电气定向控制

主轴电气定向控制,实际上是在主轴速度控制基础上加一个位置控制环。为能进行主轴位置检测,需要采用主轴电机内装传感器、主轴编码器、接近开关等检测元件。

电气定向控制一般应用于中、高档数控机床,特别是加工中心,采用电气定向控制有如下优点。

(1) 简化机械结构。电气定向不需要定向的机械部件,它只需在旋转部件和固定部件上安装检测元件(如光电编码器、接近开关等),即可实现主轴定向,机械结构比较简单。

(2)定向迅速。定向时间包括在换刀时间内,而换刀时间是加工中心的重要指标。采用电气定向,可以在主轴高速旋转时完成,大大缩短了定向时间。

(3)可靠性高。由于控制主轴定向的全是电子部件而无需复杂的机械、开关、液压缸等装置,也没有机械定向所形成的机械冲击、磨损,因而定向控制装置的可靠性增加。

(4)控制简单。通常只需要主轴定向指令信号、定向完成应答信号即可实现定向控制。

(5)性价比提高。由于简化了机械结构和强电控制逻辑,成本大大降低。从整体来看,性价比提高。

电气定向步骤简单:数控系统接收到定向指令后,控制主轴以设定的定向速度和方向旋转;当检测到定向位置信号时,控制主轴立即停止或旋转一个角度(可通过参数修改)后停止。

下面介绍最常见的三种电气定向方式。

1. 主轴电机内装传感器实现主轴定向

利用主轴电机内装传感器发出的主轴速度、位置信号及一转信号实现主轴定向,这种方式适于主轴电机与主轴直连或1:1传动的场合,如图3-82所示。

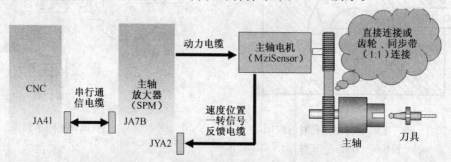

图3-82 主轴电机内装传感器实现主轴定向

这种方式采用带一转信号的电机内装传感器,如 FANUC 系统的 MZ 或 MZi 系列。

2. 主轴外接主轴独立编码器实现主轴定向

利用与主轴1:1连接的主轴编码器发出的主轴速度、位置信号及一转信号实现主轴定向,这种方式适于主轴电机与主轴间有机械齿轮传动的场合,如图3-83所示。

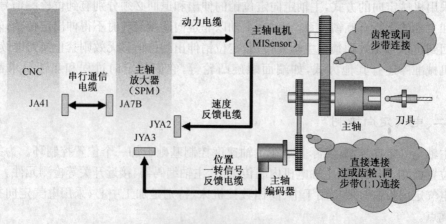

图3-83 主轴外接主轴独立编码器实现主轴定向

3. 主轴电机内装传感器和外接一转检测元件(接近开关)实现主轴定向

利用主轴电机内装传感器发出的主轴速度、位置信号和主轴外接接近开关发出的一转信号来实现主轴定向,这种方式适于主轴电机与主轴间有机械齿轮传动的场合,如图3-84所示。

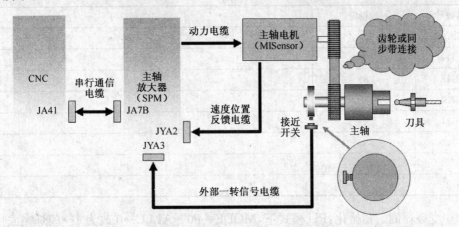

图 3-84 主轴外接一转检测元件(接近开关)实现主轴定向

后两种方式采用不带一转信号的电机内装传感器,如FANUC系统的M或Mi系列。

FANUC 0i系统中,主轴定向控制信号为G70.6,定向完成信号为F45.7。常用定向参数见表3-25、表3-28,不同方式下主轴定向的参数设置详见主轴参数说明书。

主轴定向过程中常见故障有不能进行定向、定向过程不能完成和定向位置出现偏差。请读者试分析引起这些故障的原因。

另外,无论采用何种定向方式,当需要在主轴上安装检测元件时应注意动平衡问题。因为数控机床的主轴精度、转速都很高,因此对动平衡要求很严格。一般中速以下对主轴的影响不是很大,但高速主轴的不平衡会引起主轴振动。为适应主轴高速化的需要,国外已开发出整环式主轴定向装置,其动平衡较好。

项目 3-8 FANUC 系统主轴驱动的调试

一、目标

(1) 熟练FANUC模拟量主轴系统的调试,学会使用变频器。

(2) 掌握FANUC数字量主轴系统的调试。

(3) 学会查看主轴诊断功能,能正确判断、排除参数故障。

二、工具

CK6136数控车床、XH7132加工中心等。

三、内容

(1) 进行FANUC模拟主轴系统的调试。CK6136数控车床,0i mate TD系统,单主轴,FR-D700变频器,主轴编码器1024线,4倍频,主轴编码器与主轴同步带连接1:1,主轴电机与主轴带传动1:1,主轴最高转速3000r/min,上限速度1500 r/min。

填写下表参数含义并上机调试。

① CNC侧。

参数号	一般设定值	含义(请填写)
3716#0	0	
3717	1	
3718	80	
3720	4096	
3721	1	
3722	1	
3730	1000	
3731	0	

② 变频器侧。初始化:PU模式下,MODE→P0→ALLC→0改为1→闪烁完成!
填写下表参数含义并上机调试。

参数号	一般设定值	含义(请填写)
Pr77	2	
Pr161	1	
Pr79	0	
Pr73	0	
Pr1	50	
Pr2	0	
Pr3	50	
Pr178	60	
Pr179	61	
Pr9	2.2	
Pr82	500	
Pr7	5	
Pr8	5	
Pr125	50	

③ 调整转速精度,使得其转速误差在1%之内,记录步骤和参数,流程如下。

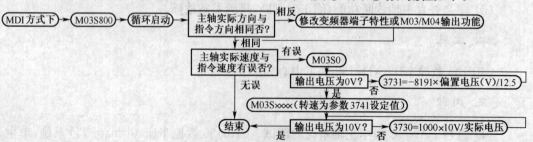

226

(2) 进行 FANUC 串行主轴系统的调试。XH7132 加工中心,0i mate TD 系统,单主轴,主轴模块 βiSVSP20/20/40-11,主轴电机 βi8/8000,8000r/min,带 MZi 传感器,主轴与主轴电机同步带连接 1:1。如下调试。

```
3716#0=1;
3717=1;
进入"参数设定支援"的主轴设定画面:
主轴电机 βi8/8000,查表,电机型号=334;
主轴最高速度=电机最高速度=8000;
主轴不带编码器,主轴编码器种类=0;
主轴电机带 MZi 传感器,电机编码器种类=1;
电机与主轴同向,电机旋转方向=0;
单机【设定】,确认 4019#7=1 后,重启系统和主轴放大器,参数生效完成
```

(3) 运行主轴,调用并观察诊断画面和主轴监控画,记录画面变化并分析。

(4) 故障设置实验。

序号		故障设置方法	故障现象及分析
模拟	1	将 CNC 参数 No. 3716♯0 改为 1	
	2	将 CNC 参数 No. 3722 改为 10	
	3	将变频器参数 Pr73 改为 1	
	4	将变频器参数 Pr178 和 Pr179 中值互换	
数字	1	将 CNC 参数 No. 4010♯0 改为 0	
	2	将 CNC 参数 No. 4000♯0 改为 1	

四、扩展

某数控车床,FANUC 0i TD 系统,模拟单主轴系统,主轴编码器 1024 线、4 倍频、与主轴 1:1 同步带连接,主轴电机与主轴齿轮传动共 3 挡,1 挡齿轮比为 1/6,2 挡齿轮比为 1/3,3 挡齿轮比为 1/1,周速恒定控制,主轴最高转速 3000r/min,上限速度 1500 r/min,请查阅相关说明书,做调试方案。

项目 3-9 华中系统主轴驱动的调试

一、目标

(1) 熟练华中系统模拟主轴 CNC 侧参数的调试。

(2) 学会使用 HSV-18S 数字交流主轴驱动器,能正确设置参数,完成数字主轴调试。

二、工具

CAK3675V 数控车床、BV75 加工中心。

三、内容

(1) 参阅 HNC-21/22 数控系统参数说明书,填写下表并上机调试。

227

参数名称	主轴编码器部件号	主轴编码器每转脉冲数	主轴编码器方向(32:正;33:负)
一般设定值			

部件类型	型号	标识	地址	配置0	配置1
主轴模拟电压输出					
主轴编码器反馈					

(2) CAK3675V 数控机床,配置爱默生 EV2000 型号变频器,请查阅其说明书,做调试方案。

(3) 验证主轴旋转方向及转速精度,若需要进行调整。

(4) BV75 加工中心配置 HSV-18S 数字交流主轴驱动,请查阅其说明书,做调试方案。

思考与练习

1. 简析 FANUC 系统 PMC 顺序程序的执行顺序。

2. 简述 FANUC 系统的参数类型。华中系统的参数类型有哪些?

3. 在数控机床进给系统中,说明检测元件的作用,其精度由哪些因素决定? 常用的位置检测元件有哪几种?

4. 简述增量式光电编码器与绝对式光电编码器的工作原理,比较两者的异同点。

5. 简单说明透射光栅的组成、工作原理及其日常维护。

6. 滚珠丝杆副将回转运动转换为直线运动时存在哪两种误差? 分别简述补偿过程。

7. 什么是主轴换挡? 方式有哪些?

8. 主轴为何需要定向? 主轴电气定向的优点是什么? 有哪几种电气定向方法?

9. 某数控机床 FANUC 0iD 系统,半闭环进给伺服系统,已知某轴伺服电机与丝杠直连,滚珠丝杠(导程8mm)传动,指令单位为 0.001mm,检测单位为 0.001mm,试计算此轴的 CMR、柔性齿轮比和参考计数器容量。

模块四　数控机床故障维修

4.1　数控机床维修基础

关于设备的可靠性和稳定性,国际上通用的指标为平均有效度(A),并由下式定义:

$$A = \frac{MTBF}{MTBF + MTTR}$$

式中:MTBF 为两次故障间隔的时间,即平均无故障时间;MTTR 为排除故障的修复时间。

显然,完善的设备管理与维护,可减少停机时间,即增大了 MTBF;高效的诊断故障与修复设备则是减小了 MTTR。于是设备的平均有效度 A 越大,表明设备利用率高,企业的效益就增大。

一、数控机床维修工程师的要求

数控机床是一种综合应用计算机技术、自动控制技术、精密测量技术和机床设计理论等先进技术的典型机电一体化产品,其控制系统复杂、价格昂贵,因此对数控机床维修工程师的素质提出了非常高的要求。

维修工作要达到高的效率和好的效果,均取决于维修工程师的素质。为了迅速、准确判断故障原因,并进行及时、有效的处理,恢复机床的动作、功能和精度,要求维修工程师应具备以下基本素质。

1. 工作态度要端正

应有高度的责任心和良好的职业道德。

2. 具有较广的知识面

由于数控机床是集机械、电气、液压、气动等为一体的加工设备,机床的各个部分之间具有密切的联系,其中任何一个部分发生故障,都有可能影响其他部分的正常工作。根据故障现象,对故障的真正原因和故障部位进行判断是数控机床维修的第一步,这是维修工程师必须具备的素质;如何快速地判断故障对维修工程师也提出了很高的要求。对数控机床维修工程师主要有如下方面的要求。

(1) 掌握或了解计算机原理、电子技术、电工原理、自动控制与电动机拖动、检测技术、机械传动及机械加工工艺方面的基础知识。

(2) 既要懂电气方面(包括强电和弱电)的知识,又要懂机械方面(包括机械、液压和气动)的知识。维修人员还必须经过数控技术方面的专门学习和培训,掌握数字控制、伺服驱动及 PLC 的工作原理,懂得 NC 和 PLC 编程。

(3) 维修时为了对某些电路与零件进行现场测试,数控机床维修工程师还应当具备一定的工程识图能力。

3. 具有一定的专业外语基础

一个高素质的维修工程师要能对国内、外多种数控机床进行维修。但国外数控系统的配套说明书、资料往往使用外文资料,数控系统的报警文本显示亦以外文居多。为了能根据说明书所提供的信息与系统的报警提示迅速确认故障原因,加快维修进程,数控机床维修工程师应具备专业外语的阅读能力,以便分析、处理问题。

4. 勤于学习,善于学习,善于思考

一个数控机床维修工程师不仅要注重分析问题与积累经验,而且还应当勤于学习,善于学习,善于思考。国外、国内的数控系统种类繁多,而且数控系统说明书的内容通常也很多,包括操作、编程、连接、安装调试、维护维修、PLC 编程等多种说明。资料的内容多,不勤于学习,不善于学习,就很难对各种知识融会贯通。每台数控机床内部各部分之间的联系紧密,故障涉及面很广,而且有些现象不一定真实反映了故障的原因。数控机床维修工程师一定要透过故障的表象,针对各种可能产生故障的原因,通过分析故障产生的过程,仔细思考分析,这样才能迅速找出发生故障的根本原因并予以排除。应做到"多动脑,慎动手",切忌草率下结论,盲目更换元器件。

5. 有较强的动手能力和实验技能

数控系统的维修离不开实际操作,数控机床维修工程师不仅能熟练操作机床,而且能进入一般操作者无法进入的特殊操作模式,如机床以及硬件设备自身参数的设定与调整、利用 PLC 编程器监控等。此外,为了判断故障原因,维修过程可能需要编制相应的加工程序,对机床进行必要的运行试验与工件的试切削,还应该能熟练使用维修所必需的工具、仪器和仪表。

6. 应养成良好的工作习惯

数控机床维修工程师要胆大心细,动手时必须有明确的目的、完整的思路,进行细致的操作。在维修时需要注意以下几个方面。

(1) 维修前应仔细思考、观察,找准切入点。

(2) 维修过程要做好记录,尤其是对电器元件的安装位置、导线号、机床参数、调整值等都必须做好明显的标记,以便恢复。

(3) 维修完成后,应做好"收尾"工作,如将机床、系统的罩壳、紧固件等安装到位;将电线、电缆整理整齐等。

在维修数控系统时应特别注意:数控系统的某些模块是需要电池保持参数的,对于这些电路板和模块切勿随意插拔,更不可以在不了解元器件功能的情况下,随意调换数控装置、伺服、驱动等部件中的器件、设定端子,调整电位器位置,改变设置参数,更换数控系统软件版本,以避免产生更严重的后果。

二、数控机床维修的基本要求

(一)必要的技术资料

寻找故障的准确性和寻求较好的维修效果取决于维修人员对数控系统的熟悉程度和运用技术资料的熟练程度。所以,数控机床维修人员在平时应认真整理和阅读有关数控系统的重要技术资料。对于数控机床重大故障的维修,还应具备以下技术资料。

1. 数控机床使用说明书

它是由机床生产厂家编制并随机床提供的资料。通常包括以下与维修有关的内容。

（1）机床的操作过程与步骤。

（2）机床电气控制原理图以及元器件、备件清单。

（3）机床主要传动系统以及主要部件的结构原理示意图。

（4）机床安装和调整的方法与步骤。

（5）机床的液压、气动、润滑系统图等。

2. 数控系统方面的资料

应有数控装置安装、使用（包括编程）、调试和维修方面的技术说明书，其中包括以下与维修有关的内容。

（1）数控装置操作面板布置及其操作。

（2）数控装置的接口、连接等硬件说明。

（3）系统参数的意义及其设定方法。

（4）数控装置的自诊断功能和报警清单等。

通过上述资料，维修人员可了解 CNC 原理框图、结构布置、各电路板的作用，板上发光管指示的意义；可通过面板对数控系统进行各种操作，进行自诊断检测，检查和修改参数并能做出备份；能熟练地通过报警信息确定故障范围，对数控系统提供的维修检测点进行测试，充分利用随机的系统诊断功能。

3. PLC 的资料

PLC 的资料是根据机床的具体控制要求设计、编制的机床辅助动作控制软件。在 PLC 程序中包含了机床动作的执行过程，以及执行动作所需的条件，它表明了指令信号、检测元件与执行元件之间的全部逻辑关系。

现代数控系统中，可在 CNC 显示器上直接对 PLC 程序的中间寄存器状态点进行动态监测和观察，为维修提供了极大的便利。PLC 的资料一般包括如下内容。

（1）PLC 的连接、编程、操作方面的技术说明书。

（2）PLC 用户程序及 I/O 地址分配、意义。

（3）PLC 报警文本。

4. 伺服单元的资料

伺服单元的资料包括进给伺服驱动系统和主轴伺服单元的原理、连接、调整和维修方面的技术说明书，其中包括如下内容。

（1）伺服单元的硬件连接。

（2）各伺服单元参数的意义和设置。

（3）所有报警显示信息以及重要的调整点和测试点。

维修人员应掌握伺服单元的原理，熟悉其连接。能从单元板上的故障指示发光管的状态和显示屏上显示的报警号确定故障范围；测试关键点的波形和状态，并能做出比较；检查和调整伺服参数，对伺服系统进行优化。

5. 主要配套部分的资料

在数控机床上往往会使用较多的功能部件，如数控转台、自动换刀装置、润滑与冷却系统、排屑器等。这些功能部件的生产厂家一般都提供了较完整的使用说明书，机床生产厂家应将其提供给用户,以便当功能部件发生故障时作为维修的参考。

6. 维修记录

维修记录是维修人员对机床维修过程的记录与维修的总结。维修人员应对自己所进行的每一步的维修情况进行详细的记录,而不管当时的判断是否正确。这样不仅有助于今后的维修,而且有助于维修人员的经验总结与提高。

以上都是在理想情况下应具备的技术资料,但是实际中往往难以做到。因此,在必要时,数控机床维修人员应通过现场测绘、平时积累等方法完善和整理有关技术资料。

(二) 必要的维修器具与备件

合格的维修工具是进行数控机床维修的必备条件。数控机床是精密设备,对于不同的故障,所需要的维修工具亦不尽相同。下面介绍常用的维修器具与备件。

1. 常用测量仪器、仪表

(1) 万用表。数控设备的维修涉及弱电和强电,万用表不但可用于测量电压、电流、电阻值,还可用于判断二极管、三极管、晶闸管、电解电容等元器件的好坏,并测量三极管的放大倍数和电容值。

(2) 示波器。示波器用于检测信号的动态波形,如脉冲编码器、光栅的输出波形,伺服驱动、主轴驱动单元的各级输入、输出波形等,还可用于检测开关电源、显示器的垂直、水平振荡与扫描电路的波形等。用于维修数控机床的示波器通常选用频带宽为 10～100MHz 的双通道示波器。

(3) 相序表。相序表主要用于测量三相电源的相序,是进给伺服驱动与主轴驱动维修的必要测量工具之一。

(4) 常用的长度测量工具。长度测量工具(如千分表、百分表等)用于测量机床移动距离、反向间隙值等。通过长度测量,可以大致判断机床的定位精度、重复定位精度、加工精度等。根据测量值可以调整数控系统的电子齿轮比、反向间隙等主要参数,用以恢复机床精度。它是机械部件维修、测量的主要检测工具之一。

(5) PLC 编程器。不少数控系统的 PLC 控制器必须使用专用的编程器才能对其进行编程、调试、监控和检查。例如,SIEMENS 的 PG710、PG750、PG865,OMRON 的 GPC01～GPC04 等。这些编程器可以对 PLC 程序进行编辑和修改,监视输入和输出状态及定时器、移位寄存器的变化值,并可在运行状态下修改定时器和计数器的设定值;可强制内部输出,对定时器、计数器和位移寄存器进行置位和复位等。有些带图形功能的编程器还可显示 PLC 梯形图。

(6) IC 测试仪。IC 测试仪可用来离线快速测试集成电路的好坏。当数控系统进行芯片级维修时,它是必需的仪器。

(7) 逻辑分析仪和脉冲信号笔。这是专门用于测量和显示多路数字信号的测试仪器,通常分为 8 个、16 个和 64 个通道,即可同时显示 8 个、16 个或 64 个逻辑方波信号。与显示连续波形的通用示波器不同,逻辑分析仪显示的是各被测点的逻辑电平,二进制编码或存储器的内容。

2. 常用维修器具

(1) 电烙铁。这是最常用的焊接工具,一般应采用 30W 左右的尖头、带接地保护线的内热式电烙铁,最好使用恒温式电烙铁。

（2）吸锡器。常用的是便携式手动吸锡器，也可采用电动吸锡器。

（3）扁平集成电路拔放台。这是用于 SMD 片状元件、扁平集成电路的热风拆焊工作台，可换多种喷嘴，并可防静电。

（4）旋具类工具。配备规格齐全的一字和十字螺丝刀各一套。旋具宜采用树脂或塑料手柄为宜。为了方便伺服驱动器的调整与装卸，还应配备无感螺丝刀与梅花形六角旋具各一套。

（5）钳类工具。常用的有平头钳、尖嘴钳、斜口钳、剥线钳、压线钳、镊子等。

（6）扳手类工具。大小活动扳手，各种尺寸的内、外六角扳手等各一套。

（7）化学用品。松香、纯酒精、清洁触点用喷剂、润滑油等。

（8）其他。剪刀、刷子、吹尘器、清洗盘、卷尺等。

3. 常用备件

对于数控系统的维修，备品、备件是一个必不可少的物质条件。若无备件可调换，则"巧妇难为无米之炊"。如果维修人员手头上备有一些电路板，将给排除故障带来许多方便。采用电路板交换法，通常可以快速判断出一些疑难故障发生在哪块电路板上。

配置数控系统的备件要根据实际情况来处理。通常一些易损的电气元器件，如各种规格的熔断器、保险丝、开关、电刷，还有易出故障的大功率模块和印制电路板等，均是应当配备的。

三、数控机床常见故障分类

数控机床是一种复杂的机电一体化设备，其故障发生的原因一般都比较复杂，这给故障诊断和排除带来不少困难。为了便于故障分析和处理，按故障发生的部位、故障性质及故障原因等对常见故障作如下分类。

（一）按数控机床发生故障的部位分类

1. 机床本体故障

数控机床的机床本体部分，主要包括机械、润滑、冷却、排屑、液气压与防护装置。

因机械安装、调试及操作使用不当等原因而引起的机械传动故障和导轨副摩擦过大故障通常表现为传动噪声大，加工精度差，运行阻力大。例如，传动链的挠性联轴器松动，齿轮、丝杠与轴承缺油，导轨塞铁调整不当，导轨润滑不良等原因均可造成以上故障。

尤其应引起重视的是，机床各部位标明的注油点（注油孔）必须定时、定量加注润滑油（脂），这是机床各传动链正常运行的保证。

另外，液压、润滑与气动系统的故障主要表现在管路阻塞或密封不良，造成数控机床无法正常工作。

2. 电气故障

电气故障分弱电故障与强电故障。

弱电部分主要指 CNC 装置、PLC 控制器、CRT 显示器以及伺服单元、输入/输出装置等电子电路，这部分又有硬件故障与软件故障之分。硬件故障主要是指上述各装置的印制电路板上的集成电路芯片、分立元件、接插件以及外部连接组件等发生的故障。常见的软件故障有加工程序出错、系统程序和参数的改变或丢失、计算机的运算出错等。

强电故障是指继电器、接触器、开关、熔断器、电源变压器、电磁铁、行程开关等元器件,以及由其所组成的电路发生故障。这一部分的故障十分常见,必须引起足够的重视。

（二）按数控机床发生故障的性质分类

1. 系统性故障

系统性故障通常指只要满足一定的条件或超过某一设定,工作中的数控机床必然会发生的故障。这一类故障现象极为常见。例如,液压系统的压力值随着液压回路过滤器的阻塞而降到某一设定参数时,必然会发生液压系统故障报警使数控机床断电停机。又如,润滑、冷却或液压等系统由于管路泄漏引起游标下降到某一限值,必然会发生液位报警,使数控机床停机。再如,数控机床在加工中因切削用量过大达到某一限值时,必然会发生过载或超温报警,导致数控系统迅速停机。

因此,正确使用与精心维护数控机床是杜绝或避免这类系统性故障的切实保障。

2. 随机性故障

随机性故障,通常指数控机床在同样的条件下工作时偶然发生的一次或两次故障。有的文献上称此为"软故障"。由于此类故障在条件相同的状态下偶然发生一两次,因此,随机性故障的原因分析与故障诊断较其他故障困难得多。一般而言,这类故障的发生往往与安装质量、组件排列、参数设定、元器件品质、操作失误与维护不当,以及工作环境影响等诸因素有关。例如,接插件与连接组件因疏忽未加锁定,印制电路板上的元器件松动变形或焊点虚脱,继电器触点、各类开关触头因污染锈蚀,以及直流电刷接触不良等所造成的接触不可靠等。另外,工作环境温度过高或过低,湿度过大,电源波动与机械振动、有害粉尘与气体污染等原因均可引发此类偶然性故障。

因此,加强数控系统的维护检查,确保电柜门的密封,严防工业粉尘及有害气体的侵袭等,均可避免此类故障的发生。

（三）按数控机床发生故障的原因分类

1. 数控机床自身故障

这类故障是由数控机床自身的原因引起的,与外部使用环境条件无关。数控机床所发生的极大多数故障均属此类故障,但应区别有些故障并非由机床本身而是由外部原因所造成的。

2. 数控机床外部故障

这类故障是由外部原因造成的。例如,数控机床的供电电压过低,电压波动过大,电压相序不对或三相电压不平衡;环境温度过高;有害气体、潮气、粉尘侵入数控系统;外来振动和干扰,如电焊机所产生的电火花干扰等均有可能使数控机床发生故障。还有人为因素所造成的故障,如操作不当、手动进给过快造成超程报警、自动切削进给过快造成过载报警。又如由于操作人员不按时按量给机床机械传动系统加注润滑油,易造成传动噪声或导轨摩擦系数过大而使工作台进给超载。据有关资料统计,首次使用数控机床或技能不熟练者操作数控机床,在使用的第一年内,由操作不当所造成的外部故障要占1/3以上。

（四）按数控机床发生故障时有无报警显示分类

1. 有报警显示的故障

这类故障又可分为硬件报警显示与软件报警显示两种。

1）硬件报警显示的故障

硬件报警显示指各单元装置上的警示灯（一般由 LED 发光管或小型指示灯等组成）

有指示。在数控系统中有许多用来指示故障部位的警示灯,如控制操作面板、主板、伺服控制单元、主轴单元、电源单元等部位以及穿孔机等外设装置上常设有这类警示灯。一旦数控系统出现了故障后,借助相应部位上的警示灯可大致分析判断出故障发生的部位与性质,这无疑给故障分析、诊断带来极大方便。因此,维修人员在日常维护和排除故障时应认真检查这些警示灯的状态是否正常。

2) 软件报警显示的故障

软件报警显示通常是指显示屏(CRT)上显示出来的报警号和报警信息。由于数控系统具有自诊断功能,因此它一旦检测到故障,即按故障的级别进行处理,同时在 CRT 上以报警号的形式显示该故障信息。这类报警显示常见的有存储器警示、过热警示、伺服系统警示、轴超程警示、程序出错警示、主轴警示、过载警示以及短路警示等。通常软件报警类型少则几十种,多则上千种,这无疑为故障判断和排除提供了极大的帮助。

上述软件报警包括来自 CNC 的报警和来自 PLC 的报警。CNC 报警为数控部分的故障报警,可通过所显示的报警号,对照维修手册中有关故障报警及说明来确定产生该故障的原因。PLC 的报警大多数属于机床侧的故障报警,通过显示由 PLC 报警信息文本所提供的报警号,对照维修手册中有关 PLC 接口说明、PLC 程序及其故障报警信息等内容检查 PLC 有关接口和内部继电器状态,确定产生故障的原因。通常,PLC 报警发生的可能性要比 CNC 报警高得多。

2. 无报警显示的故障

这类故障发生时无任何硬件或软件的报警显示,因此分析诊断难度较大。例如,在数控机床通电后,在手动方式或自动方式运行时,X 轴出现爬行现象,且无任何报警显示;又如机床在自动方式运行时突然停止,而 CRT 上无任何报警显示;在运行机床的某轴时发生异常声响,一般也无报警显示等。一些早期的数控系统由于自诊断功能不强,尚未采用PLC 控制器,无 PLC 报警信息文本,所以出现无报警显示的故障的情况会更多一些。对于无报警显示故障,通常要具体情况具体分析,要根据故障发生的前后变化状态进行分析判断。

四、数控机床故障排除的思路

数控系统的型号颇多,所产生的故障原因往往比较复杂,下面介绍故障处理的一种思路。可以用 40 个字来归纳:掌握信息、寻找特征;据理析象、判断类型;罗列成因、确定步骤;合理测试、故障定位;排除故障、恢复设备。

掌握信息、寻找特征——进行充分的维修档案与技术资料查询和现场调查,以掌握数控设备的特点、故障现象及其发生条件与状态等信息,寻找故障特征。

维修工程师就像门诊医生一样,在诊断病情前,先查阅病历卡有无病史记录、询问病情发生时间与当时以及此前病人在做什么;察看病人状态,以了解与病情可能相关的发生条件、先天性、重复性或突发性、病人表观状态(脸色、体温、心跳与血压、是否昏厥等),来归纳出病人的主要病理特征来。

据理析象、判断类型——根据设备或系统工作原理与故障机理,来分析故障现象,判断出故障类型。

罗列成因、确定步骤——罗列所有可能的故障成因,判出故障类型,然后,确定正确的诊断步骤与方法。

合理测试、故障定位——选用合理的测试手段与方法,进行故障定位,找出真正的故障源。

排除故障、恢复设备——找出并排除(或移去)故障源,恢复设备性能。

注意:维修不能只是简单的"测故换件"。故障定位后必须进行成因分析,以便找出真正的故障源以进行根除,这样才能确实恢复设备规定的性能。

五、故障排除应遵循的原则

在检测、排除故障中应掌握以下若干原则。

1. 先静后动(或先方案后操作)

维护维修人员碰到机床故障后,应先静下心来,考虑解决方案后再动手。维修人员本身要做到先静后动,不可盲目动手,应先询问机床操作人员故障发生的过程及状态,阅读机床说明书、图样资料后,方可动手查找和处理故障。如果上来就碰这敲那,连此断彼,徒劳的结果也许尚可容忍;若现场的破坏导致误判,或者引入新的故障或导致更严重的后果,则会后患无穷。应检查后再通电。

2. 先软后硬

当发生故障的机床通电后,应先检查数控系统的软件工作是否正常。有些故障可能是软件的参数丢失,或者是操作人员的使用方式、操作方法不当而造成的。切忌一上来就大拆大卸,以免造成更严重的后果。

3. 先外后内

数控机床是机械、液压、电气等一体化的机床,故其故障必然要从机械、液压、电气这三个方面综合反映出来。在检修数控机床时,要求维修人员遵循"先外后内"的原则。即当数控机床发生故障后,维修人员应先采用望、闻、听、问等方法,由外向内逐一进行检查。比如在数控机床中,外部的行程开关、按钮开关、液压气动元件的连接部位,印制电路板插头座、边缘接插件与外部或相互之间的连接部位,电控柜插座或端子板这些机电设备之间的连接部位,因其接触不良造成信号传递失真是造成数控机床故障的重要因素。此外,由于在工业环境中,温度、湿度变化较大,油污或粉尘对元件及线路板的污染,机械的振动等,都会对信号传送通道的接插件部位产生严重影响。在检修中要重视这些因素,首先检查这些部位就可以迅速排除较多的故障。另外,尽量避免随意启封、拆卸。不适当的大拆大卸,往往会扩大故障,使数控机床丧失精度,降低性能。

4. 先机后电

由于数控机床是一种自动化程度高、技术较复杂的先进机械加工设备,一般来讲,机械故障较易察觉,而数控系统故障的诊断则难度要大些。"先机后电"的原则就是指在数控机床的检修中,首先检查机械部分是否正常,行程开关是否灵活,气动液压部分是否正常等。从经验来看,很大部分数控机床的故障是由机械动作失灵引起的。所以,在故障检修之前应首先逐一排除机械性的故障,这样往往可以达到事半功倍的效果。

5. 先公后专

公用性的问题往往会影响到全局,而专用性的问题只影响局部。如数控机床的几个进给轴都不能运动时,应先检查各轴公用的 CNC、PLC、电源、液压等部分,并排除故障,然后再设法解决某轴的局部问题。又如电网或主电源故障是全局性的,因此一般应首先检查电源部分,看看熔断器是否正常,直流电压输出是否正常等。总之,只有先解决影响面大的主要矛盾,局部的、次要的矛盾才有可能迎刃而解。

6. 先简后繁

当出现多种故障相互交织掩盖、一时无从下手时,应先解决容易的问题,后解决难度较大的问题。常常在解决简单故障的过程中,难度大的问题也可能变得容易,或者在排除简易故障时受到启发,对复杂故障的认识更为清晰,从而也就有了解决的办法。

7. 先一般后特殊

在排除某一故障时,要先考虑最常见的可能原因,然后再分析很少发生的特殊原因。例如,当数控车床 Z 轴回零不准时,常常是由降速挡块位置变动而造成的。一旦出现这一故障,应先检查该挡块位置;在排除这一故障常见的可能性之后,再检查脉冲编码器、位置控制等其他环节。

总之,在数控机床出现故障后,要视故障的难易程度,以及故障是否属于常见性故障,合理采用不同的分析问题和解决问题的方法。

六、故障诊断与排除的基本方法

当数控机床出现报警、发生故障时,维修人员不要急于动手处理,而应多观察。维修前应遵循下述两条原则。一是充分调查故障现场,充分掌握故障信息,这是维修人员取得第一手材料的一个重要手段。在调查故障现场时,一方面要查看故障记录单,向操作者询问出现故障的全过程;另一方面要亲自对现场做细致的勘查。在确认数控系统通电无危险的情况下方可通电,观察机床有何异常,CRT 有何显示等。二是认真分析故障的起因,确定检查的方法与步骤。目前所使用的各种数控系统,有一定自诊断功能,但智能化的程度还不是很高(往往同一报警号可以有多种起因),不能确切诊断出发生故障的部位。因此,要合理利用自诊断功能,开阔思路、究其起源。分析故障时,只要有可能引起该故障的原因,都要尽可能全面地列出来,进行综合判断和筛选,然后通过必要的试验,达到确诊和最终排除故障的目的。

1. 直观法(常规检查法)

直观检查指依靠人的感觉器官并借助于一些简单的仪器来寻找机床故障的原因。这种方法在维修中是常用的,也是首先采用的。“先外后内”的维修原则要求维修人员在遇到故障是应先采取问、看、听、触、嗅等方法,由外向内逐一进行检查。有些故障采用这种方法可迅速找到故障原因,而采用其他方法要花费许多时间,甚至一时解决不了。

(1)问。指向操作者了解机床开机是否正常,比较故障前后工件的精度和传动系统、走刀系统是否正常,出力是否均匀,吃刀量和走刀量是否减少,润滑油牌号、用量是否合适,机床何时进行过保养检修等内容。

(2)看。利用视觉功能可观察到设备内部器件或外部连接的状态变化。如电气方面可观察线路元器件的连接是否松动,短路或铜箔断裂,继电器、接触器与各类开关的触点是否烧蚀或压力失常,发热元器件的表面是否过热变色,电解电容的表面是否膨胀变形,保护器件是否脱扣,保险丝是否烧断,耐压元器件是否有明显的电击点以及碳刷接触表面与接触压力是否正常等。另外,对开机发生的火花、亮点等异常现象更应再重点检查。在机械故障方面,主要观察传动链中的组件是否间隙过大,固定锁紧装置是否松动,工作台导轨面、滚珠丝杠、齿轮及传动轴等表面的润滑状况是否正常,以及是否有其他明显的碰撞、磨损与变形现象等。观察速度快慢的变化,主传动齿轮、飞轮是否跳、摆,传动轴是否弯曲、晃动等。

(3) 听。利用人的听觉可探到数控机床因故障而产生的各种异常声响的声源,如电气部分常见的异常声响有:电源变压器、阻抗变换器与电抗器等因为铁芯松动、锈蚀等原因引起的铁片振动的"吱吱"声;继电器、接触器等的磁回路间隙过大,短路环断裂、动静铁芯或镶铁轴线偏差,线圈欠压运行等原因引起的电磁"嗡嗡"声或者触点接触不良的"嗡嗡"声,以及元器件因为过流或过压运行失常引起的击穿爆裂声。伺服电动机、气控器件或液控器件等发生的异常声响基本上和机械故障方面的异常声响相同,主要表现在机械的摩擦声、振动声与撞击声等。

(4) 触,也称敲捏法。CNC 系统由多块线路板组成,板上有许多焊点,板与板之间或模块与模块之间又通过插件或电缆相连。所以,任何一处的虚焊、接触不良、碰线或多余物短路等原因就会产生故障。在检查数控系统时,用绝缘物(一般为带橡皮头的小锤)轻轻敲打或者用手捏压可疑部位(即认为虚焊或接触不良的插件板、组件、元器件等),若故障重现或消失,则可以认为敲捏处或敲捏作用力波及范围为故障部位,确实是因虚焊或接触不良而引起的故障。在敲捏过程中,要实时地观察机床工作状况,因此应一个人专门敲捏,另外的人负责观察故障是否消失或故障复现。检查时,敲捏的力度要适当,并且应由弱到强,防止引入新的故障。

(5) 嗅。在诊断电气设备或故障后产生特殊异味时采用此方法效果较好。因剧烈摩擦,电器元件绝缘处破损短路,使附着的油脂或其他可燃物质发生氧化蒸发或燃烧而产生的烟气、焦糊味,用此法往往可以迅速判断故障的类型和故障部位。

利用外观检查,可有针对性地检查疑似故障的元器件,判断明显的故障,如热继电器脱扣、熔断丝状况、线路板(损坏、断裂、过热等)、连接线路、更改的线路是否与原线路相符等,外观检查的同时,注意获取故障发生时的振动、声音、焦糊味、异常发热、冷却风扇运行是否正常等信息。这种检查很简单,但非常必要。

2. 系统自诊断法

充分利用数控系统的自诊断功能,根据 CRT 上显示的报警信息及各模块上的发光二极管等器件的指示,可判断出故障的大致起因。进一步利用数控系统的自诊断功能,还能显示数控系统与各部分之间的接口信号状态,找出故障的大致部位。它是故障诊断过程中最常用、有效的方法之一。

自诊断显示的形成与故障信息:

(1) 软件报警:CRT 上显示的报警信号或报警信息。

(2) 硬件报警:系统装置、各个模块、印制电路板上的指示灯、七段数码管与报警灯。

(3) 信号诊断的实时状态表:CRT 上调用诊断画面,或主控板上、或伺服单元上的七段数码管相应段的点亮或不亮来显示实际时状态的 ON/OFF,来获得如下有关的信息。

① 面板各开关/按钮/旋钮等器件与接线实时状态。

② 内部状态信号诊断的显示。

③ CNC 与 MT 间、CNC 与 PLC 间、PLC 与 MT 间的 I/O 接口状态。

3. 参数检查法

数控系统的机床参数是经过理论计算并通过一系列试验、调整而获得的重要数据，是保证机床正常运行的前提条件，直接影响着数控机床的性能。

参数通常存放在数控系统的存储器（RAM）中，一旦电池电量不足或受到外界的干扰或数控系统长期不通电，可能导致部分参数的丢失或变化，使机床无法正常工作。通过核对、调整参数，有时可以迅速排除故障。特别是在数控机床长期不用的情况下，参数丢失的现象经常发生。因此，检查和恢复机床参数，是维修中行之有效的方法之一。另外，数控机床经过长期运行之后，由于机械运动部件磨损，电器元器件性能变化等原因，也需要对有关参数进行重新调整。

一般在怎样的情况下，先查参数呢？

（1）多种报警同时并存：可能是电磁干扰或操作失误所致——干扰性参数混乱。

（2）长期闲置机床的停机故障：电池失电造成参数丢失/混乱——失电性参数混乱。

（3）突然停电后机床的停机故障：电池失电——失电性参数混乱。

（4）调试后机床出现的报警停机、可报警却不报警故障：参数失匹。

（5）新工序工件材料或加工条件改变后出现故障：参数失匹。

（6）长期运行老机床的各种超差故障（可修整参数来补偿器件或传动件误差）、伺服电机温升、高频振动与噪声：参数失匹。

（7）无缘无故出现不正常现象：可能是参数被人为修改过了——人为性参数混乱。

在参数调整、修改前，有的系统还要求输入保密参数值。

4. 功能测试法

功能测试法，是指通过功能测试程序检查机床的实际动作来判别故障的一种方法。编制一个功能测试程序，并通过运行测试程序来检查机床执行这些功能（如直线定位，圆弧插补、螺纹切削、固定循环、用户宏程序等 G、M、S、T、F 功能）的准确性和可靠性，进而判断出故障发生的原因。测试流程如图 4 – 1 所示。

这种方法常常应用于以下场合。

（1）机床加工造成废品而一时无法确定是编程、操作不当，还是数控系统故障。

（2）数控系统出现随机性故障，一时难以区别是外来干扰，还是数控系统稳定性不好。如不能可靠执行各加工指令，可连续循环执行功能测试程序来诊断系统的稳定性。

（3）闲置时间较长的数控机床再投入使用时，或对数控机床进行定期检修时。

5. 交换部件法和部件替换法

现代数控系统大都采用了模块化设计，按功能不同划分为不同的模块。随着现代数控技术的发展，使用的集成电路的集成规模越来越大，技术也越来越复杂。按照常规的方法，很难将故障定位在一个很小的区域。在这种情况下，交换部件法及部件替换法成为在维修过程中最常用的故障判别方法。这两种方法核心是一样的，也常被归纳为一种方法，其简单、易行、可靠，能把故障范围缩小到相应的部件上。

数控机床的进给模块、检测装置备有多套，当出现进给故障时，可以考虑采用模块互换的方法。在使用交换部件法时要注意以下几个方面。

（1）在部件交换之前，应仔细检查、确认部件的外部工作条件；在线路中存在短路、过电压等情况时，切不可以轻易更换部件。

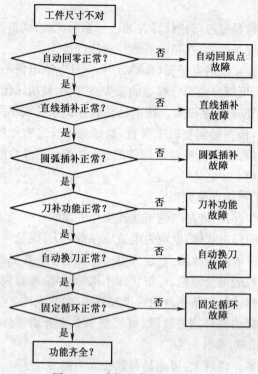

图 4-1　功能程序测试流程图

（2）有些电路板，例如 PLC 的 I/O 板上有地址开关，交换时要相应改变设置值。

（3）有的电路板上有跳线及桥接调整电阻、电容，应调整到与原板相同时方可交换。

（4）模块的输入、输出必须相同。以驱动器为例，互换时型号要相同，若不同，则要考虑接口、功能的影响，避免故障扩大。

（5）交换板应完好。

部件替换法，就是在大致确认了故障范围，并确认外部条件完全相符的情况下，利用装置上同样的印制电路板、模块、集成电路芯片或元器件来替换有疑点部分的方法。它是电器修理中常用的一种方法，主要优点是简单和方便。在查找故障的过程中，如果对某部分有怀疑，只要有相同的替换件，换上后故障范围大都能分辨出来，所以，这种方法在电气维修中经常被采用。但是，如果使用不当，也会带来麻烦，造成人为的故障。因此，正确认识和掌握其使用范围和操作方法，可提高维修工作效率和避免人为故障。

采用部件替换法时应注意其使用范围。对一些比较简单的电气元件，如接触器、继电器、开关、保护电气等单一元件，在对其有怀疑而一时又不能确定故障部位的情况下，使用部件替换法效果较好。对于由电子元件组成的各种电路板、控制器、功率放大器及所接的负载，替换时应小心谨慎。如果无现成的备件替换，需从相同的其他设备上拆卸时更应慎重，以防故障没找到，替换上的新部件又损坏，造成新的故障。应注意以下几个方面。

（1）低压电器的替换应注意电压、电流和其他相关技术参数，并尽量采用相同规格的。若没有相同的替换元件，应采用技术参数相近的，而且主要参数最好能覆盖被替换的元件。

（2）在拆卸时应做好记录，特别是接线较多的地方，应防止接线错误引起的人为故障。

(3) 在有反馈环节的线路中,更换时要注意信号的极性,以防反馈错误引起其他的故障。

(4) 在需要从其他设备上拆卸相同的备件替换时,要注意方法,不要在拆卸中造成被拆件的损坏。如果替换电路板,在新板换上前要检查一下使用的电压是否正常。

(5) 在确认对某一部分进行替换前,应认真检查与其连接的有关线路和其他相关的电器。在确认无故障后才能将新的备件替换上去,防止外部故障损坏替换上去的部件。

此外,在交换 CNC 系统的存储器或 CPU 板时,通常还要对数控系统进行某些特定的操作,如存储器的初始化操作等,并重新设定各种参数,否则数控系统不能正常工作。这些操作步骤应严格按照数控系统的操作说明书、维修说明书进行。

6. 隔离法

当某些故障(如轴抖动、爬行等),因一时难以区分是数控部分,还是伺服系统或机械部分造成的,常采用隔离法来处理。隔离法将机电分离,数控系统与伺服系统分开,或将位置闭环分开做开环处理等。这样,将复杂的问题就化为简单的问题,就能较快地找出故障原因。

7. 测量比较法(对比法)

为了调整、维修的便利,在数控系统的印制电路板上,通常都设置有检测用的端子。维修人员利用这些检测端子,可以测量、比较正常的印制电路板和有故障的印制电路板之间的电压或波形的差异,进而分析、判断故障原因及故障所在位置。有时,还可以将正常部分试验性地造成"故障"(如断开连线、拔去组件),看其是否和相同部分产生的故障现象相似,以判断故障原因。

测量比较法使用的前提是维修人员应了解正确的印制电路板关键部位、易出故障部位的正常电压值、正确的波形,这样才能进行比较分析,而且这些数据应随时做好记录并作为资料积累。

某机床正常轴和异常轴的电压波形比较如图 4-2 所示。

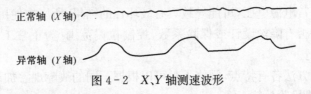

图 4-2　*X*、*Y* 轴测速波形

8. 原理分析法(逻辑线路追踪法)

原理分析法是排除故障的最基本方法之一。当其他检查方法难以奏效时,可从电路的基本原理出发,一步一步进行检查,最终查出故障原因。

原理分析法,是指通过追踪与故障相关联的信号,从中找到故障单元,根据 CNC 系统组成原理图,从前往后或从后往前地检查有关信号的有无、性质、大小及不同运行方式的状态,并与正常情况比较,看有什么差异或是否符合逻辑关系。对于串联线路,当发生故障时,可依次、逐一地找到故障单元位置;对于两个相同的线路,可以对它们进行部分地交换试验。但需要注意的是,交换一个单元,一定要保证该单元所处大环节(即位置控制环)的完整性。否则闭环可能受到破坏,保护环节失效,积分调节器输入不平衡等。

继电器-接触器系统具有可见接线、接线端子、测试点等。当出现故障时,可用试电笔、万用表、示波器等简单测试工具测量电压、电流信号的大小、性质、变化状态,电路的短路、断路、电阻值变化等,从而判断出故障的原因。

9. 独立单元法

在分析工作中,经常利用独立单元的接口信号状态分析来判定它是否有故障,称为"独立单元分析法"。

当独立单元输出不正常时,先查其输入正常与否。如果输入正常,则独立单元本身有故障——丧失了应有的特定功能。如果输入不正常,则向前追查前一个独立单元或考虑"负载效应"。

10. 拔出插入法

拔出插入法是通过相关的接头、插卡或插拔件拔出再插入这个过程,确定拔出插入的连接件是否为故障部位。有的本身就只是接插件接触不良而引起的故障,经过重新插入后,问题就解决了。

在应用拔出插入法时,需要特别注意的是,在插件板或组件拔出再插入的过程中,改变状态的部位可能不只是连接接口。因此,不能因为拔出插入后故障消失,就肯定是接口的接触不良,还存在内部的焊点虚焊恢复接触状态、内部的短路点恢复正常等可能性(虽然这种可能性很小)。

11. 升降温法

当设备运行时间比较长或者环境温度比较高时,机床容易出现故障。这时可人为地(如可用电热器或红外灯直接照射)将可疑的元器件温度升高(应注意器件的温度参数)或降低,加速一些温度特性较差的元器件产生"病症"或使"病症"消除来寻找故障原因。

12. 电源拉偏法

电源拉偏法就是拉偏(升高或降低电压,但不能反极性)正常电源电压,制造异常状态,暴露故障或薄弱环节,便于查找故障或处于临界状态的组件、元器件位置。

电源拉偏法常用于工作较长时间才出现故障,或怀疑电网波动引起故障等场合。拉偏(升高或降低)正常电源电压,可能导致具有破坏性的结果,所以在使用拉偏法时要先分析整个数控系统是否有降额设计或保险系数,控制拉偏范围(为正常工作电压的 $85\%\sim120\%$),三思而后行。

以上这些检查方法各有特点,维修人员可以根据不同的故障现象加以灵活应用,逐步缩小故障范围,最终排除故障。

数控机床是机、电、液(气)、光等应用技术的结合,在诊断中应紧紧抓住微电子系统与机、液(气)、光等装置的结合点,这些结合点是信息传输的交点,了解此处信号的特征对故障诊断大有帮助,可以很快地初步判断故障发生的区段,如故障可能是在 CNC 系统、PLC、MT 还是液压等部分,以缩小检查范围。

七、常见电气控制线路故障检查方法

数控机床会经常发生电气故障。造成故障的原因主要有以下几个方面:对电气设备日常维护保养不当,操作者操作失误,在检修过程中操作不规范,被拖动的机械出现问题,电气控制线路接线端子松动,因振动使电器元件位移、电器元件损坏等。

电器元件故障以机床侧的低压电器故障与需日常维护保养的器件故障为主。低压电器工作的可靠性,取决于自身结构性能的可靠性,与机床的不同时期有关。但是,低压电器输出的正常与否,还取决于它们的激励输入是否正常,环境与电网的干扰是非正常输入。安装、调试与维修、操作方法不当,会直接影响低压电器的使用寿命与正常输出。负载效应,会导致低压电器的保护性动作。

因此,要想成为一名熟练的电气维修工,除了要掌握电气基本控制线路环节的安装和维修外,还要学会阅读、分析机床电气控制电路的方法、步骤,加深对典型控制线路环节的理解和应用,了解机床的机械、液压、电气三者的紧密关系,并在实践中不断地总结提高,才能搞好维修工作。

正确分析和妥善处理机床设备电气控制线路中出现的故障,首先要检查出产生故障的部位和原因,本节将重点介绍电压测试法、电阻测试法等几种基本故障检查方法。

(一)电压检查法

电压检查法是利用电压表或万用表的交流电压挡,对线路进行带电测量,是查找故障点的有效方法。电压检查法有电压分阶测量法和电压分段测量法。

1. 电压分阶测量法

测量检查时,首先把万用表的转换开关置于交流电压 500V 的挡位上,然后按如图 4-3 所示的方法进行测量。断开主电路,接通控制电路的电源。若按下启动按钮 SB1 或 SB3 时,接触器 KM 不吸合,则说明控制电路有故障。检测时,需要两人配合进行。一人先用万用表测量 0 和 1 两点之间的电压。若电压为 380V,则说明控制电路的电源电压正常。然后由另一人按下 SB1 不放,一人用黑表棒接到 0 点上,用红表棒依次接到 2、3、4、5 各点上,分别测量出 0～2、0～3、0～4、0～5 两点间的电压,根据测量结果即可找出故障点,见表 4-1。

表 4-1　电压分阶测量法查找故障点

故障现象	测试状态	0～2	0～3	0～4	0～5	故　障　点
按下 SB1 或 SB3 时,KM 不吸合	按下 SB1 不放	0	0	0	0	SB2 常闭触头接触不良
		380V	0	380V 或 0	380V 或 0	SB3 常闭触头接触不良
		380V	380V	0	0	SB1 触头接触不良
		380V	380V	380V	0	FR 常闭触头接触不良
		380V	380V	380V	380V	KM 线圈断路

2. 电压分段测量法

测量检查时,把万用表的转换开关置于交流电压 500V 的挡位上,按如图 4-4 所示的方法进行测量。首先用万用表测量 0 和 1 两点之间的电压。若电压为 380V,则说明控制电路的电源电压正常。然后,一人按下启动按钮 SB3 或 SB4,若接触器 KM 不吸合,则说明控制电路有故障。这时另一人可用万用表的红、黑两根表棒逐段测量相邻两点 1～2、2～3、3～4、4～5、5～0 之间的电压,根据其测量结果即可找出故障点,见表 4-2。

(二)电阻检查法

电阻检查法是利用万用表的电阻挡,对线路进行断电测量,是一种安全、有效的方法。电阻检查法有电阻分阶测量法和电阻分段测量法。

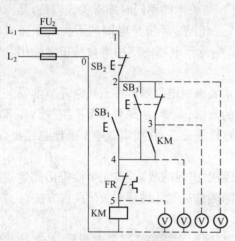

图 4-3 电压分阶测量法　　　　图 4-4 电压分段测量法

表 4-2 电压分段测量法所测电压值及故障点

故障现象	测试状态	1~2	2~3	3~4	4~5	5~0	故 障 点
按下 SB3 或 SB4 时,KM 不吸合	按下 SB3 或 SB4 不放	380V	0	0	0	0	SB1 常闭触头接触不良
		0	380V	0	0	0	SB2 常闭触头接触不良
		0	0	380V	0	0	SB3 或 SB4 常开触头接触不良
		0	0	0	380V	0	FR 常闭触头接触不良
		0	0	0	0	380V	KM 线圈断路

1. 电阻分阶测量法

测量检查时,首先把万用表的转换开关置于倍率适当的电阻挡,然后按图 4-5 所示方法测量。测量前先断开主电路电源,接通控制电路电源。若按下启动按钮 SB1 或 SB3 时,接触器 KM 不吸合,则说明控制电路有故障。检测时应切断控制电路电源(这点与电压分阶测量法不同),然后一人按下 SB1 不放,另一人用万用表依次测量 0~1、0~2、0~3、0~4 各两点间电阻值,根据测量结果可找出故障点,见表 4-3。

表 4-3 电阻分阶测量法查找故障点

故障现象	测试状态	0~1	0~2	0~3	0~4	故 障 点
按下 SB1 或 SB3 时,KM 不吸合	按下 SB1 不放	∞	R	R	R	SB2 常闭触头接触不良
		∞	∞	R	R	SB1 或 SB3 常开触头接触不良
		∞	∞	∞	R	FR 常闭触头接触不良
		∞	∞	∞	∞	KM 线圈断路
注:R 为 KM 线圈电阻值						

2. 电阻分段测量法

按图 4-6 所示方法测量时,首先切断电源,然后一人按下 SB3 或 SB4 不放,另一人把万用表的转换开关置于倍率适当的电阻挡,用万用表的红、黑两根表棒逐段测量相邻两点 1~2、2~3、3~4、4~5、5~0 之间的电阻,如果测得某两点间电阻值很大(∞),则说明该两点间接触不良或导线断路,见表 4-4。电阻分段测量法的优点是安全,缺点是测量电阻值不准确时,容易造成判断错误,为此应注意以下几点。

(1) 用电阻分段测量法检查故障时,一定要先切断电源。

(2) 所测量电路若与其他电路并联,必须断开并联电路,否则所测电阻值不准确。

(3) 测量高电阻电器元件时,要将万用表的电阻挡转换到适当挡位。

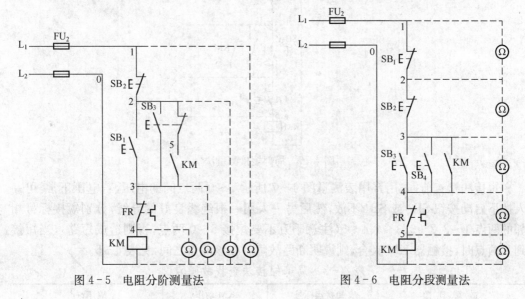

图 4-5 电阻分阶测量法   图 4-6 电阻分段测量法

表 4-4 分段测量法所测电阻值及故障点

故障现象	量点	阻值	故 障 点
按下 SB3 或 SB4 时, KM 不吸合	1~2	∞	SB1 常闭触头接触不良
	2~3	∞	SB2 常闭触头接触不良
	3~4	∞	SB3 或 SB4 常开触头接触不良
	4~5	∞	FR 常闭触头接触不良
	5~0	∞	KM 线圈断路

(三)短接检查法

机床电气设备的常见故障为断路故障,如导线断路、虚连、虚焊、触头接触不良、熔断器熔断等。对这类故障,除用电压法和电阻法检查外,还有一种更为简便可靠的方法,就是短接法。检查时,用一根绝缘良好的导线,将所怀疑的断路部位短接,若短接到某处时电路接通,则说明该处断路,如图 4-7 所示。

用短接法检查故障时必须注意以下几点。

(1) 用短接法检查时是用手拿着绝缘导线带电操作的,故一定要注意安全,避免触电。

(2) 短接法只适用于压降极小的导线及触头之类的断路故障,对于压降较大的电器,如电阻、线圈、绕组等断路故障不能采用短接法,否则会出现短路故障。

(3) 对于工业机械的某些要害部位,必须保证电气设备或机械设备不会出现事故的情况下,才能使用短接法。

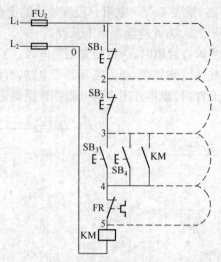

图 4-7 局部短接测量法

短接法检查前,先用万用表测量图 4-7 所示 1～0 两点间的电压,若电压正常,可一人按下启动按钮 SB3 或 SB4 不放,然后另一人用一根绝缘良好的导线,分别短接标号相邻的两点 1～2、2～3、3～4、4～5(注意千万不要短接 5～0 两点,否则造成短路),当短接到某两点时,接触器 KM 吸合,则说明断路故障就在该两点之间,见表 4-5。

表 4-5　局部短接法查找故障点

故 障 现 象	短接点标号	KM 动作	故 障 点
按下 SB3 或 SB4 时, KM 不吸合	1～2	KM 吸合	SB1 常闭触头接触不良
	2～3	KM 吸合	SB2 常闭触头接触不良
	3～4	KM 吸合	SB3 或 SB4 常开触头接触不良
	4～5	KM 吸合	FR 常闭触头接触不良

4.2　数控系统故障诊断与维修

数控系统(或称计算机数控系统)的性能和品质决定了数控机床的性能和档次。现代数控系统几乎覆盖了自动控制技术、电子技术、通信技术、机械制造技术等诸多领域。数控系统的先进性、复杂性特点给机床维修的理论、技术和手段上也带来了极大的变化。

数控系统种类繁多,形式各异,组成结构上都有各自的特点。这些结构特点来源于系统初始设计的基本要求和工程设计的思路。例如,车床数控系统(即 T 系统)和铣床数控系统(即 M 系统)就有很大的区别,前者适用于回转体零件的加工,后者适用于异形非回转体零件的加工。对于不同的生产厂家来说,基于历史发展因素以及各自因地而异的复杂因素的影响,其设计思想上也各有千秋。有的系统采用小板结构,便于板子更换和使用灵活相结合,而有的系统则趋向大板结构,使之有利于系统工作的可靠性,促使系统的平均无故障率不断提高。然而无论哪种系统,它们的基本原理和构成都是十分相似的。

数控系统由硬件控制系统和软件控制系统两大部分组成。其中硬件控制系统以微处理器为核心，采用大规模集成电路芯片、可编程控制器、伺服驱动单元、伺服电动机、各种输入/输出设备(包括显示器、控制面板、输入/输出接口等)等可见部件组成。软件控制系统即数控软件，包括数据输入/输出、插补控制、刀具补偿控制、加减速控制、位置控制、伺服控制、键盘控制、显示控制、接口控制等控制软件及各种参数、报警文本等。数控系统出现故障后，就要分别对软、硬件进行分析、判断，找到故障并维修。

由于现代数控系统的可靠性越来越高，数控系统本身的故障越来越低，而数控设备的外部故障日渐突出。数控设备的外部故障可以分为软件故障和外部硬件损坏引起的硬件故障。软件故障是指由于操作、调整处理不当引起的，这类故障多发生在设备使用前期或设备使用人员调整时期。外部硬件操作引起的故障是数控修理中的常见故障。一般都是由于检测开关、液压系统、气动系统、电气执行元件、机械装置出现问题引起的。这类故障有些可以通过报警信息查找故障原因。一般的数控系统都有故障诊断功能或信息报警，维修人员可利用这些信息手段缩小诊断范围。而有些故障虽有报警信息显示，但并不能反映故障的真实原因，这时需根据报警信息和故障现象来分析解决。

数控机床的修理，重要的是发现问题。特别是数控机床的外部故障，有时诊断过程比较复杂，但一旦发现问题所在，解决起来比较简单。对外部故障诊断应遵从以下两条原则：首先，要熟练掌握机床的工作原理和动作顺序；其次，要会利用 PLC 梯形图。数控系统的状态显示功能或机外编程器监测 PLC 的运行状态，一般只要遵从以上原则，小心谨慎，一般的数控故障都会及时排除。

下面介绍数控系统的常见故障，多采用列表法进行分析，以使读者了解和掌握数控系统故障分析和维修的思路和方法。

一、电源类故障诊断

电源是能源供应部分，电源不正常，电路板的工作必然异常。电源部分故障率较高，修理时应足够重视。在用外观法检查数控机床后，可先对其电源部分进行检查。

电路板的工作电源，有的是由外部电源系统供给；有的由板上本身的稳压电路产生。电源检查包括输出电压稳定性检查和输出纹波检查。输出纹波过大，会引起系统不稳定，用示波器交流输入挡可检查纹波幅值，纹波大一般由集成稳压器损坏或滤波电容不良引起。有些运算放大器、比较器用单电源供电，有些则用双电源供电；用双电源的运放器，要求正负供电对称，其差值一般不能大于 0.2V(具有调零功能的运放器除外)。

数控系统中对各电路板供电的系统电源大多采用开关型稳压电源。这类电源种类繁多，故障率也较高，但大部分都是分立元件，用万用表、示波器即可进行检查。维修开关电源时，最好在电源输入端接一只 1∶1 的隔离变压器，以防触电。另外，为了防止在修理过程中可能导致好的元件损坏，或引发新的故障，最好按图 4-8 所示的接线方法，使输入电

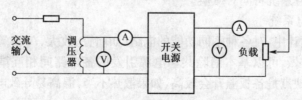

图 4-8　修理开关电源接线图

压从 0V 开始逐渐增大,在输入和输出回路中都有电流、电压检测,一旦发现有过压或过流现象,即可关掉总电源,不致造成损失。

1. CNC 供电系统的主要组成

一般 CNC 供电系统主要由低通滤波器、隔离变压器与直流稳压电源等组成。其中隔离变压器又根据电压、功率与作用需要的不同,又可以分成几个,如伺服电源变压器、控制变压器和继电器与接触器线圈用的配电变压器等。对于加工中心,往往还配有交流稳压器。更高级的加工中心,还配有分布参数低通滤波器,如图 4-9 所示。数控系统供电系统中采用的这些电器,具有不同的抗干扰作用。

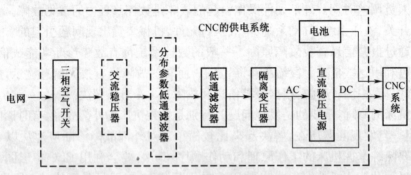

图 4-9 CNC 供电系统的组成

2. 数控供电系统的抗干扰措施

(1) 电源进线:应该避免与其他大功率、频繁启动的设备共用一条干线。

(2) 交流稳压器:它可消除过压、欠压造成的影响,减小电网波动。

(3) 低通滤波器:用来滤去电源进线中 50Hz 市电基波中的高频分量或脉冲电流。但是,当干扰脉冲幅度很大时滤波器内部电感元件往往会出现磁饱和,会导致滤波器功能丧失,强干扰信号便乘虚而入。

(4) 分布参数低通滤波器:利用几十米双扭导线间分布电感与分布电容来很好地滤去干扰脉冲,保证后面的低通滤波器始终工作在非磁饱和状态。

(5) 隔离变压器:用来阻断干扰信号的传递通路,并抑制干扰信号的强度。

(6) 直流稳压电源:将交流电转变成稳定的 DC5V、DC12V 或 DC24V,为 CNC 系统提供稳定的直流电。

抗电网干扰的主要措施:滤波、隔离与稳压。

3. 两种配电方式

1) 共用型供电系统

多个系统共有空气开关、隔离变压器、接触器、继电器或稳压电源的电源回路。一旦供电系统有故障,各系统将同时瘫痪。

2) 分立式供电系统

高级的电路设计中,对各种不同功能的电路(如前置、放大、A/D 等电路)单独设置供电系统电源。这样做,可以基本消除共享电源引发的各电路间相互耦合所造成的干扰。但是,这样做法的缺点是各板温升会较高,如果散热不当,温高易导致电子元件失效。

4. 三种电源

不同数控供电系统,具体的组件及其技术指标要求不尽相同,必须先查技术资料予以

248

了解。数控系统组成的不同单元要求不同的电源供给,包括不同的交流电源、直流电源或电池等。

(1) 交流电源:是控制系统电能的主要供给者,也是馈电给直流电源的供应源。

(2) 直流电源:一般是由交流变压后经直流稳压而输出多种而稳定的直流电压。供直流电给 CNC 装置、PLC 装置、CRT、面板开关与各种接口电路,以及各直流继电器的需要。大多数直流稳压电源是开关电源。

(3) 电池电源:是控制系统断电期间 RAM 存储器的电能来源。

注意:不同电源,接口检查方法也有所不同。

5. 交流电源的检查

一般包括检查电源进线、相序与熔断器是否满足要求,交流入线是否与外壳连通,以及检查电源系统输出是否正常——电压的幅值的波动、频率的稳定性是否满足机床要求。

6. 直流稳压电源的常见故障的诊断与处理

当 CRT 不显示或显示不稳,出现数控装置无输出或输出不正常问题时,往往需要检查直流稳压电源。数控系统中的直流稳压电源大多为开关电源,故障率较高。直流稳压电源的工作原理图如图 4-10 所示。

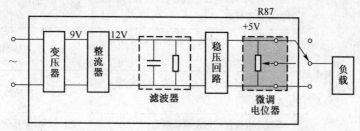

图 4-10 直流稳压电源工作原理图

开关电源常见故障现象与成因见表 4-6。其中,较多见的故障现象是:输出电压纹波过大,引起系统不稳定。其多数成因是由稳压管损坏引起的,部分成因是由于滤波电容的击穿或失效导致的滤波不良。

表 4-6 开关电源中常见故障现象及其成因

故 障 现 象			成 因
无输出电压	保险丝熔断	保险管发黑有亮斑	高压滤波电容或整流管击穿等引起严重短路
		保险管不黑	常见为个别开关管击穿或不良造成慢慢熔断
	保险丝不断		负载电器有过流或过压保护装置动作断开输入(负载效应)
			逆变器故障:器内开关管击穿或高频变压器开路
			整流、滤波电路故障而无输出
输出电压不准,超出电压额定变化范围(±5%)		调整输出电位器奏效	电压调节电位器漂移——可修复
		调整电压电位器无效	电位器坏或稳压管坏——不可修复
		仅某挡电压偏差大	该挡整流二极管损坏
		负载能力差	环增益降低、检测电路非线性状态等参数变化太大,使电路工作点偏离线性区域
开关电源发出周期性"滴嗒"声(通常是工作频率过低现象)			定时回路中电容器容量变大,使定时震荡频率变低,使开关电源工作不正常,可用示波器检测其中 PWM。正常频率为 20kHz 左右

7. 电池电源的故障与测试

机床的突然停电或 RAM 存储器的电池及其充电回路故障,造成输出不正常或无输出,会导致 RAM 内存储的程序或参数丢失或混乱,对应的故障现象有机床不动作、误动作、失控、多种报警停机或不报警停机等。一般可用万用表相应的直流电压挡来测量电池的输出。当输出电压不正常或无输出时,对于不同情况,有不同的成因。

(1) 有过突然停电或机床长期不通电的情况,成因是电池充电回路失电。

(2) 对应闲置很久的机床,就需要用万用表追踪测量方法来检查。可能成因有电池充电回路中存在氧化锈蚀造成的接触不良、充电回路的输入不正常。

(3) 老机床就需要考虑电池寿命已到,需要更换。

注意:电池更换一般必须在系统通电的情况下进行,并应避免电池安装时的接触不良。

常见的电源类故障及排除见表 4-7。

表 4-7 常见的电源类故障及排除

故障现象	故 障 原 因		排 除 方 法
系统上电后系统没有反应电源不能接通	电源指示灯不亮	没有提供外部电源,电源电压过低、缺相或外部形成了短路	检查外部电源
		电源的保护装置跳闸或熔断形成了电源开路	合上开关,更换熔断器
		PLC 的地址错误或者互锁装置使电源不能正常接通	更改 PLC 的地址或接线
		系统上电按钮接触不良或脱落	更换按钮,重新安装
		电源模块不良、元器件的损坏引起的故障(如熔断器熔断、浪涌吸收器短路等)	更换元器件或电源模块
	电源指示灯亮系统无反应	接通电源的条件未满足	检查电源的接通条件
		系统黑屏	修复显示模块电源
		系统文件被破坏,没有进入系统	修复系统
强电部分接通后马上跳闸		机床设计时选择的空气开关容量过小,或空气开关的电流选择拨码开关选择了一个较小的电流	更换空气开关,或重新选择使用电流
		机床上使用了较大功率的变频器或伺服驱动,并且在变频器或伺服驱动的电源进线前没有使用隔离变压器或电感器,变频器或伺服驱动在上强电时电流有较大的波动,超过了空气开关的限定电流,引起跳闸	在使用时需外接一电抗
		系统强电电源接通条件未满足	逐步检查电源上强电所需要的各种条件
电源模块故障		整流桥损坏引起电源短路	更换
		续流二极管损坏引起的短路	更换
		电源模块外部电源短路	调整线路
		滤波电容损坏引起的故障	更换
		供电电源功率不足使电源模块不能正常工作	增大供电电源的功率

故障现象	故障原因	排除方法
系统在工作过程中突然断电	切削力太大，使机床过载引起空气开关跳闸	调整切削参数
	机床设计时选择的空气开关容量过小，引起空气开关跳闸	更换空气开关
	机床出现漏电	检查线路

二、系统显示类故障诊断与维修

数控系统不能正常显示的原因很多，当系统的软件出错，在多数情况下会导致系统显示的混乱、不正常或无法显示。电源出现故障、系统主板出现故障也都有可能导致系统的不正常显示。显示系统本身的故障是造成系统显示不正常的主要原因。因此，系统在不能正常显示的时候，首先要分清造成系统不能正常显示的主要原因，不能简单地认为系统不能正常显示就是显示系统的故障。

数控系统显示的不正常，可以分为完全无显示和显示不正常两种情况。当系统电源、系统的其他部分工作正常时，系统无显示，在大多数的情况下是由硬件原因引起的；而显示混乱或显示不正常，一般来说是由系统软件引起的。当然，系统不同，引起的原因也不同，要根据实际情况进行分析研究。系统显示类常见故障及排除方法见表4-8。

表4-8　系统显示类常见故障及排除

故障现象	故障原因	排除方法
运行或操作中出现死机或重新启动	参数设置错误或参数设置不当	正确设置参数
	同时运行了系统以外的其他内存驻留程序，正从软盘或网络调用较大的程序或者从已损坏的软盘上调用程序	停止部分正在运行或调用的程序
	系统文件受到破坏或者感染了病毒	用杀毒软件检查软件系统，清除病毒或者重新安装系统软件进行修复
	电源功率不够	确认电源的负载能力是否符合系统要求
	系统元器件受到损害	检查后更换
系统上电后花屏或乱码	系统文件被破坏	修复系统文件或重装系统
	系统内存不足	对系统进行整理，删除系统垃圾
	外部干扰	增加一些防干扰的措施
系统上电后，NC电源指示灯亮，但是屏幕无显示或黑屏	显示模块损坏	更换显示模块
	显示模块电源不良或没有接通	对电源进行修复
	显示屏由于电压过高被烧坏	更换显示屏
	系统显示屏亮度调节过暗	对显示屏亮度进行重新调整
主轴有转速，但CRT无速度显示	主轴编码器损坏	更换主轴编码器
	主轴编码器电缆脱落或断线。主轴参数设置不对或者编码器反馈的接口不对	重新焊接电缆，正确设置系统参数

故障现象	故障原因	排除方法
主轴实际转速与所发指令不符	主轴编码器每转脉冲数设置错误	正确设置主轴编码器的每转脉冲数
	PLC程序错误	检查PLC程序中主轴速度和D/A输出部分的程序,修改PLC程序
	速度控制信号电缆连接错误	重新焊接电缆
数控系统上电后,屏幕显示高亮,但没有内容	数控系统显示屏亮度调节过亮	对亮度进行重新调整
	数控系统文件被破坏或者感染了病毒,显示控制板出现故障	用杀毒软件清除系统病毒,或重装系统软件进行修复,或更换显示控制板
数控系统上电后,屏幕显示暗淡,但是可以正常操作,系统运行正常	数控系统显示屏亮度调节过暗	对亮度进行重新调整
	显示屏亮度灯管的调节	更换显示器或显示器的灯管
	显示控制板出现故障	更换显示控制板
主轴转动时,显示屏上没有主轴转速显示;或转进给时主轴转动,但进给轴不动	主轴位置编码器与主轴连接的齿形皮带断裂	更换皮带
	主轴位置编码器连接电缆断线	找出断线点,重新焊接或更换电缆
	主轴位置编码器的连接插头接触不良	重新将连接插头插紧
	主轴位置编码器损坏	更换损坏的主轴位置编码器

三、数控系统软件故障诊断与维修

1. 组成

数控系统软件由管理软件和控制软件组成。管理软件包括I/O处理软件、显示软件、诊断软件等。控制软件包括译码软件、刀具补偿软件、速度处理软件、插补计算软件、位置控制软件等。数控系统软件组成见表4-9。数控系统的软件结构和数控系统的硬件结构两者相互配合,共同完成数控系统的具体功能。

表4-9 数控系统软件主要组成

分类	名称	说明	制造者
I	启动芯片	存储或固化到EPROM中	系统生产厂
	基本系统软件		
	加工、测量循环		
II	数控系统数据	存储或固化到EPROM或RAM中	机床生产厂
	PLC参数数据		
	PLC程序、报警文本		
III	加工程序	存储在RAM中	机床用户
	补偿、偏置参数		
	R参数		

2. 常见故障原因

软件故障一般由软件里文件的变化或丢失而造成。软件故障可能形成的原因如下。

（1）误操作：在调试用户程序或者修改参数时，操作者删除或更改了软件内容，从而造成了软件故障。

（2）供电电池电压不足：为 RAM 供电的电池或电池电路短路或断路、接触不良等都会造成 RAM 得不到维持电压，从而使系统丢失软件及参数。

（3）干扰信号：有时电源的波动或干扰脉冲会串入数控系统总线，引起时序错误或使数控装置停止运行。

（4）软件死循环：运行比较复杂程序或进行大量计算时，有时会造成系统死循环，引起系统中断，造成软件故障。

（5）系统内存不足：系统进行大量计算或者误操作时，引起系统内存不足而引起死机。

（6）软件的溢出：调试程序时修改参数不合理或进行大量错误操作，引起软件的溢出。

数控系统软件故障及排除见表 4-10。

表 4-10　数控系统软件故障及排除

故障现象	故障原因	排除方法
不能进入系统，运行系统时，系统界面无显示	可能是计算机被病毒破坏，也可能是系统文件被病毒损坏或丢失	重新安装数控系统
	电子盘或硬盘物理损坏	电子盘或硬盘在频繁的读写中有可能损坏，这时应修复或更换电子盘或硬盘
	系统 CMOS 设置不对	更改计算机的 CMOS
运行或操作中出现死机或重新启动	参数设置不当	正确设置系统参数
	同时运行了系统以外其他内存驻留程序	停止正在运行或调用的程序
	正从软盘或网络调用较大的程序	
	从已损坏的软盘上调用程序	
	系统文件被破坏①	用杀毒软件清除病毒，或者重装系统
系统出现乱码	参数设置不合理	正确设置系统参数
	系统内存不足或操作不当	对系统文件进行整理，删除系统垃圾
操作键盘不能输入或部分不能输入	控制键盘的芯片出现问题	更换控制芯片
	系统文件被破坏	重新安装数控系统
	主板电路或连接电缆出现问题	修复或更换
	CPU 出现故障	更换 CPU
I/O 单元出现故障，输入输出开关量工作不正常	I/O 控制板电源没有接通或电压不稳	检查线路，改善电源
	电流电磁阀、抱闸连接续流二极管损坏②	更换续流二极管
数据输入/输出接口（RS232）不能正常工作	系统外部设备设定错误或硬件出现故障③	对设备重新设定，更换损坏的硬件
	参数设置的错误④	按照系统的要求正确地设置参数
	通信电缆出现问题⑤	对通信电缆进行重新焊接或更换

故障现象	故 障 原 因	排 除 方 法
系统网络连接不正常	硬件故障	对损坏的硬件进行更换
	系统参数设置或文件配置不正确	按照系统要求正确设置参数
	通信电缆出现问题	对通信电缆进行重新焊接或更换

① 系统在通信时或用磁盘复制文件时，有可能感染病毒，用杀毒软件检查并清除病毒或者重新安装系统软件进行修复。

② 各个直流电磁阀、抱闸一定要正确连接续流二极管，否则，在电磁阀断开时，因电流冲击使得 DC24V 电源输出品质下降，造成数控装置或伺服驱动器随机故障报警。

③ 在进行通信时，操作者首先确认外部的通信设备是否完好，电源是否正常。

④ 通信时需要将外部设备的参数与数控系统的参数相匹配，如波特率、停止位必须设成一致才能够正常通信。外部通信端口必须与硬件相对应。

⑤ 不同的数控系统，通信电缆的管脚定义可能不一致，如果管脚焊接错误或者是虚焊等，通信将不能正常完成。另外通信电缆不能够过长，以免引起信号的衰减，导致故障

四、参数设定错误引起的故障

1. 参数的重要性

数控机床在出厂前已将所用的系统参数进行了调试优化，但有的数控系统还有一部分参数需要到用户那里去调试。如果参数设置不对或者没有调试好，就有可能引起各种各样的故障现象，直接影响到机床的正常工作和性能的充分发挥。在数控机床维修的过程中，有时也利用参数来调试机床的某些功能，而且有些参数需要根据机床的运动状态来进行调整。有的系统参数很多，维修人员逐一去查找不现实，因此应针对性地去查找故障。另外机床调试好后应做好备份工作，必要的时候进行数据恢复。

数控机床的参数按性质可分为普通型参数和秘密级参数。普通型参数是数控厂家在各类公开发行的资料中公开的参数，对参数都有详细的说明及规定，有些允许用户进行更改调试。秘密级参数是数控厂家在各类公开发行的资料中不公开的参数，或者是系统文件中进行隐藏的参数，此类参数只有数控厂家能进行更改与调试，用户没有更改的权限。

2. 数控系统参数丢失的常见原因

1）数控系统的后备电池失效

后备电池的失效将导致全部参数的丢失。数控机床长时间停用最容易出现后备电池失效的现象。机床长时间停用时应定期为机床通电，使机床空运行一段时间，这样不但有利于后备电池的使用时间延长，及时发现后备电池是否无效，更重要的是可以延长整个数控系统，包括机械部分的使用寿命。

2）操作者的误操作使参数丢失或者受到破坏

这种现象在初次接触数控机床的操作者中经常遇到。由于误操作，有的将全部参数进行清除，有的将个别参数更改，有的将系统中处理参数的一些文件不小心进行了删除，从而造成了系统参数的丢失。

3）机床在 DNC 方式下加工工件或者在进行数据传输时电网突然停电

参数是整个数控系统中很重要的一部分，如果参数出现了问题可以引起各种各样的问题，所以在维修调试的时候一定要注意检查参数。首先排除因为参数设置不合理而引

起的故障,再从别的位置查找问题的根源。

五、数控系统电磁干扰故障诊断

1. 干扰类型

干扰主要分为传导型干扰和辐射型两类,如图4-11所示。

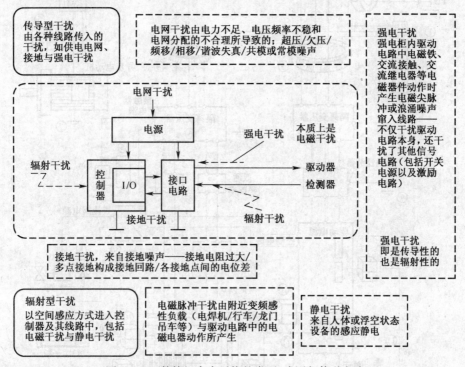

图4-11　数控机床中干扰的类型、成因与传递方式

通常可认为,数控机床中存在着电网干扰、接地干扰与电磁干扰。电网干扰和接地干扰是传导型干扰——由电缆传入的干扰,电磁干扰同时具有传导性和辐射性。

2. 抗干扰设计

(1) 电气控制柜应该采用冷轧钢板制作,为了保证电柜的电磁一致性,应采用一体结构或焊接。

(2) 电柜安装板采用镀锌钢板,以提高系统的接地性能。

(3) 控制柜内各个部件按照强、弱电分开安装、布线。

(4) 各屏蔽电缆进控制柜的入口处,屏蔽层要接地。

(5) 各进给驱动电动机、主轴驱动电动机的动力线和反馈线直接接入驱动单元,不得经过端子转接。

(6) 各位置反馈线、指令给定线、通信线等弱电信号线必须采用屏蔽电缆,单股线直径不低于$0.2mm^2$,若采用双绞双屏蔽电缆则更佳。

(7) 开关量端子板、编码盘反馈屏蔽电缆中电源线采用多芯绞合共用,以提高信号电源和这些部件的抗干扰能力。

(8) 各部件外壳必须可靠接地。

（9）各结构间应可靠接地、共地。

图4-12为某数控系统抗干扰综合设计实例。

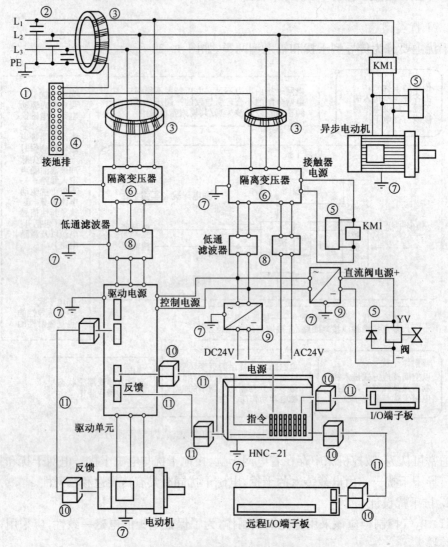

图 4-12 抗干扰设计实例

图中各器件的逻辑控制部件与电路省略，注意事项说明如下。

① 必须对系统提供可靠接地，接地电阻小于 4Ω，并在控制柜内最近的位置接入 PE 接地排。

② 电源线进入电柜的位置（总空气开关前）三相对地接高压（2000V）瓷片电容，可非常明显地减少电源线进入的干扰（脉冲、浪涌）。

③ 各线在磁环上绕 4～5 圈。

④ 接地排采用厚度不低于 3mm 的铜板制作，保证良好接触、导通。

⑤ 大电感负载（交流接触器线圈、三相异步电动机、交流电磁阀线圈等）要采用 RC 灭弧器吸收高压反电势，抑制干扰信号。

⑥ 伺服电源、控制电源、数控系统电源采用隔离变压器供电。

256

⑦ 各部件外壳、屏蔽层可靠接地,重要部件及控制柜之间的接地线截面积应不低于 2mm²。

⑧ 重要部件如数控系统的交流电源应采用低通滤波器,以减少工频电源上的高频干扰信号。

⑨ 若数控单元的电源采用直流 24V,则可与输入/输出开关量共用一个电源,建议采用开关电源;直流阀、抱闸线圈的直流电源应与前者分开采用独立的电源。

⑩ 各信号屏蔽电缆特别是码盘反馈与指令给定电缆在两端加穿过式铁氧体磁芯,可有效提高信号传输的可靠性。

⑪ 屏蔽电缆的屏蔽层应厚而密实,不应有空隙,每单根线应为多芯绞线,截面积不低于 0.2mm²,信号电源线应采用多根并用(一般电源与电源地各用 3 根)。若采用双绞双屏蔽电缆则效果更好。

项目 4-1　FANUC 数控系统的诊断与报警

一、目标

(1) 掌握 CNC 状态显示。

(2) 学会使用数控系统的诊断功能。

(3) 了解 FANUC 数控系统常见的系统报警。

二、工具

CK6136 数控车床、XH7132 加工中心等。

三、内容

1. CNC 状态显示

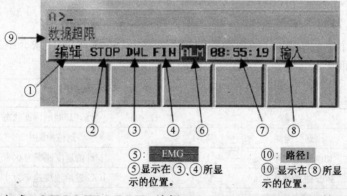

① 当前的方式。MDI、MEM、RMT、编辑、HND、JOG、INC、REF 等。

② 自动运行状态。STOP、HOLD、STRT 等。

③ 轴移动中状态、暂停状态。MTN 表示轴在移动之中、DWL 表示处在暂停状态等。

④ 正在执行辅助功能的状态。FIN 表示正在执行辅助功能的状态(等待来自 PMC 的完成信号)。

⑤ 紧急停止状态或复位状态。EMG 表示处在紧急停止状态(反相闪烁显示)、RESET 表示正在接收复位信号的状态。

⑥ 报警状态(反相闪烁显示)。ALM 表示已发出报警的状态、BAT 表示锂电池(CNC 的后备用电池)的电压下降、APC 表示绝对脉冲编码器的后备用电池的电压下降、FAN 表示 FAN 转速下降等。

⑦ 当前时间。

⑧ 程序编辑状态/运行状态。输入表示正在输入数据的状态、输出表示正在输出数据的状态、搜索表示正在进行搜索的状态、EDIT 表示正在进行其他编辑操作的状态等。

⑨ 数据设定或输入/输出的报警显示。在试图设定数据时,键入的数据有误(错误格式、超出设定范围的数值等)时,以及处在不能输入的状态(错误方式、禁止写入等)时,会显示出相应于该原因的报警信息。

⑩ 路径名称。显示出表示状态的路径号。

2. 系统诊断

按下功能键 SYSTEM→按软键[诊断],即出现诊断画面。

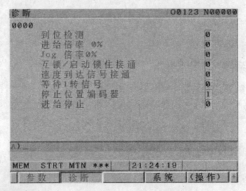

#000～#050:常用诊断;

#200～#280:伺服报警;#300～#364:伺服诊断;

#400～#460:主轴诊断(如#450 刚性攻丝);

#710～#719:主轴状态等。

下面是几个常用的诊断,伺服和主轴有关的诊断在后面相应模块介绍。

(1) 显示即使发出指令也没有反应的原因。

0	CNC 的内部状态 1
名　称	显示"1"时的内部状态
到位检测	到位检测中
切削进给速率 0%	进给速度速率为 0%
JOG 进给速率 0%	JOG 进给速度速率为 0%
互锁/启动锁停	互锁/启动锁停接通
等待速度到达信号	等待速度到达信号接通
旋转 1 周信号等待	螺纹切削中等待主轴旋转 1 周信号
位置编码器停止	主轴每转进给中等待位置编码器的旋转
停止进给	进给停止中

258

(2) CNC 画面的显示语言。

| 43 | CNC 画面的当前显示语言的编号 |

其中,0:英语,15:中文(简体字)。

3. 操作监控显示

操作监控画面的显示:

(1) 将显示操作监控画面的参数 OPM(No.3111#5)设定为1。

(2) 按下功能键→按继续菜单键→按下软键[监控],则显示操作监控画面,如下图所示。

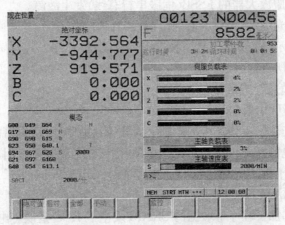

可以显示出伺服轴的负载表以及串行主轴的负载表以及速度表。

4. 系统报警(SYS ALM＊＊＊)

FANUC16i/18i/21i/0iB/0iC 系统中,当系统电源打开后,如果电源正常,数控系统则会进入系统版本号显示画面,系统开始初始化。首先系统软件从 FROM 装载到动态存储器 DRAM 中,进行系统软件初始化。然后进行系统各功能模块的设定及功能模块与系统主板上 CPU BUS 总线的初始化。如果系统出现硬件故障或系统软件不良,显示屏上会出现 900～976 号系统报警提示用户。系统初始化正常后,进行 PMC 软件及 PMC 程序初始化,如果有故障则系统发出 ER01～ER99 的 PMC 报警。最后,系统进行数字伺服初始化,即系统从 FROM 中装载系统数字伺服软件到主板的 RAM 中,如果系统的伺服硬件或软件不良,则系统发出"4##"伺服报警。系统完成整个初始化后,才进入正常的显示画面。

1) 900 号报警(ROM 奇偶校验错误)

发生了 ROM 奇偶错误。在 FROM/SRAM 模块上的闪存里,存储的软件有 CNC 系统软件、伺服软件、PMC 管理软件和 PMC 梯图。在开机时这些软件先登陆到 DRAM 模块的 RAM 后才开始执行。如果存储在 FROM/SRAM 模块的软件被破坏,就发生 ROM 奇偶报警。

处理方法:重新写入系统软件;更换 FROM/SRAM;更换轴控制卡;更换主 CPU 板。

2) 912～919 报警(DRAM 奇偶校验错误)

开机时,CNC 的管理软件从 FROM 登录到 DRAM,在 DRAM 中被执行。DRAM 上发生了奇偶校验错误。如果由于外部原因导致 DRAM 上的数据被破坏,或者如果 CPU

卡故障,就会发生这些报警。

处理方法:环境干扰测试;重新写入系统软件;更换 CPU 卡。

3) 920 报警(伺服报警)

在轴控制卡的回路发生监测错误或 RAM 奇偶错误。920 报警显示 1~4 轴的控制回路发生了上述错误。光缆、轴控制卡、CPU 卡或主板有可能出现故障。

处理方法:环境干扰测试;重新安装伺服软件并初始化;更换光缆;更换轴控制卡;更换 CPU 卡;更换主板(主 CPU 板)。

4) 926 报警(FSSB 报警)

连接 CNC 和伺服放大器的 FSSB(伺服串行总线)发生故障。

处理方法:连接光缆;伺服放大器的电源故障;轴控制卡。

检查从 LED 显示"L"或"一"的伺服放大器到 LED 显示"U"的伺服放大器之间的连接光缆是否不良;若所有伺服放大器 LED 显示"一"或"U",则检测 CNC 与第一个伺服放大器之间的连接光缆是否不良。

5) 930 报警(CPU 中断)

在正常运行中产生了不该产生的中断。无法确认故障原因,有可能是 CPU 外围电路发生故障。如果在电源断开再接通后运行正常,则可能是外部干扰引起的。

处理方法:环境干扰测试;更换 CPU 卡;更换主 CPU 板。

6) 935 报警(SRAM ECC 错误)

用来存储参数和加工程序等数据的 SRAM 发生了 ECC 错误。电池没电或一些外部原因造成 SRAM 内部数据遭破坏,就发生此报警。也有可能是 FROM/SRAM 模块或主板出故障。

处理方法:检查、更换电池;全清存储器;更换 FROM/SRAM 模块;更换主 CPU 板。

7) 950 报警(PMC 系统报警)

如果检测到 PMC 错误,就发生此报警。可能的原因包括 I/O Link 通信错误和 PMC 控制电路失效。

处理方法:环境干扰测试;检查 I/O Link 连接电缆;检查 I/O 设备及其外部电源;更换 CPU 卡;更换主 CPU 板。

8) 951 报警(PMC 监测报警)

如果检测到 PMC 出错(监测报警),就发生此报警。可能原因为 MC 控制回路异常。

处理方法:检查 I/O 设备;更换 CPU 卡;更换主 CPU 板。

9) 972 报警(功能板上的 NMI 报警)

功能板上检测到错误发生此报警,与主 CPU 板无关。

处理方法:按照显示的插槽号码更换相应的功能板。

10) 974 报警(F-总线错误)

连接每个功能板的 FANUC-总线发生错误。在主 CPU 和某功能板进行数据交换过程中发生了错误。

处理方法:更换 CPU 卡;更换主板;更换功能板。

11) 976 报警(局部总线错误)

主 CPU 板的局部总线发生错误。在主 CPU 板内部进行数据交换过程中发生了错误。

处理方法：更换 CPU 卡；更换其他卡及模块；更换主 CPU 板。

4.3 进给驱动系统故障诊断与维修

伺服驱动系统出现的故障率，约占数控机床总故障的 1/3。所以，熟悉伺服系统典型的故障类型、现象，掌握不同故障现象的正确诊断分析思路，合理应用所学的诊断方法是十分重要的。

一、进给故障分析思路

故障分析的正确思路，来自于对系统组成及其工作原理的认识。图 4-13 为普通半闭环伺服系统简图，图 4-14 为普通全闭环伺服系统组成框图。下面简单介绍系统的链路构成，以便于建立正确分析故障的思路。

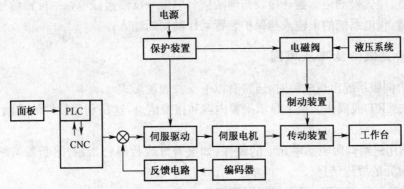

图 4-13 普通半闭环伺服系统简图

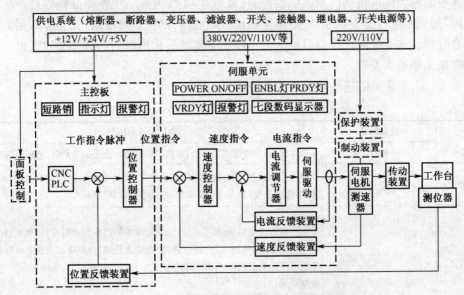

图 4-14 普通全闭环伺服系统的组成框图

1. 主链

包括从面板控制键、主板、伺服驱动单元、伺服电机、传动装置与制动装置，直到工作台或驱动轴等环节。它包括机械装置和电气装置。伺服系统的可能故障，除机械故障（包括液/气压系统故障）外，其电气结构还可能存在硬件故障与软件故障。

2. 反馈链

反馈回路分别具有各自的传感器、反馈信号处理装置以及传感器电源与信号复合电缆。传感器的电源供给输入与检测信号的反馈输出，都是经过电缆与控制器上的 I/O 接口连接的。所以，一般讲反馈回路的硬件包括检测传感器、连接电缆（包括屏蔽与接地）和控制器反馈接口电路。它们都可能成为伺服系统控制类故障的成因。

3. 供电链路

即供电系统，包括熔断器、断路器、变压器、接触器、继电器、开关电源等。

当出现伺服故障时，应注意分析三条链路的输入是否正常。

主链：正输入：来自 CNC 的指令，涉及 NC、PLC 与总线等。

负输入：面板急停，来自电机与传动，制动的阻力即负载效应。

反馈链：位置检测传感器→接线与屏蔽信号电缆→反馈接口电路的反馈信号负输入。

供电链：供电系统的正输入与保护装置动作的切断输入。

二、常见进给故障及原因

当进给伺服系统出现故障时，通常有以下三种表现形式。

(1) 在 CRT 或操作面板上显示报警内容和报警信息，这是利用软件的诊断程序来实现的。

(2) 利用进给伺服驱动单元上的硬件（如报警灯或数码管指示、熔断器熔断等）显示报警驱动单元的故障信息。

(3) 进给运动不正常，但无任何报警信息。

其中前两类都可根据厂家提供的产品《维修说明书》中有关"各种报警信息产生的可能原因"的提示进行分析判断，一般都能确诊故障原因、部位。对于第三类故障，则需要进行综合分析。这类故障往往是以机床上工作不正常的形式出现的，如机床失控、机床振动及工件加工质量太差等。

表 4-11 为常见的进给功能故障及原因。

表 4-11　进给功能故障常见原因一览表

序号	故障模式	常见故障原因
1	超程	程序错误；操作错误，如对刀有误；零件太大，超出加工范围；超程回路短路
2	回参考点故障	参考点减速开关硬件故障、污染或连接；编码器或光栅尺（检测元件）硬件故障、污染或连接；参考点挡块移位；相关参数设置错误
3	位置误差/偏差过大	相关参数设置错误（如增益过大、位置偏差值过小）；伺服过载/负载过大；编码器或光栅尺（检测元件）硬件故障、污染或连接；伺服驱动器或其连接；伺服输入电压过低或缺相；连接松动等造成机械传动间隙过大；系统主板的位置或速度单元；干扰

序号	故障模式	常见故障原因
4	过载(CNC、驱动器过载过流报警)	伺服过载/负载过大;频繁正反向运动;进给轴启动条件未满足,使能信号没接通;编码器或光栅尺(检测元件)硬件故障、污染或连接;伺服驱动器或其连接
5	伺服电机不转	数控装置速度、位置控制信号未输出;进给轴启动条件未满足,使能信号没接通;伺服电机制动阀未释放;伺服驱动器或其连接;伺服电动机故障;相关参数设置错误
6	漂移	干扰
7	爬行	伺服过载/负载过大;进给传动润滑不良;机械传动连接松动、紧固件松动,如联轴器松动;相关参数设置错误,伺服增益过低
8	窜动	编码器或光栅尺(检测元件)硬件故障、污染或连接;伺服驱动器或其连接;系统主板的位置或速度单元;干扰;机械传动连接松动、紧固件松动,如联轴器松动;连接松动等造成机械传动间隙过大;相关参数设置错误,伺服增益过大
9	位置超调(过冲)	编码器或光栅尺(检测元件)硬件故障、污染或连接;相关参数设置错误,增益过大、加减速时间过小
10	运动失控(飞车)	编码器或光栅尺(检测元件)硬件故障、污染或连接;伺服驱动器或其连接;系统主板的位置或速度单元
11	超速	编码器或光栅尺(检测元件)硬件故障、污染或连接;伺服驱动器或其连接;系统主板的位置或速度单元;相关参数设置错误,如加速时间;机械传动连接松动、紧固件松动,如联轴器松动
12	噪声、振动、抖动、摆动	编码器或光栅尺(检测元件)硬件故障、污染或连接;伺服驱动器或其连接;相关参数设置错误,如增益过高;伺服电动机故障
13	尖叫声(高频振荡)	相关参数设置错误,如增益过大、积分时间过小
14	定位精度不准	机械传动部件安装精度与定位精度;机械传动连接松动、紧固件松动,如联轴器松动;连接松动等造成机械传动间隙过大;相关参数设置错误,如伺服增益偏小,电子齿轮比设置不当等;系统主板的位置或速度单元;伺服驱动器或其连接;编码器或光栅尺硬件故障、污染或连接
15	工件尺寸超差	相关参数设置错误,增益设置不当,反向间隙设置有误;机械传动连接松动、紧固件松动,如联轴器松动;连接松动等造成机械传动间隙过大;编码器或光栅尺(检测元件)硬件故障、污染或连接;干扰

项目 4-2 伺服系统的诊断与报警

一、目标

(1) 学会使用 FANUC 数控系统的伺服诊断功能与伺服报警解决故障。

(2) 了解 HSV-16 伺服驱动器常见的故障及处理。

二、工具

CK6136 数控车床、XH7132 加工中心等。

三、内容

（一）FANUC 数控系统中与伺服有关的诊断

（1）串行编码器的报警细节。诊断号 200～204 如前所述，外置串行脉冲编码器的报警细节参照诊断号 205、206。

（2）伺服参数非法报警的细节（CNC 一侧）。在发生报警（SV0417），且诊断 203♯4＝0 的情况下，显示该原因。诊断 203♯4＝1 时，请参阅诊断号 352。

	♯7	♯6	♯5	♯4	♯3	♯2	♯1	♯0
280				DIR	PLS	PLC		MOT

♯0　MOT　参数（No.2020）的电机型号设定了指定范围以外的数值。

♯2　PLC　参数（No.2023）的电机每转速度反馈脉冲数设定了小于等于 0 的错误数值。

♯3　PLS　参数（No.2024）的电机每转的位置反馈脉冲数设定了小于等于 0 错误数值。

♯4　DIR　参数（No.2022）的电机旋转方向没有设定正确的数值（111 或 −111）。

（3）位置偏差量。

300	以检测单位显示每个轴的位置偏差量

$$位置偏差量 = \frac{进给速度[\text{mm/min}] \times 100}{60 \times 伺服环增益[1/\text{sec}]} \times \frac{1}{检测单位}$$

（4）机械位置。

301	以最小移动单位显示每个轴自参考点的距离

（5）从减速挡块末端（无挡块参考点开始位置）到最初栅格点的距离。

302	从减速挡块末端到最初的栅格点之间的距离

（6）参考计数器容量。

304	每个轴的参考计数器值

（7）电机温度信息。

308	伺服电机温度（℃）

309	脉冲编码器温度（℃）

（8）伺服参数设定非法报警的细节（伺服一侧）。

352	伺服参数非法报警的详细编号

输出用于确定伺服参数非法报警 SV0417 在伺服一侧的发生部位（参数）及发生原因的信息。本诊断信息满足下列条件时有效：正在发生报警（SV0417）且诊断 203♯4（PRM）＝1。有关与所显示编号对应的原因和对策，请参阅相应维修说明书和伺服参数

说明书。

(9) 脉冲信息。

360	指令脉冲累积值(NC)

此参数表示通电后从 CNC 分配的移动指令的累积值。

361	补偿脉冲(NC)

此参数表示通电后从 CNC 分配的补偿脉冲(背隙补偿、螺距误差补偿等)的累积值。

362	指令脉冲累积值(SV)

此参数表示通电后伺服所接收到的移动脉冲和补偿脉冲的累积值。

363	反馈累积值(SV)

此参数表示通电后伺服从脉冲编码器接收到的位置反馈的累积值。

(二) FANUC 数控系统常见的伺服报警

表 4-12、表 4-13、表 4-14 为 FANUC 0iD 系统伺服报警、编码器报警和 FSSB 报警的信息及内容。

表 4-12 FANUC 0iD 系统伺服报警

报警号	信 息	内 容
SV0401	伺服 V——就绪信号关闭	位置控制的就绪信号(PRDY)处在接通状态而速度控制的就绪信号(VRDY)被断开
SV0403	硬件/软件不匹配	轴控制卡和伺服软件的组合不正确。可能是由于如下原因所致。①没有提供正确的轴控制卡。②闪存中没有安装正确的伺服软件
SV0404	伺服 V——就绪信号通	位置控制的就绪信号(PRDY)处在断开状态而速度控制的就绪信号(VRDY)被接通
SV0407	误差过大	同步轴的位置偏差量超出了设定值(仅限同步控制中)
SV0409	检测的转矩异常	在伺服电机或者 Cs 轴、主轴定位(T 系列)轴中检测出异常负载。不能通过 RESET 来解除报警
SV0410	停止时误差太大	停止时的位置偏差量超过了参数(No.1829)中设定的值
SV0411	运动时误差太大	移动中的位置偏差量比参数(No.1828)设定值大得多
SV0413	轴 LSI 溢出	位置偏差量的计数器溢出
SV0415	移动量过大	指定了超过移动速度限制的速度
SV0417	伺服非法 DGTL 参数	数字伺服参数的设定值不正确
SV0420	同步转矩差太大	在进给轴同步控制的同步运行中,主轴和从轴的扭矩差超出了参数(No.2031)的设定值。此报警只发生在主动轴
SV0421	超差(半闭环)	半端和全端的反馈差超出了参数(No.2118)的设定值
SV0422	转矩控制超速	超出了扭矩控制中指定的允许速度
SV0423	转矩控制误差太大	在扭矩控制中,超出了作为参数设定的允许移动积累值
SV0430	伺服电机过热	伺服电机过热
SV0431	变频器回路过载	共同电源:过热。伺服放大器:过热

报警号	信 息	内 容
SV0432	变频器控制电压低	共同电源:控制电源电压下降。伺服放大器:控制电源电压下降
SV0433	变频器 DC LINK 电压低	共同电源:DC LINK 电压下降。伺服放大器:DC LINK 电压下降
SV0434	逆变器控制电压低	伺服放大器:控制电源的电压下降
SV0435	逆变器 DC LINK 低电压	伺服放大器:DC LINK 电压下降
SV0436	软过热继电器(OVC)	数字伺服软件检测到软发热保护(OVC)
SV0437	变频器输入回路过电流	共同电源:过电流流入输入电路
SV0438	逆变器电流异常	伺服放大器:电机电流过大
SV0439	变频器 DC LINK 过压低	共同电源:DC LINK 电压过高。伺服放大器:DC LINK 电压过高
SV0440	变频器减速功率太大	共同电源:再生放电量过大。 伺服放大器:再生放电量过大,或是再生放电电路异常
SV0441	异常电流偏移	数字伺服软件在电机电流的检测电路中检测到异常
SV0442	变频器中 DC LINK 充电异常	共同电源:DC LINK 的备用放电电路异常
SV0443	变频器冷却风扇故障	共同电源:内部搅动用风扇的故障。 伺服放大器:内部搅动用风扇的故障
SV0444	逆变器冷却风扇故障	伺服放大器:内部搅动用风扇的故障
SV0445	软断线报警	数字伺服软件检测到脉冲编码器断线
SV0446	硬断线报警	通过硬件检测到内装脉冲编码器断线
SV0447	硬断线(外置)	通过硬件检测到外置检测器断线
SV0448	反馈不一致报警	内装脉冲编码器与外置检测器反馈的数据符号相反
SV0449	逆变器 IPM 报警	伺服放大器:IPM(智能功率模块)检测到报警
SV0453	串行编码器软断线报警	α脉冲编码器的软件断线报警。请在切断 CNC 电源状态下,暂时拔出脉冲编码器的电缆。若再次发生报警,则请更换脉冲编码器
SV0454	非法的转子位置检测	磁极检测功能异常结束。电机不动,未能进行磁极位置检测
SV0456	非法的电流回路	所设定的电流控制周期不可设定。所使用的放大器脉冲模块不适合于高速 HRV。或者系统没有满足进行高速 HRV 控制的制约条件
SV0458	电流回路错误	电流控制周期的设定和实际的电流控制周期不同
SV0459	高速 HRV 设定错误	伺服轴号(参数 No. 1023)相邻的奇数和偶数的 2 个轴中;一个轴能够进行高速 HRV 控制;另一个轴不能进行高速 HRV 控制
SV0460	FSSB 断线	FSSB 通信突然脱开。可能原因:①FSSB 通信电缆脱开或断线。②放大器的电源突然切断。③放大器发出低压报警
SV0462	CNC 数据传送错误	因为 FSSB 通信错误,从动端接收不到正确数据
SV0463	送从属器数据失败	因为 FSSB 通信错误,伺服软件接收不到正确数据
SV0465	读 ID 数据失败	接通电源时,未能读出放大器的初始 ID 信息
SV0466	电机/放大器组合不对	放大器的最大电流值和电机的最大电流值不同。可能原因:①轴和放大器连结的指定不正确。②参数(No. 2165)的设定值不正确
SV0468	高速 HRV 设定错误(AMP)	针对不能使用高速 HRV 的放大器控制轴,进行使用高速 HRV 的设定

报警号	信 息	内 容
SV0600	逆变器 DC LINK 过流	DC LINK 电流过大
SV0601	逆变器散热风扇故障	外部散热器冷却用风扇故障
SV0602	逆变器过热	伺服放大器过热
SV0603	逆变器 IPM 报警（过热）	IPM（智能功率模块）检测到过热报警
SV0604	放大器通讯错误	伺服放大器与共同电源之间的通信异常
SV0605	变频器再生放电功率太大	共同电源：电机再生功率过大
SV0606	变频器散热扇停转	共同电源：外部散热器冷却用风扇故障
SV0607	变频器主电源缺相	共同电源：输入电源缺相
SV1025	V——READY 通异常（初始化）	接通伺服控制时，速控就绪信号（VRDY）应在断开状态，却已被接通
SV1026	轴的分配非法	参数 No.1023"各轴的伺服轴号"设定错误。没有正确分配伺服轴

表 4-13　FANUC 0iD 系统编码器报警

报警号	信 息	内 容
SV0301	APC 报警：通信错误	由于绝对位置检测器的通信错误，机械位置未能正确求得
SV0302	APC 报警：超时错误	由于绝对位置检测器的超时错误，机械位置未能正确求得
SV0303	APC 报警：数据格式错误	由于绝对位置检测器的帧错误，机械位置未能正确求得
SV0304	APC 报警：奇偶性错误	由于绝对位置检测器的奇偶校验错误，机械位置未能正确求得
SV0301～SV304：绝对位置检测器、电缆或伺服接口模块可能存在缺陷		
SV0305	APC 报警：脉冲错误	由于绝对位置检测器的脉冲错误，机械位置未求得。 绝对位置检测器、电缆可能存在缺陷
SV0306	APC 报警：溢出报警	位置偏差量上溢，机械位置未能正确求得。 请确认参数（No.2084、No.2085）
SV0307	APC 报警：轴移动超差	由于在通电时机床移动幅度较大，机械位置未求得
SV0360	脉冲编码器校验错误 INT	在内装脉冲编码器中产生校验错误
SV0361	脉冲编码器相位异常 INT	在内装脉冲编码器中产生相位数据异常报警
SV0362	REV 数据异常（INT）	在内装脉冲编码器中产生转速计数异常报警
SV0363	时钟异常（INT）	在内装脉冲编码器中产生时钟报警
SV0364	软相位报警（INT）	数字伺服软件在内装脉冲编码器中检测出异常
SV0365	LED 异常（INT）	内装脉冲编码器的 LED 异常
SV0366	脉冲丢失（INT）	在内装脉冲编码器中产生脉冲丢失
SV0367	计数值丢失（INT）	在内装脉冲编码器中产生计数值丢失
SV0368	串行数据错误（INT）	不能接收内装脉冲编码器的通信数据
SV0369	数据传送错误（INT）	在接收内装脉冲编码器的通信数据时产生 CRC 错误或停位错误
SV0380	LED 异常（EXT）	外置检测器的错误
SV0381	编码器相位异常（EXT）	在外置直线尺上位置发生位置数据的异常报警
SV0382	计数值丢失（EXT）	在外置检测器中发生计数值丢失
SV0383	脉冲丢失（EXT）	在外置检测器中发生脉冲丢失

报警号	信 息	内 容
SV0384	软相位报警（EXT）	数字伺服软件检测出外置检测器的数据异常
SV0385	串行数据错误（EXT）	不能接收来自外置检测器的通信数据
SV0386	数据传送错误（EXT）	在接收外置检测器的通信数据时，发生 CRC 错误或停位错误
SV0387	编码器异常（EXT）	外置检测器发生某种异常。详情请与光栅尺的制造商联系

表 4-14　FANUC 0iD 系统 FSSB 报警

报警号	信 息	内 容
SV5134	FSSB：开机超时	初始化时并没有使 FSSB 处于打开待用状态。可能是轴卡不良
SV5136	FSSB：放大器数不足	与控制轴的数目比较时，FSSB 识别的放大器数目不足。 轴数的设定或者放大器的连接有误
SV5137	FSSB：配置错误	发生了 FSSB 配置错误。所连接的放大器类型与 FSSB 设定值存在差异
SV5139	FSSB：错误	伺服的初始化没有正常结束。 可能是因为光缆不良、放大器和其他的模块之间连接错误
SV5197	FSSB：开机超时	虽然 CNC 容许 FSSB 打开，但是 FSSB 并未打开。 确认 CNC 和放大器间的连接情况

当伺服模块出现故障时，其状态显示窗口也会显示相应的报警代码。下面以 αi 系列伺服模块为例，说明报警代码的含义及可能原因，见表 4-15。

表 4-15　αi 系列伺服模块报警一览表

序号	报 警 代 码	报 警 原 因
1	内部风扇停止报警"1"	内部风扇故障或风扇连接不良；伺服模块不良
2	控制电路电压低报警"2"	电源模块提供的 DC24V 电压低；伺服模块的 CX2A/CX2B 连接不良；伺服模块不良
3	主电路 DC300V 电压低报警"5"	电源模块提供的 DC300V 电压低；伺服模块内的熔断器熔断；伺服模块不良
4	伺服模块过热报警"6"	伺服电动机过载；电箱内部温度过高（如电箱风扇损坏或通风不良）；伺服模块不良
5	伺服模块的冷却风扇停止报警"F"	伺服模块冷却风扇损坏或连接不良；伺服模块不良
6	伺服模块之间通信错误报警"P"	伺服模块通信接口 CX2A/CX2B 连接不良；伺服模块不良
7	伺服模块主电路（DC300V）过电流报警"8"	伺服电动机及连接电缆短路故障；伺服模块的逆变块短路；伺服模块不良
8	伺服模块的 IPM 过电流报警"8"、"9"、"A"	伺服电动机及连接电缆短路故障；伺服模块不良
9	伺服模块的 IPM 过热报警"8."、"9."、"A."	伺服电动机过载；周围温度过高；伺服模块不良
10	伺服电动机过电流报警"b"（第 1 轴）、"c"（第 2 轴）、"d"（第 3 轴）	伺服电动机过载或匝间短路；伺服参数设定不良；伺服模块不良

（三）HSV-16 伺服驱动器常见的故障及处理

虽然由于伺服系统生产厂家的不同，进给伺服系统的故障诊断在具体做法上可能有所区别，但其基本检查方法与诊断原理却是一致的。

表4-16 为 HSV-16 驱动器报警信息及故障处理。

表4-16 HSV-16 报警信息及故障处理一览表

代码	报警名称	运行状态	原　因	处　理　方　法
1	主电路欠压	M 时出现	电路板故障、电源保险损坏、软启动电路故障、整流器损坏	换伺服驱动器
			电源电压低、临时停电	检查电源
		R 中出现	电源容量不够、瞬时掉电	检查电源
			散热器过热	检查负载情况
2	主电路过压	C 时出现	电路板故障	换伺服驱动器
		M 时出现	电源电压过高	检查供电电源
			电源电压波形不正常	
		R 中出现	外部制动电阻接线断开	检查外部制动电路，重新接线
			制动晶体管损坏	换伺服驱动器
			内部制动电阻损坏	
			制动回路容量不够	降低起停频率、增加加/减速时间常数、减小转矩限制值、减小负载惯量、更换大功率的驱动器和电机
3	IPM 模块故障	C 时出现	电路板故障	换伺服驱动器
		R 中出现	供电压偏低	重新上电
			伺服驱动器过热	检查或更换驱动器
			驱动器 U、V、W 间短路	检查接线
			接地不良	正确接线
			电机绝缘损坏	更换电机
			干扰	增加线路滤波器或远离干扰源
4	制动故障	C 时出现	电路板故障	换伺服驱动器
		R 中出现	外部制动电阻接线断开	重新接线
			制动晶体管损坏	换伺服驱动器
			内部制动电阻损坏	
			制动回路容量不够	降低起停频率、增加加/减速时间常数、减小转矩限制值、更换大功率的驱动器和电机
			主电路电压过高	检查主电源
5	保险丝熔断	R 中出现	驱动器 U、V、W 间短路	检查接线
			接地不良	正确接地
			电机绝缘损坏	更换电机
			驱动器损坏	更换伺服驱动器

269

代码	报警名称	运行状态	原　因	处　理　方　法
5	保险丝熔断	R 中出现	超过额定转矩运行	检查负载、降低起停频率、减小转矩限制值、更换大功率的驱动器和电机
			U、V、W 有一相断线	检查接线
			编码器接线错误	
6	电机过热	C 时出现	电路板故障	换伺服驱动器
			电缆断线	检查电缆
			电机内部温度继电器损坏	检查电机
		R 中出现	电机过负载	减小负载、降低起停频率、减小转矩限制值、减小有关增益、更换大功率的驱动器和电机
			长期超过额定转矩运行	检查负载、降低起停频率、减小转矩限制值、更换大功率的驱动器和电机
			机械传动不良	检查机械部分
			电机内部故障	更换伺服电机
7	编码器 A、B、Z 故障		编码器接线错误	检查接线
			编码器损坏	更换电机
			外部干扰	增加线路滤波器或远离干扰源
			编码器电缆不良	更换电缆
			编码器电缆过长,造成编码器供电电压偏低	缩短电缆
				采用多芯并联供电
8	编码器 U、V、W 故障		编码器接线错误	检查接线
			编码器损坏	更换电机
			外部干扰	增加线路滤波器或远离干扰源
			编码器电缆不良	更换电缆
			编码器电缆过长,造成编码器供电电压偏低	缩短电缆
				采用多芯并联供电
9	控制电源欠压		输入控制电源偏低	检查控制电源
			开关电源异常	检查开关电源
			驱动器内部接插件不良	检查接插件
			芯片损坏	更换驱动器
10	过电流		驱动器 U、V、W 间短路	检查接线
			接地不良	正确接地
			电机绝缘损坏	更换电机
			驱动器损坏	更换驱动器
11	系统超调	C 时出现	控制电路板故障	换伺服驱动器
			编码器故障	换伺服电机

代码	报警名称	运行状态	原　因	处　理　方　法
11	系统超调	R中出现	输入指令脉冲频率过高	正确设定输入指令脉冲
			加减速时间常数太小	增大加减速时间常数
			输入电子齿轮比太大	正确设置
			编码器故障	换伺服电机
			编码器电缆不良	换编码器电缆
			伺服系统不稳定引起超调	重新设定有关增益,若不能设置到合适值,则减小负载转动惯量比率
		电机刚启动时出现	负载惯量过大	减小负载惯量
				更换大功率的驱动器和电机
			编码器零点错误	换伺服电机或调整编码器零点
			电机U、V、W引线接错	正确接线
			编码器电缆引线接错	
12	跟踪误差过大	C时出现	电路板故障	换伺服驱动器
		M,输入指令脉冲,电机不转动	电机U、V、W引线接错	正确接线
			编码器电缆引线接错	
			编码器故障	换伺服电机
		R中出现	位置超差检测范围太小	增加位置超差检测范围
			位置比例增益太小	增加增益
			转矩不足	检查转矩限制值、减小负载容量、更换大功率的驱动器和电机
			指令脉冲频率太高	降低频率
13	软件过热		转矩不足	减小转矩限制值、减小负载容量、更换大功率的驱动器和电机
			伺服驱动器故障	更换伺服驱动器
			干扰	增加线路滤波器或远离干扰源
14	控制参数读错误		输入控制电源不稳定	检查控制电源电压或功率
			伺服驱动器故障	更换伺服驱动器
			干扰	增加线路滤波器或远离干扰源
15	DSP故障		输入控制电源不稳定	检查控制电源电压或功率
			伺服驱动器故障	更换伺服驱动器
			干扰	增加线路滤波器或远离干扰源
16	看门狗叫唤		输入控制电源不稳定	检查控制电源电压或功率
			伺服驱动器故障	更换伺服驱动器
			干扰	增加线路滤波器或远离干扰源
注:运行状态,C代表接通控制电源,M代表接通主电源,R代表电动机运行				

注意,伺服驱动和电机断电至少5min后,才能触摸驱动器和电机,以防止电击和

灼伤。

4.4 主轴控制系统故障诊断

机床主传动的工作运动通常是旋转运动,无需丝杠或其他直线运动装置。然而,主轴驱动要求大功率。主轴电机功率范围一般为 $2.2\sim250kW$,并要求提供尽可能大的调速范围内保持"恒功率"输出。实际调速范围又远比进给伺服小。

一、主传动链的维护

对于主传动链的维护,主要包括以下几个方面。

(1) 注意数控机床主传动的结构、性能参数,严禁超性能使用。

(2) 主传动链出现不正常现象时,应立即停机并及时排除故障。

(3) 操作者应注意检查主轴润滑恒温油箱,观察主轴箱的温度,调控温度范围。

(4) 使用带传动的主轴系统,需定期观察调整主轴驱动带的松紧程度,防止因驱动带打滑而造成丢转现象。

(5) 对于液压系统平衡主轴箱重力的平衡系统,需定期观察液压系统的压力表,当油压低于要求值时,要及时进行补油。

(6) 用液压拨叉变速的主传动系统,必须在主轴停车后才能进行变速。

(7) 用啮合式电磁离合器变速的主传动系统,离合器必须在低于 $2r/min$ 的转速下变速。

(8) 要注意保持主轴与刀柄连接部位以及刀柄的清洁,并应防止对主轴的机械碰撞。

(9) 每年应对主轴润滑恒温油箱中的润滑油进行一次更新,并清洗过滤器;每年清洗润滑油池底一次,并更换液压泵过滤器。

(10) 每天检查主轴的润滑恒温箱,使其油量充足,以保证正常工作。

(11) 防止各种杂质进入润滑油箱,保持油液清洁。

(12) 经常检查轴端及各处密封,防止润滑油的泄漏。

(13) 夹具夹紧装置长时间使用后,会使活塞杆和拉杆间的间隙加大,造成拉杆偏置量减少,使碟形弹簧张闭伸缩量不够,影响刀具的夹紧,故需及时调整液压缸活塞的位移量。

(14) 经常检查压缩空气气压,并调整到标准要求值,以保证主轴锥孔的吹屑。

二、主轴系统常见故障的分析

主轴系统的故障报警也可以分成 CNC 报警、驱动器报警和不报警三类。可充分利用系统自诊断及其维修手册来进行故障定位。

前面介绍过,现代数控机床交流主轴系统分为模拟量(又叫变频主轴)和数字量(又叫串行主轴或伺服主轴)两种。交流主轴系统常见故障有过热报警、过流/断路器跳闸报警、主轴不转或转速不正常、主轴突然停止或不能停止、主轴电机振动与噪声大等现象。

除了以上常见的主轴故障外,有些其他故障现象也与主轴系统故障成因相关。例如,数控车床螺纹加工类故障、主轴定向类故障、主轴松紧刀类故障等。

（1）交流主轴不转（相关框图如图 4-15 所示）。

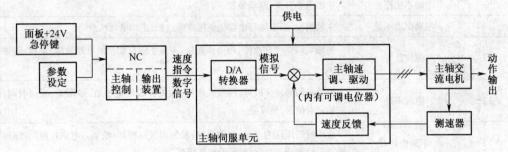

图 4-15 与交流主轴不转相关的系统框图

（2）系统工作正常，但不能执行螺纹切削功能。可能成因有：①主轴编码器连接不良；②主轴编码器故障；③主轴编码器污染；④系统或主轴放大器故障等。

（3）车削螺纹乱扣或螺纹不准。可能成因有：①主轴编码器连接不良；②主轴编码器故障；③主轴编码器污染；④系统或主轴放大器故障等；⑤编程问题；⑥参数设定错误等。

主轴功能常见故障原因见表 4-17。

表 4-17 主轴功能常见故障原因一览表

序号	故障模式	故障原因
1	不转	负载过大；数控装置无速度或正反转信号输出；主轴启动条件未满足，使能信号没接通；主轴驱动装置或其连接；主轴电动机故障；主轴与电动机连接皮带过松；相关参数设置不当
2	只能以某一速度转动	相关参数设置不当；程序错误；D/A 转换电路故障；主轴驱动装置或其连接；主轴编码器硬件故障、污染或连接
3	实际转速与指令转速超过允许误差	负载过大；主轴编码器硬件故障、污染或连接；主轴驱动装置或其连接；主轴电动机故障；输入电压不正常、相序错误或缺相；制动器未松开；机械传动系统不良
4	转速随意波动	干扰
5	加减速时不正常	相关参数设置不当，加减速时间常数等；主轴编码器硬件故障、污染或连接；电动机/负载间的惯量不匹配；机械传动系统不良
6	噪声大、振动	输入电压不正常、相序错误或缺相；主轴编码器硬件故障、污染或连接；主轴驱动装置或其连接；相关参数设置不当，如增益过大；负载过大；润滑不良；主轴与电动机连接皮带过紧；轴承或轴承预紧力不够或预紧螺钉松动；齿轮或齿轮啮合间隙过大或游隙过大；主轴部件动平衡不良
7	过热、过载、过流	负载过大；频繁正反转、启停；热控开关；主轴驱动装置或其连接；主轴电动机故障；相关参数设置不当，如增益过大、转矩限制值过大等；机械传动系统不良
8	熔断器熔断	负载过大；频繁正反转、启停；相关参数设置不当；主轴驱动装置或其连接；主轴电动机故障（如电枢绕组短路、局部短路或对地短路）；输入电压不正常、相序错误或缺相

序号	故障模式	故 障 原 因
9	主轴不能停止	主轴停止开关；制动装置
10	主轴出力不足	主轴刚性差；主轴与电动机连接皮带过松；主轴电动机故障
11	螺纹乱牙	主轴编码器硬件故障、污染或连接；主板主轴反馈检测电路故障；干扰；程序错误
12	定向不准	主轴编码器硬件故障、污染或连接；相关参数设置不当，如增益、减速时间、主轴定向位置、速度等
13	不能松紧刀	液压或气压压力不足；弹簧损坏；松紧刀气缸损坏；松紧刀电磁换向阀故障；松紧刀检测开关故障；松紧刀夹爪损坏

主传动系统的故障及排除见表 4-18。

表 4-18 主传动系统故障及排除

序号	故障现象	故 障 原 因	排 除 方 法
1	主轴发热	主轴轴承损伤或轴承不清洁	更换轴承，清除脏物
		主轴前端盖与主轴箱体压盖研伤	修磨主轴前端盖，使其压紧主轴前轴承，轴承与后盖有 0.02~0.05mm 间隙
		轴承润滑油脂耗尽或涂抹过多	涂抹润滑油脂，每个 3mL
2	主轴在强力切削时停转	电机与主轴连接的皮带过松	拉紧皮带，然后将电动机机座重新锁紧
		皮带表面有油	卸下，用汽油清洗后擦干净，再装上
		皮带使用过久失效	更换新皮带
		摩擦离合器调整过松或磨损	调整摩擦离合器，修磨或更换摩擦片
3	主轴噪声	缺少润滑	涂抹润滑脂保证每个轴承不得超过 3mL
		小带轮与大带轮传动不平稳	带轮上的平衡块脱落，重新进行动平衡
		主轴与电机连接的皮带过紧	移动电动机机座，使皮带松紧度合适
		齿轮啮合间隙不均匀或齿轮损坏	调整啮合间隙或更换新齿轮
		传动轴承损坏或传动轴弯曲	修复或更换轴承，校直传动轴
4	主轴没有润滑油循环或润滑不足	油泵转向不正确或间隙太大	改变油泵转向或修理油泵
		吸油管未插入油箱油面下面	将吸油管插入油面以下 2/3 处
		油管和滤油器堵塞	清除堵塞物
		润滑油压力不足	调整供油压力
5	润滑油泄漏	润滑油过量	调整供油量
		密封件损坏	更换密封件
		管件损坏	更换管件
6	刀具不能夹紧	蝶形弹簧位移量较小	调整蝶形弹簧行程长度
		刀具松紧弹簧上的螺母松动	顺时针旋转螺母，使其最大工作载荷不超过 13kN
7	刀具夹紧后不能松开	刀具松紧弹簧压合过紧	逆时针旋转螺母，使其最大工作载荷不超过 13kN
		液压缸压力和行程不够	调整液压压力和活塞行程开关位置

三、通用变频器的维护及诊断

1. 变频器的维护

变频器运行过程中,可以从设备外部目视检查运行状况有无异常,可以通过键盘面板转换键查阅变频器的运行参数,如输出电压、输出电流、输出转矩、电动机转速等,掌握变频器日常运行值的范围,以便及时发现变频器及电动机问题。此外,还要注意以下几点。

(1) 定期对变频器进行紧固、清扫、吹灰,保持变频器内部的清洁及风道的畅通。

(2) 保持变频器周围环境清洁、干燥,严禁在变频器附近放置杂物。

(3) 每次维护变频器后,要认真检查有无遗漏的螺丝及导线等,防止造成短路。

(4) 定期测量变频器(含电动机)绝缘电阻。

2. 变频器的故障诊断

变频器拥有较强的故障诊断功能。根据故障指示代码确定故障原因,可缩小故障查找范围,大大减少故障查找时间。

(1) 短路保护。若变频器运行当中出现短路保护,停机后显示短路保护代码,说明是变频器内部或外部出现了短路因素。可能有以下几方面的原因。

① 负载出现短路。

② 变频器内部问题。

③ 变频器内部干扰或检测电路有问题。

④ 参数设置问题。对于重负荷负载,需要设置低频补偿。若低频补偿设置不合理,也容易出现短路保护。一般以低频下能启动负载为宜,且越小越好,若太高了,不但会引起短路保护,还会使启动后整个运行过程电流过大,引起相关的故障。

⑤ 在多单元并联的变频器中,若某一单元出现问题,势必使其他单元承担的电流大,造成单元间的电流不平衡,而出现过流或短路保护。因此对于多单元并联的变频器,应首先测其均流情况。各单元的均流系数应不大于 5%。

(2) 过流保护。变频器出现过流保护,此时会有代码显示,一般是由于负载过大引起,若负载电流超过额定电流的 1.5 倍即故障停机而保护。这一般对变频器危害不大,但长期的过负荷容易引起变频器内部温升高、元器件老化或其他相应的故障。

(3) 过压、欠压保护。变频器出现过压、欠压保护,大多是由于电网的波动引起的。在变频器的供电回路中,若存在大负荷电动机的直接启动或停车,引起电网瞬间的大范围波动即会引起变频器过压、欠压保护,而不能正常工作。这种情况一般不会持续太久,电网波动过后即可正常运行。因此只有增大供电变压器容量,改善电网质量才能避免。

当电网工作正常时,即在允许波动范围(380V×(1±20%))内时,若变频器仍出现这种保护,这就是变频器内部的检测电路出现故障了。

(4) 温升过高保护。变频器的温升过高保护,一般是由于变频器工作环境温度太高引起的,此时应改善工作环境,增大周围的空气流动,使其在规定的温度范围内工作。再一个原因就是变频器本身散热风道通风不畅造成的,因此应对变频器内部经常进行清理。也有的因风机质量差,在运转过程中损坏,此时应更换风机。再就是在大功率的变频器中,因温度传感器走线太长,靠近主电路或电磁感应较强的地方易造成干扰,此时应采取抗干扰措施,如采用继电器隔离或加滤波电容等。

（5）电磁干扰太强。电磁干扰是一种比较难处理的故障。包括停机后显示错误，如乱显示，或运行中突然死机，频率显示正常而无输出，都是因变频器内外电磁干扰太强造成的。这种故障的排除除了外界因素，如将变频器远离强辐射的干扰源以外，主要是应增强其自身的抗干扰能力。特别对于主控板，除了采取必要的屏蔽措施外，采取对外界隔离的方式尤为重要。

（6）清扫后启动变频器时，显示故障指示跳停。未装外保护的变频器需用短接片连接，若短接片松动，或在清扫时掉下，则恢复短接片后变频器即可运行正常。

（7）外加起停按钮及电位器调频无效。变频器出厂时设定为通过键盘面板操作，外部控制无效。选择外部起停及调频控制时，需正常连接并设置相应模式。

（8）变频器在电动机空载时工作正常，但不能带载启动。这种问题常常出现在恒转矩负载。应重点检查加、减速时间设定及转矩提升设定值。

（9）频率已经达到较大值，但电动机转速仍不高。一台新使用的变频器频率设置显示已经很大，但电动机转速明显较同频率下其他电动机低。对比调整增益值，问题即可得到解决。

（10）频率保持在一定值不断跳跃，转速不能提高。变频器工作时，将自动计算输出转矩，并将输出转矩限制在设定值内。如果驱动转矩设定值偏小，将可能因输出转矩受到限制，使变频器输出频率达不到给定频率。遇到上述问题，应检查驱动转矩设定值是否偏小，变频器的容量是否偏小，再设法解决。

项目 4 - 3　主轴系统的诊断与报警

一、目标

（1）学会使用 FANUC 数控系统中的主轴诊断功能和主轴报警排除主轴故障。
（2）学会处理 FR - D700 变频器常见的故障。
（3）了解 HSV - 18S 主轴驱动器常见的故障及处理。

二、工具

CK6136 数控车床、XH7132 加工中心等。

三、内容

（一）FANUC 数控系统中串行主轴的系统诊断

随着系统自诊断技术的发展，现代数控系统的串行数字主轴的诊断功能越来越完善，不仅可以诊断主轴系统硬件和软件的配置、主轴状态，还可以诊断串行主轴报警时产生的故障原因。FANUC 16i/18i/21i/0iC/0iD 系统的串行主轴诊断号如下。

	#7	#6	#5	#4	#3	#2	#1	#0
400				SA1	SA2	SSR	POS	SIC

＃0　SIC　串行主轴控制所需要的模块已安装。
＃1　POS　模拟主轴控制所需要的模块已安装。

♯2　SSR　使用串行主轴控制。

♯3　SA2　串行主轴控制中使用第 2 主轴。

♯4　SA1　使用模拟主轴控制。

403	第 1 主轴电机温度

	#7	#6	#5	#4	#3	#2	#1	#0
408	SSA		SCA	CME	CER	SNE	FRE	CRE

♯0　CRE　发生了 CRC 错误(警告)。

♯1　FRE　发生了成帧误差(警告)。

♯2　SNE　发送方或接受方不正确。

♯3　CER　接收发生了异常。

♯4　CME　在自动扫描中没有回信。

♯5　SCA　在主轴放大器一侧发生了通信报警。

♯7　SSA　在主轴放大器一侧发生了系统报警。

这些都是发生 SP0749 号报警的原因,但是成为这些状态的主要原因在于噪声、断线或电源的突然中断。

	#7	#6	#5	#4	#3	#2	#1	#0
409					SPE	S2E	S1E	SHE

♯0　SHE　CNC 侧的串行通信模块出现异常。

♯1　S1E　串行主轴控制中第 1 主轴不能正常启动。

♯2　S2E　串行主轴控制中第 2 主轴不能正常启动。

♯3　SPE　不满足主轴单元的启动条件。

这些故障都会引起 SP750 号报警。

410	主轴的负载表显示　[％]

411	主轴的速度表显示　[min^{-1}]

417	主轴的位置编码器反馈信息

418	在主轴的位置环方式下的位置偏差量

425	主轴同步误差

445	主轴的位置数据

(二) FANUC 系统主轴报警

αi 系列电源模块的报警信息及产生的故障原因见表 4-19。

在电源模块(PSM)和主轴模块(SPM)侧检测到报警时,主轴模块的 ALM(红色)灯亮且 LED 两位数码管显示相应的报警代码,随即在 CNC 画面上显示 7nxx 报警号。n 代表主轴号(例如,71xx:第 1 主轴侧的报警;72xx:第 2 主轴侧的报警);后 2 位"xx",为主轴模块上检测到的报警号。在 FANUC 16i/18i/21i/0iC 及以后系统中显示 9xxx 报警号,后 3 位"xxx",为主轴模块上检测到的报警号。

表 4-19 αi 系列电源模块的报警信息及产生的故障原因

LED 显示	故 障 名 称	故 障 原 因
01	IPM 报警	IPM 模块故障、电源模块控制电路板
02	风扇报警(内部)	电源模块冷却风扇发生故障
03	过热报警	智能模块:IPM 过热故障
04	DC 主电路电压低报警	DC300V 电压为 0V
05	主电路充电没能在规定时间内进行	主电路 DC 链路、电源模块控制电路板
06	控制电路电压低	控制电路输入电压低
07	DC300V 电压高报警	三相交流输入电压高或内部电压检测电路不良
A	外部冷却风扇故障	外部散热片的冷却风扇发生故障
E	输入电源缺相报警	三相交流动力电源缺相

α 和 αi 系列主轴模块及系统侧报警代码见表 4-20。

表 4-20 FANUC 的 α 和 αi 系列主轴模块及系统侧报警代码

CNC 侧报警	PSM	SPM	报 警 内 容	原因/处理办法
750	—	—	SPM 出现忽闪"——"显示时,表示 SPM 处于未启动的状态	① 连接电缆接触不良、断线故障 ② 主轴模块控制电路故障 ③ 串行主轴参数不良 ④ CNC 主轴串行通信模块不良
	—	A0	SPM 的控制 ROM 中检测到异常(未安装等)	
749	—	A1	SPM 的控制 RAM 中检测到异常(RAM 异常)	① 连接电缆接触不良、断线故障 ② 主轴模块内部电路故障 ③ 主轴参数设定与主轴硬件不符 ④ CNC 主轴控制模块故障 ⑤ 外界干扰
7n01/9001	—	01	检测到电动机过热	① 检查并修改周围温度和负载情况 ② 如果冷却风扇停转就要更换
7n02/9002	—	02	指令速度与电动机速度间速度偏差过大	① 通过检查并修改切削条件来降低负载 ② 修改参数(No.4082)
7n03/9003	—	03	DC 链路的保险丝烧断	① 更换主轴放大器 ② 检查电机的绝缘状态
7n04/9004	06	04	检测到 AC 输入电源缺相,电源电压异常	确认向共同电源的输入电源的电压以及连接状态
7n07/9007	—	07	电动机超出额定转速 115%(过速)	检查顺序上有没有错误(在主轴不能旋转的状态下指主轴同步等指令)
7n09/9009	—	09	动力回路(冷却用散热器)过热(过载)	① 改进降温装置的冷却情况 ② 外部散热器冷却用风扇停止时,更换主轴放大器

CNC侧报警	PSM	SPM	报警内容	原因/处理办法
7n11/9011	07	11	主回路直流电源电压(DC LINK)异常升高	① 确认共同电源的选定 ② 检查输入电源电压和电机减速时的电源电压变动,在超过(200V 系列)AC253V、(400V 系列)AC530V 时,改进电源阻抗
7n12/9012	—	12	主轴模块 SPM 过电流	① 检查电机的绝缘状态 ② 检查主轴参数 ③ 更换主轴放大器
7n19/9019	—	19	U 相电流检测回路的偏移过大	更换主轴放大器
7n20/9020	—	20	V 相电流检测回路的偏移过大	更换主轴放大器
7n24/9024	—	24	与 NC 侧的串行通信发生异常	① CNC 主轴间电缆远离电力线 ② 更换电缆
7n27/9027	—	27	位置编码器用信号检测到异常	更换电缆
7n30/9030	01	30	电源模块 PSM 过电流	检查并修改电源电压
7n31/9031	—	31	电动机不能用指令速度起动回转	① 检查并修改负载状态 ② 更换电机传感器电缆(JYA2)
7n32/9032	-	32	串行通信用 LSI 内部的 RAM 检测到异常	更换主轴放大器控制印制电路板
7n33/9033	05	33	PSM 主回路(直流电源)用充电回路充电不足	① 检查并修改电源电压 ② 更换共同电源
7n34/9034	—	34	参数设定超出了允许范围	参照 FANUC AC SPINDLE MOTOR αi series 参数说明书并修正参数
7n36/9036	—	36	位置偏差计数器发生溢出	确认位置增益值是否过大,予以修改
7n51/9051	04	51	PSM 内主回路的直流电压异常下降	① 检查并修改电源电压 ② 更换 MC
7n54/9054	—	54	在电动机上长时间流过异常电流	重新审视负载情况
7n55/9055	—	55	在主轴/输出切换时,切换请求信号与动力线状态确认信号不一致	① 更换电磁接触器 ② 检查并修改顺序
7n56/9056	—	56	SPM 内的冷却风扇电动机停止	更换内部搅拌用风扇
7n57/9057	08	57	PSMR 内再生时检测到异常	① 降低加/减速负载 ② 检查冷却条件(周围温度) ③ 当冷却风扇停转时就需要更换电阻 ④ 当电阻值异常时就需要更换
7n58/9058	03	58	在 PSM 的动力回路上检测到过热	① 确认共同电源的冷却情况 ② 更换共同电源
7n59/9059	02	59	PSM 的冷却风扇电动机停止	更换共同电源

（三）FR-D700 三菱变频器的故障处理

FR-D700 三菱变频器异常显示见表 4-21,故障报警内容及对策查阅使用手册。

表 4-21　FR-D700 三菱变频器异常显示一览表

面板显示		名　称	面板显示	名　称
错误信息	E————	报警历史	E.OV3	减速、停止时再生过电压切断
	HOLD	操作面板锁定	E.THT	变频器过载切断(电子过电流保护)
	LOCd	密码设定中	E.THM	电机过载切断(电子过电流保护)
	Er1~4	参数写入错误	E.FIN	散热片过热
	Err.	变频器复位中	E.ILF*	输入缺相
报警	OL	失速防止(过电流)	E.OLT	失速防止
	oL	失速防止(过电压)	E.BE	制动晶体管异常检测
	RB	再生制动预报警	E.GF	启动时输出侧接地过电流
	TH	电子过电流保护预报警	E.LF	输出缺相
	PS	PU 停止	E.OHT	外部热继电器动作
	MT	维护信号输出	E.PTC*	PTC 热敏电阻动作
	UV	电压不足	E.PE	变频器参数存储元件异常
轻故障	FN	风扇故障	E.PUE	PU 脱离
重故障	E.OC1	加速时过电流切断	E.RET	再试次数溢出
	E.OC2	恒速时过电流切断	E.CPU	CPU 错误
	E.OC3	减速时过电流切断	E.CDO*	输出电流超过检测值
	E.OV1	加速时再生过电压切断	E.IOH*	浪涌电流抑制回路异常
	E.OV2	恒速时再生过电压切断	E.AIE*	模拟量输入异常

（四）HSV-18S 主轴驱动器的诊断

表 4-22 为 HSV-18S 主轴驱动器报警信息。

表 4-22　HSV-18S 报警信息一览表

报警号	报警名称	报　警　内　容
A-1	主电源欠压	主电源电压低于 300V
A-2	主电源过压	主电源电压高于 780V
A-3	逆变器故障	逆变器功率器件产生故障
A-4	制动故障	制动电路工作时间过长故障
A-5	缺相故障	主电源输入缺相
A-6	主轴电机过热	主轴电机温度超过允许温度
A-7	反馈断线故障	主轴电机的编码器反馈线断线
A-8	定向故障	主轴定向功能没有完成定向操作
A-10	过电流故障	主轴电机的绕组电流过大
A-11	电机超速	主轴电机的转速超过最大转速设定值
A-12	转速偏差过大	转速稳态误差超过设定转速的 25%
A-13	系统过载	主轴电机的负载超过允许的过载电流

报警号	报警名称	报警内容
A-14	系统参数错误	EEPROM存放的参数出现错误
A-15	控制板电路故障	控制板元器件或焊接出现问题
A-16	DSP故障	控制程序执行出现问题
A-17	驱动器过热	主轴驱动器散热器温度超过允许温度

注意，主轴驱动和电机断电至少5min后，才能触摸驱动器和电机，以防止电击和灼伤。

4.5 数控机床典型故障

4.5.1 急停类和超程类故障与维修

数控系统的操作面板（和手持单元）上设有急停按钮，当机床出现紧急情况时，按下急停按钮使机床立即停止运动进行保护，此时CNC处于急停，动力装置（如伺服系统）主电源被切断。当数控系统出现自动报警信息后，需按下急停按钮，待此报警故障排除后，再松开急停按钮，使数控系统复位并恢复正常。通常将急停按钮或急停回路继电器的一个触点接入数控装置或伺服系统的开关量输入接口，以便为数控系统和伺服系统提供复位信号。

一、系统一直处于急停不能复位

此故障比较常见，引起原因的也较多，总的说来，大致可以分为如下几种原因。

（1）电气方面的原因。图4-16是某三轴数控机床的整个急停回路接线图，从图中可以清晰地看出原因有：①无供电电源；②急停回路断路；③超程限位开关断开；④急停按钮断开；⑤KA继电器故障。

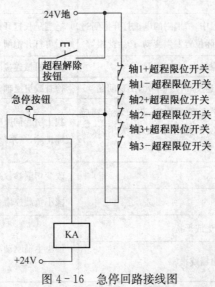

图4-16 急停回路接线图

如果机床一直处于急停状态,首先检查急停回路中 KA 继电器是否吸合。继电器如果吸合而系统仍然处于急停状态,可以判断出故障不是出自电气回路方面,这时可以从别的方面查找原因。如果继电器没有吸合,可以判断出故障是因为急停回路断路引起,这时可以利用万用表对整个急停回路逐步进行检查,检查急停按钮的常闭触点,检查超程限位开关的常闭触点,并确认急停按钮或者行程开关是否损坏等,最终确定故障的出处。

(2) 复位条件不能满足引起的急停故障。松开急停按钮,PLC 中规定的系统复位所需要完成的条件,如"伺服准备好"、"主轴驱动准备好"、"防护门关紧"等未满足要求。

(3) PLC 程序编写错误。

(4) 系统参数设置错误,使系统信号不能正常输入输出。

二、急停类常见故障现象及排除

急停回路是为了保证机床的安全运行而设计的,所以整个系统的各个部分出现故障均有可能引起急停,其常见故障现象及排除方法见表 4-23。

表 4-23　急停报警类故障及排除

故障现象	故障原因	排除方法
机床一直处于急停状态,不能复位	电气方面的原因	检查急停回路,排除线路方面的原因
	PLC 中规定的系统复位所需要完成的条件未满足	根据系统诊断功能和电气原理图,判断什么条件未满足,并进行排除
	PLC 程序编写错误	重新调试 PLC
	系统参数设置错误	按照系统的要求正确设置参数
数控系统在自动运行的过程中,误差/偏差过大报警引起的急停故障	负载过大,使加在伺服电动机上的扭矩过大,造成丢步,形成此报警	减小负载,改变切削条件或装夹条件
	反馈出现问题,如编码器污染、连线松动等	检查编码器及其接线
	伺服驱动器损坏或连接	维修或更换伺服驱动器
	进给伺服驱动系统强电电压不稳或电源缺相	改善供电电压
	系统复位过程中,带抱闸的电机打开抱闸过早,引起电机实际位置发生变动,产生此报警	适当延长打开抱闸的时间,当伺服电机完全准备好后再打开抱闸
	机械传动间隙过大	检查机械连接
	轴卡(主板的速度和位置单元)出现问题	检查或更换轴卡
伺服驱动器报警引起的急停	伺服驱动器若报警或故障,PLC 检测到后可令整个系统急停,如过载、过流、欠压、反馈断线等	找出引起伺服驱动器报警的原因,将伺服部分的故障排除,令系统复位
主轴驱动器报警引起的急停	负载过大	改变切削参数减小负载
	主轴空开跳闸	减小负载或增大空开的限定电流
	主轴过压、过流或干扰	解决主轴驱动器的报警,令系统复位
	主轴驱动器出错或报警	

三、超程类故障及排除

超程可以分为软超程和硬超程。简单地说,软超程就是系统参数规定保护的行程范围,机床建立坐标系后有效。硬超程即机床硬件(超程限位开关和挡块)所保护的行程范围。

机床发生超程常见的原因有:程序错误;操作错误,如对刀有误;零件太大,超出加工范围;超程回路短路等。

超程复位的方法:常按超程解除按键,使急停复位,同时将坐标轴往超程相反的方向运动,即可解除。

4.5.2 回参考点、编码器类故障与维修

数控机床回参考点故障主要有不能进行回零、找不到零点和找不准零点。若不能回零,先要确定操作是否正确,如是否处在回零模式。另外,还需检查有关回零的 PLC 信号、程序是否正确。再者,根据机床配置,如系统是全闭环还是半闭环、回零采用的检测元件类型等,检查参数设置是否正确等。

若机床在回零过程中找不到零点或找不准零点(又分规律性偏移和随机性偏移),请参考表 4-24。重点检查零点减速挡块是否松动;检查减速挡块的长度,安装位置是否合理;检查减速开关是否牢靠;用百分表或激光干涉仪进行测量,确定零点是否漂移;检查编码器或光栅尺的零点脉冲。

表 4-24 回参考点常见故障及排除

故障现象	故 障 原 因		排 除 方 法
找不到零点或回零超程	回零位置调整不当,减速挡块距离限位开关太近		调整减速挡块的位置
	减速开关损坏或者短路		维修或更换减速开关
	零脉冲不良引起的故障,回零时找不到零脉冲		对编码器进行清洗或更换
	当采用全闭环控制时光栅尺沾了油污		清洗光栅尺
	数控系统控制检测线路板出错		更换线路板
	导轨、导轨与压板面、导轨与丝杠的平行度超差		重新调整平行度
	系统参数设置错误		重新设置系统参数
机床回零后,零点发生规律性偏移	零点发生单螺距偏移	减速开关与减速挡块安装不合理,使减速信号与零脉冲信号相隔距离过近	调整减速开关或挡块的位置,使减速位置大约在一个栅距或一个螺距的中间位置
		机械安装不到位	调整机械部分
	零点发生多螺距偏移	参考点减速信号不良引起的故障	检查减速开关
		减速挡块固定不良引起寻找零脉冲的初始点发生了漂移	重新固定减速挡块
		零脉冲不良引起	对码盘进行清洗
机床回零后,零点位置随机性变化	编码器的供电电压过低		改善供电电源
	零脉冲不良		对编码器进行清洗或更换
	电机扭矩过低或伺服调节不良等,引起误差过大		调节伺服参数,改变其运动特性
	电机与丝杠的联轴节松动		紧固联轴节
	滚珠丝杠间隙增大		修磨滚珠丝杠螺母调整垫片,重调间隙
	干扰		找到并消除干扰

故障现象	故 障 原 因	排 除 方 法
攻丝时或车螺纹时出现乱扣	零脉冲不良引起的故障	对编码器进行清洗或者更换
	不同步出现的故障	更换主板或更改程序
	主轴部分没有调试好,如主轴转速不稳,跳动过大等,加工时因受力使主轴转速发生太大变化	重新调试主轴
主轴定向不能完成,不能镗孔、换刀等	脉冲编码器出现问题	维修或更换编码器
	机械部分出现问题	调整机械部分
	PLC调试不良,定向过程没有处理好	重新调试PLC

4.5.3 自动换刀类故障与维修

自动换刀装置是数控机床的重要组成部分,它的形式多种多样,故障率较高。

一、自动换刀装置类型

1. 可转位刀架

这是一种刀具储存装置,可以同时安装 4、6、8、12 把不等的刀具,主要用于数控车床。可分为立式回转刀架和卧式回转刀架两种形式,图 4-17 所示的转位刀架分别可装 4 把刀、8 把刀。转位刀架不但可以储存刀具,而且在切削时要连同刀具一起承受切削力,在加工过程中完成刀具交换转位、定位夹紧等动作。

（a）四工位立式回转刀架　　　　　　　　　　（b）八工位卧式回转刀架

图 4-17　可转位刀架

在这里以某立式回转刀架为例说明其工作原理,如图 4-18 所示。选刀时刀架电动机正转,刀架转位,刀位信号到达后刀架电动机反转,刀架定位压紧。具体过程为,系统发出换刀信号,控制电动机正转,通过蜗杆、蜗轮丝杠将上刀体上升至一定高度时,球头销进入转位套槽,转位套带动球头销,球头销带动上刀体转位;当上刀体转到所需刀位时,检测元件电路发出到位信号,电动机停止正转,开始反转,球头销从转位套槽中挤出,粗定位销进入粗定位盘完成粗定位;同时上刀体下降端齿啮合,完成精定位,刀架锁紧。

电动刀架的电气控制分强电和弱电两部分。强电部分由三相电源驱动三相交流异步电动机正、反向旋转,从而实现电动刀架的松开、转位、锁紧等动作;弱电部分主要由位置传感器-发讯盘构成,可采用霍尔传感器或光电接近开关发讯,如图 4-19 所示。

284

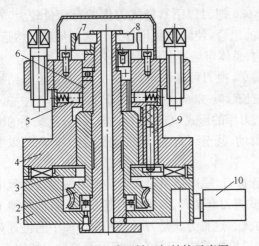
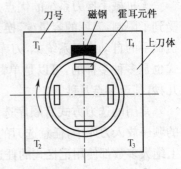

图 4-18　某立式回转刀架结构示意图　　图 4-19　四工位刀架的检测

1—刀架底座；2—蜗轮丝杠；3—粗定位盘；4—上刀体；5—球头销；
6—转位套；7—磁钢；8—检测元件；9—粗定位销；10—刀架电动机。

2. 更换主轴头换刀

在带有旋转刀具的数控机床中，更换主轴头是一种简单的换刀方式，主轴头通常有立式与卧式两种，而且常用转塔的转位来更换主轴头，以实现自动换刀。在转塔的各个主轴头上预先安装各工序所需要的旋转刀具。当发出换刀指令时，各主轴头依次旋转到加工位置，并接通主轴运动，使相应的主轴带动刀具旋转，而其他不处于加工位置的主轴都与主运动脱开。

3. 带刀库的自动换刀系统

加工中心可以对工件完成多工序加工，在加工过程中需要自动更换刀具，自动换刀系统的主要指标是刀库容量、换刀可靠性和换刀时间。这些指标直接影响加工中心的工艺性能和工作效率。

刀库是加工中心机床的关键部件之一，是在加工中心机床中用来存储和运送刀具的装置。加工中心的刀库按其形式可分为斗笠式、圆盘式刀库、链式刀库等，如图 4-20 所示。按换刀方法不同又分为有机械手换刀和无机械手换刀两种。

（a）斗笠式刀库　　　　　　　（b）圆盘式刀库　　　　　　　（c）链式刀库

图 4-20　按形式分类的刀库

285

斗笠式、圆盘式刀库存储容量较小（30把刀以下），链式刀库的存储量较大、布局灵活。刀库与机械手在机床上的各种布局、组合，使结构变化各异。选用何种结构形式，要由设计者根据工艺、刀具数量、主机结构、总体布局等多种因素决定。

无机械手换刀系统的优点是结构简单，换刀可靠性较高，成本低；其缺点是结构布局受到了限制，刀库的容量少，换刀时间较长（10～20s），因此多用于中小型加工中心。在有机械手的自动换刀系统中，刀库的容量、刀库的形式、布局等都比较灵活，机械手的配置形式也是多种多样的，可以是单臂的、双臂的，甚至可有主、辅机械手，换刀时间可以缩短到几秒，甚至零点几秒。

常用的选刀方式有顺序选刀和任意选刀，顺序选刀要求刀具严格按加工过程中使用的顺序放入刀库中，任意选刀的换刀方式有刀套编码、刀具编码等方式。目前在加工中心上绝大多数都使用记忆式的任选换刀方式。这种方式是刀具号和在刀库中的位置对应记忆在数控系统的PLC中，刀库上装有位置检测装置，刀具在使用中无论位置如何变化，数控系统总能追踪记忆刀具在刀库中的位置，这样刀具就可以从刀库中任意取出并送回。刀库中设有机械原点，每次选刀时，数控系统可以确定取刀最短路径，就近取刀。

二、斗笠式无机械手刀库换刀

1. 换刀指令格式

T×× M06；

2. 换刀原理及过程

（1）系统得到换刀信息后，主轴自动返回换刀点，并实现主轴定向控制。

（2）刀盘从原位进至换刀位（汽缸活塞移动），到位开关接通后刀盘停止移动，准备接刀。

（3）主轴自动松刀并吹气，当松刀到位开关接通后，刀盘接刀完成，即将主轴上的刀放回至斗笠式刀库。

（4）主轴上移至抬刀点。

（5）刀盘定位T指令刀具号。电动机带动刀盘转动，进行就近选刀，刀盘计数开关计数，选刀到位后，刀盘电动机停转。

（6）主轴再次下移至换刀点，进行主轴接刀控制，即将刀库中所选的刀放至主轴上。

（7）实现主轴锁紧刀具控制。

（8）锁紧到位开关接通后，刀盘退回原位（汽缸活塞移动）。

（9）原位到位开关接通后，自动换刀完成。

3. 换刀宏程序（M06）

O9001

M05；	主轴停止
G04 X0.2；	延时0.2s
IF［#1000EQ1］GOTO200；	若所选刀在主轴上跳出换刀程序
#3003＝1；	自动换刀时面板单段功能无效
#23＝#4003；	通过变量#23设定是绝对坐标还是增量坐标
#26＝#4006；	通过变量#26设定是公制还是英制

286

G91G30P3Z0；	Z 轴返回第三参考点，即换刀点
M19；	主轴定向
M81；	刀盘定位主轴上刀具号
M83；	刀盘前进
G04X0.5；	延时 0.5s
M11；	主轴松刀和吹气控制
G91G30P2Z0；	Z 轴返回第二参考点，即抬刀点
M82；	刀盘定位 T 指令刀具号
G91G30P3Z0；	Z 轴返回第三参考点，即换刀点
M10；	主轴紧刀控制
M85；	T 指令赋值给主轴刀具号
M84；	刀盘退回原位
＃23＝0；	为绝对坐标 G90
＃26＝0；	坐标单位为公制 G20
＃3003＝0；	自动换刀结束后面板单段功能有效
N200M99；	换刀程序结束

三、圆盘式带机械手刀库换刀

1. 换刀指令格式

T××；

加工程序；

M06；

2. 换刀原理及过程

(1) 刀库旋转选 T 指令刀（就近选刀，刀盘计数开关计数）。

(2) 系统得到换刀信息后，主轴自动返回换刀点，并实现主轴定向控制。

(3) 刀套翻下 90°，翻下到位后完成此动作。

(4) 机械手从原位扣刀（第一次启动机械手电机），扣刀到位后机械手电机停转。

(5) 主轴松刀、吹气，松刀到位开关接通后完成松刀控制。

(6) 机械手拔刀、旋转 180°及插刀（第二次启动机械手电机），扣刀再次到位后机械手电机停转。

(7) 主轴锁紧刀具，锁紧到位后完成紧刀控制。

(8) 机械手回原位（第三次启动机械手电机），原位到位开关接通后机械手电机停转。

(9) 刀套翻上 90°，翻上到位后，刷新刀具数据表，完成换刀控制。

3. 换刀宏程序（M06）

O9001

M05；	主轴停止
G04 X0.2；	延时 0.2s
IF［＃1000EQ1］GOTO200；	若所选刀在主轴上跳出换刀程序
＃3003＝1；	自动换刀时面板单段功能无效

♯23＝♯4003；	通过变量♯23设定是绝对坐标还是增量坐标	
♯26＝♯4006；	通过变量♯26设定是公制还是英制	
G91G30P2Z0；	Z轴返回第二参考点，即换刀点	
M19；	主轴定向	
M83；	刀套翻下90°	
M82；	机械手从原位扣刀	
M11；	主轴松刀和吹气控制	
M82；	机械手拔刀、旋转180°及插刀	
M10；	主轴紧刀控制	
M82；	机械手回原位	
M84；	刀套翻上90°	
M85；	刀号赋值	
♯23＝0；	为绝对坐标G90	
♯26＝0；	坐标单位为公制G20	
♯3003＝0；	自动换刀结束后面板单段功能有效	
N200M99；	换刀程序结束	

4. 换刀 PMC 控制

某加工中心换刀梯形图如图 4 - 21 所示。

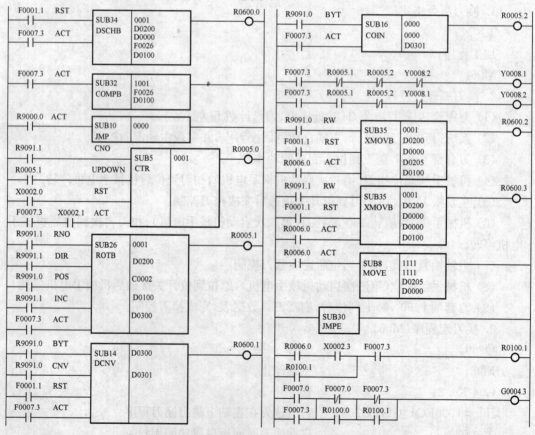

图 4 - 21 某加工中心换刀梯形图

288

通过执行数据检索功能指令 DSCHB 把检索到的数据所在数据表的地址号存储在 D100 中,即把选刀的刀库中刀座号存储在 D100 中。其中 D200 为存储数据表个数的地址,本机床设定为 25(刀库为 24 把刀)。通过比较指令 COMPB 来判别选择的刀号是否与主轴当前刀号相同,如果相同(即要的刀已在主轴锥孔中)则跳出换刀控制程序(通过跳转功能指令 JMP 实现),不相同时则执行换刀控制程序。计数器 C1 用来计算刀库选刀的位置到换刀点的步数,初始设定为 24(按刀库最大容量设定),其中 X2.1 为刀库转位的计数开关输入信号,X2.0 为刀库定位开关。通过旋转方向判别功能指令 ROTB 来判定刀库旋转的方向,R5.1 为 0,刀库电机正转,R5.1 为 1,刀库电机反转,同时把选刀位置到换刀点的步数存储到 D300 中。通过判别一致功能指令 COIN 来判定刀库是否转到换刀位置,如果转到换刀位置(R5.2 为 1),刀库电机立即停转。当刀库旋转结束后,机械手实现自动交换刀具控制(R6.0 为 1),通过读数据传输指令 XMOVB 把选刀的刀号存储到 D205 中,写数据传输指令 XMOVB 把主轴当前的刀号写在换刀的刀座位置,逻辑与传输指令 MOVE 把换刀的刀号写在主轴刀号的位置,从而完成修改数据表任务。

四、刀库及换刀机械手的维护方法

刀库与换刀机械手是数控机床的重要组成部分,应注意加强维护。

(1) 严禁把超重、超长、非标准的刀具装入刀库,防止在机械手换刀时掉刀或刀具与工件、夹具等发生碰撞。

(2) 采取顺序选刀方式的机床必须注意刀具放置在刀库上的顺序是否正确。其他的选刀方式也要注意所换刀具号是否与所需刀具一致,防止换错刀具导致事故发生。

(3) 用手动方式往刀库上装刀时,要确保放置到位、牢固,同时还要检查刀座上锁紧装置是否可靠。

(4) 刀库容量较大时,重而长的刀具在刀库上应均匀分布,避免集中于一段,否则易造成刀库的链带拉得太紧,变形较大,并且可能有阻滞现象,使换刀不到位。

(5) 刀库的链带不能调得太松,否则会有"飞刀"的危险。

(6) 经常检查刀库的回零位置是否正确,机床主轴回换刀点的位置是否到位,发现问题应及时调整,否则不能完成换刀动作。

(7) 要注意保持刀具刀柄和刀套的清洁,严防异物进入。

(8) 开机时,应先使刀库和换刀机械手空运行,检查各部分工作是否正常,特别是各行程开关和电磁阀能否正常动作。检查机械手液压系统的压力是否正常,刀具在机械手上锁紧是否可靠,发现异常时应及时处理。

五、刀架、刀库及换刀机械手的常见故障

刀库及换刀机械手结构复杂,且在工作中又频繁运动,故障率较高。所以将刀架、刀库换刀常见故障及排除方法一起罗列出来,见表 4-25。

4.5.4 数控加工类故障与维修

误差故障的现象较多,在各种设备上出现时的表现不一。如数控车床在直径方向出现时大时小的现象较多。在加工中心上,垂直轴出现误差的情况较多,常见的是尺寸向下

逐渐增大,但也有尺寸向上增大的现象;在水平轴上也经常会有一些较小误差的故障出现,有些经常变化,时好时坏,使零件的尺寸难以控制,造成数控机床中误差故障但又无报警的情况。数控机床中的无报警故障大都是一些较难处理的故障。在这些故障中,以机械原因引起的较多,其次是一些综合因素引起的故障,对这些故障的排除一般具有一定的难度,特别是对故障的现象判断尤其重要。

表 4-25　刀架、刀库换刀常见故障及排除方法

故障现象	故障原因	排除方法
换刀时刀架不转	电源相序接反或电源缺相(大多数车刀架)	将电源相序调换
	换刀信号没有发出,PLC信号、程序出错	重新调试PLC
换刀时刀架/刀库一直旋转	刀位信号没有到达	检查线路是否有误、连接是否松动
	I/O输入输出板出错	维修或更换
	刀位检测元件损坏或污染等	维修清洁或更换
普通刀架不能锁紧	刀架反转信号没有输出	检查线路是否有误
	刀架锁紧时间过短	增加锁紧时间
	机械故障	重新调整机械部分
刀库换刀动作不能完成	松刀感应开关或电磁阀损坏或失灵	更换松刀感应开关或电磁阀
	液压系统压力不足或漏油使液压缸不动作或不到位	检查液压系统
	PLC调试出错,换刀条件不能满足	重新调试PLC,观察PLC的I/O状态
	主轴系统出错	主轴驱动器是否报错
自动换刀时刀链运转不到位	液压系统出现问题,油路不畅通或液压阀出现问题	检查液压系统
	液压马达出现故障	检查液压马达是否正常工作
	刀库负载过重或者有阻滞的现象	检查刀库装刀是否合理
	润滑不良	检查润滑油路是否畅通,并重新润滑
刀具夹紧后不能松开,取不下主轴刀柄	松刀力不够	调整机械部分
	气液压阀松或拉力气缸损坏	维修或更换
	拉杆行程不够或拉杆位置变动	调整机械部分
	7:24锥为自锁与非自锁的临界点	重新调整
	刀具松夹弹簧压合过紧	调整刀具松夹弹簧
	液压缸压力和行程不够	对液压缸进行检查
刀具不能夹紧主轴,不能拉上刀柄	拉杆行程不够	对拉杆进行调整
	松刀接近开关位置变动	调整接近开关的位置
	拉杆头部损坏	更换拉杆
	阀未动作、卡死或者未上电	检查阀是否有动作或有电输出
	拉钉未拧紧或者型号选择不正确	检查拉钉并更换
	蝶形弹簧位移量太小	调整蝶形弹簧
	刀具松夹弹簧上螺母松动	紧固螺母

在数控机床的修理中,对这方面故障的判断经验只有在实践中进行摸索,不断总结,不断提高,以适应现代工业新型设备维修的需要。加工类常见故障及排除见表 4-26。

表 4-26　加工类常见故障及排除

故障现象	故 障 原 因		排 除 方 法
加工尺寸或精度误差过大	系统方面	数控系统较简单,对误差没有设置检测	提高机械精度,减小误差发生的可能性
		机床调试的误差允许范围过大	调整参数,适当减小允差范围,提高精度
		回零不当,回零点不能保证一致	调整减速开关或适当减小回零速度
		机床运动时由于超调引起的误差过大	调整增益等伺服参数,改善电机运转性能
	操作方面	对刀不正确	更改操作方法
		加工时未考虑刀尖半径补偿或使用不当	正确使用 G41、G42 刀尖半径补偿指令
		刀具与工件的相对位置方位号设定错误	更改方位号
	机械方面	机床几何精度太差	重新调整机床几何精度
		丝杠与电动机的联轴器的影响	调整或更换联轴器,消除弹性变形
		滚珠丝杠的支承轴承或钢球损坏	更换轴承螺母或钢球
		滚珠丝杠的反向器磨损	更换反向器
		传动链松动	检查传动系统,并排除松动
		滚珠丝杠的预紧力调整不适当	调整预紧力,使窜动不超过 0.0015mm
两轴联动铣削圆周时圆度超差		圆的轴向变形,由于机床机械未调整好、机械传动副之间的间隙过大或者丝杠间隙补偿不当,导致每当机床在过象限时就产生圆度误差	调整机械安装,消除反向间隙,减小机床的机械误差
		产生斜椭圆误差时,一般是由各轴的位置偏差过大造成的	调整各轴增益等伺服参数,改善各轴的运动性能,使每个轴的运动特性比较接近
两轴联动铣削圆周时圆弧上有突起		圆弧切削在特定的角度(0°、90°、180°、270°)过象限时,电机需要反转,由于机械的摩擦力、反向间隙等原因造成速度无法连续	调整机械安装,减小机床的反向间隙误差
车床圆弧加工轨迹不是圆或报圆弧数据错误		参数设置错误,如加工平面选择不对	正确设置参数
		X 轴编程时半径编程输入的是直径值,直径编程时输入的是半径值	改正所编的程序或者更改参数
自动时报程序指令错		程序中有非法地址字	改正所编的程序
		固定循环参数设置错误	正确编写固定循环
机床加工工件时,噪声过大		棒料的不直度过大,使机床加工时噪声过大	对棒料进行校直处理
		机床使用过久,滚珠丝杠的间隙过大	修磨丝杠的螺母调整垫片,重调间隙
		运动轴或电机的轴承润滑不良或损坏	加润滑脂,更换已损坏的轴承
		工装夹具、刀具或切削参数选择不当	改善工装夹具、重选刀具或切削参数

思考与练习

1. 什么是平均有效度?
2. 叙述常见故障的分类方法。

3. 列举故障排除的原则及基本方法有哪些?

4. 电气控制线路常用的故障检查方法有哪些?

5. 简述 CNC 供电系统的组成。数控机床主要有哪几种电源?

6. 简述参数丢失的常见原因。

7. 列举几个常用的抗干扰措施。

8. 简单介绍伺服系统的链路构成。

9. 列表总结数控机床进给伺服驱动系统的主要故障。

10. 主传动系统的维护包括哪些方面?

11. 列举交流主轴系统常见故障及其原因。

12. 分析系统一直急停不能复位的常见故障原因。

13. 简述超程故障的原因及解除方法。

14. 回参考点的方式有哪些? 分析回参考点常见故障现象及原因。

15. 简述数控车床的换刀过程,并分析其常见故障。

16. 简述斗笠式无机械手刀库的换刀过程及圆盘式带机械手刀库的换刀过程。

17. 分析加工中心换刀装置常见故障现象及原因。

18. 举出一个你在加工中所遇到的故障,并说明是如何解决的?

附　录

附录 1　FANUC 数控系统名词解释

1. 控制轨迹数(Controlled Path)

CNC 控制的进给伺服轴(进给)的组数(日文资料上称为"系统数")。加工时每组轴的合成运动(任意几个轴的组合)形成一条刀具轨迹。各组可单独运动,也可同时协调运动。16i/18i 可有两个轨迹,30i 最多可有 10 个。

2. 控制轴数(Controlled Axes)

CNC 控制的进给伺服轴总数/每一轨迹。

3. 联动控制轴数(Simultaneously Controlled Axes)

每一轨迹同时插补(进给轴联动)的进给伺服轴数。

4. 用 PMC 控制进给轴(Axis control by PMC)

机床进给轴的运动,不用 CNC 的 G00 和 G01 代码指令控制,而是由 PMC(可编程机床控制器)程序控制,这就是 PMC 的轴控制功能。PMC 轴控制的指令编在 PMC 程序(梯形图)中,编制方法与通常的 PMC 程序相同,按顺序(时序)将轴控制信号编入梯形图,因此修改不便,故这种方法通常只用于移动量固定的进给轴控制,如换刀轴、分度轴等。

5. C_f 轴控制(C_f Axis Control)(T 系列)

车床系统中,主轴的回转位置(转角)控制和其它进给轴一样由进给伺服电动机实现。该轴与其它进给轴联动进行插补,加工任意曲线。该功能目前的系统已很少使用。

6. C_s 轮廓控制(C_s contouring control)(T 系列)

车床系统中,主轴的回转位置(转角)控制不是用进给伺服电动机而由 FANUC 主轴电动机实现。主轴的位置(角度)由装于主轴(不是主轴电动机)上的高分辨率编码器检测,此时主轴是作为进给伺服轴工作,运动速度为:度/分,并可与其它进给轴一起插补,加工出轮廓曲线。C_s 轴控制必须使用 FANUC 的串行主轴电动机,在主轴上要安装高分辨率的脉冲编码器,因此,用 C_s 轴进行主轴的定位精度要高。

7. 回转轴控制(Rotary axis control)

将进给轴设定为回转轴作角度位置控制。回转一周的角度,可用参数设为任意值。FANUC 系统通常只是基本轴以外的进给轴才能设为回转轴。

8. 控制轴脱开(Controlled Axis Detach)

指定某一进给伺服轴脱离 CNC 的控制而无系统报警。通常用于转台控制,机床不用转台时执行该功能将转台电动机的插头拔下,卸掉转台。

9. 伺服关断(Servo Off)

用 PMC 信号将进给伺服轴的电源关断,使其脱离 CNC 的控制用手可以自由移动,但是 CNC 仍然实时地监视该轴的实际位置。该功能可用于在 CNC 机床上用机械手轮控制工作台的移动,或工作台、转台被机械夹紧时以避免进给电动机发生过流。

10. 位置跟踪(Follow - up)

当伺服关断、急停或伺服报警时若工作台发生机械位置移动,在 CNC 的位置误差寄存器中就会有位置误差。位置跟踪功能就是修改 CNC 控制器监测的机床位置,使位置误差寄存器中的误差变为零。当然,是否执行位置跟踪应该根据实际控制的需要而定。

11. FSSB(FANUC 串行伺服总线)

FANUC 串行伺服总线(FANUC Serial Servo Bus)是 CNC 单元与伺服放大器间的信号与数据高速传输总线,使用一条光缆可以传递 4～8 个轴的控制信号与数据。因此,为了区分各个轴,必须设定有关参数。

12. 简易同步控制(Simple synchronous control)

两个进给轴一个是主动轴,另一个是从动轴,主动轴接收 CNC 的运动指令,从动轴跟随主动轴运动,从而实现两个轴的同步移动。CNC 随时监视两个轴的移动位置与移动误差,如果两轴的移动位置超过参数的设定值,CNC 即发出报警,同时停止各轴的运动。该功能用于大型工作台某一运动方向的双轴驱动。该功能在 30i 系统中称为"轴同步控制",并能对同步误差进行补偿。

13. 力矩双驱动控制(Tandem control)

对于大工作台,一个电动机的力矩不足以驱动某个进给轴时,可以用两个电动机,这就是本功能的含义。两个电机中一个是主驱动电机,另一个为次驱动电机。主驱动电机接收 CNC 的位置控制指令并实现实时的位置运动与定位。次驱动电动机接收主驱动电动机送来的速度与力矩指令以增加驱动力矩,两个电动机一起驱动进给轴。次驱动电动机控制回路没有位置环,这也就是力矩 Tandem 控制与位置同步控制的不同点。

14. 位置双电机驱动控制(Position Tandem control)

在伺服进给轴的位置同步控制中,为了消除两个同步轴的位置误差,抑制干扰造成的力矩扰动,使两个轴的负荷平衡,以达到高精度的加工,开发了该功能。

15. 同步控制(Synchrohouus control)(T 系列的双迹系统)

双轨迹的车床系统,可以实现一个轨迹的两个轴的同步,也可以实现两个轨迹的两个轴的同步。同步控制方法与上述"简易同步控制"相同。

16. 混合控制(Composite control)(T 系列的双迹系统)

双轨迹的车床系统,可以实现两个轨迹的轴移动指令的互换,即第一轨迹的程序可以控制第二轨迹的轴运动;第二轨迹的程序可以控制第一轨迹的轴运动。

17. 重叠控制(Superimposed control)(T 系列的双迹系统)

双轨迹的车床系统,可以实现两个轨迹的轴移动指令同时执行。与同步控制的不同点是:同步控制中只能给主动轴送运动指令,而重叠控制既可给主动轴送指令,也可给从动轴送指令。从动轴的移动量为本身的移动量与主动轴的移动量之和。

18. B 轴控制(B - Axis control)(T 系列)

B 轴是车床系统的基本轴(X, Z)以外增加的一个独立轴,用于车削中心。其上装有动力主轴,因此可以实现钻孔、镗孔或与基本轴同时工作实现复杂零件的加工。

19. 卡盘/尾架的屏障(Chuck/Tailstock Barrier)(T 系列)

该功能是在 CNC 的显示屏上有一设定画面,操作员根据卡盘和尾架的形状设定一个刀具禁入区,以防止刀尖与卡盘和尾架碰撞。

20. 刀架碰撞(干涉)检查(Tool post interference check)(T 系列)

双迹车床系统中,当用两个刀架加工一个工件时,为避免两个刀架的碰撞可以使用该功能。其原理是用参数设定两刀架的最小距离,加工中时进行检查,发生碰撞前停止刀架进给。

21. 异常负载检测(Abnormal load detection, Unexpected disturbance torque detection)

机械碰撞、刀具磨损或断裂会对伺服电动机及主轴电动机造成大的负载力矩,可能会损害电动机及驱动器。该功能就是监测电动机的负载力矩,当超过参数的设定值时提前使电动机停止或反转退回。使用该功能只需设定相应的参数,无需编制梯形图。

22. 手轮中断(Manual handle interruption)

在自动运行期间摇动手轮,可以增加运动轴的移动距离。用于行程或尺寸的修正。

23. 手动干预及返回(Manual intervention and return)

在自动运行期间,用进给暂停使进给轴停止,然后用手动将该轴移动到某一位置做一些必要的操作(如换刀),操作结束后按下自动加工启动按钮即可返回原来的坐标位置。

24. 手动绝对值开/关(Manual absolute ON/OFF)

该功能用来决定在自动运行时,进给暂停后用手动移动的坐标值是否加到自动运行的当前位置值上。

25. 手摇轮同步进给(Handle synchronous feed)

在自动运行时,刀具的进给速度不是由加工程序指定的速度,而是与手摇脉冲发生器的转动速度同步。

26. 手动方式数字指令(Manual numeric command)

CNC 系统设计了专用的 MDI 画面,通过该画面用 MDI 键盘输入运动指令(G00、G01等)和坐标轴的移动量,由 JOG(手动连续)进给方式执行这些指令。

27. 主轴串行输出/主轴模拟输出(Spindle serial output/Spindle analog output)

主轴控制有两种接口:一种是按串行方式传送数据(CNC 给主轴电动机的指令)的接口;另一种是输出模拟电压量做为主轴电动机指令的接口。前一种必须使用 FANUC 的主轴驱动单元和电动机,后一种用模拟量控制的主轴驱动单元(如变频器)和电动机。

28. 主轴定位(Spindle positioning)(T 系统)

这是车床主轴的一种工作方式(位置控制方式),用 FANUC 主轴电动机和装在主轴上的位置编码器实现固定角度间隔的圆周上的定位或主轴任意角度的定位。

29. 主轴定向(Orientation)

为了执行主轴定位或者换刀,必须将机床主轴在回转的圆周方向定位于某一转角上,作为动作的基准点。CNC 的这一功能称为主轴定向。FANUC 系统提供了以下 3 种方法:用位置编码器定向、用磁性传感器定向、用外部一转信号(如接近开关)定向。

30. 多主轴控制(Multi - spindle control)

CNC 除了控制第一个主轴外,还可以控制其他的主轴,最多可控制 4 个(取决于系统),通常是两个串行主轴和一个模拟主轴。主轴的控制命令 S 由 PMC(梯形图)确定。

31. 刚性攻丝(Rigid tapping)

攻丝操作不使用浮动卡头而是由主轴的回转与攻丝进给轴的同步运行实现。主轴回转一转,攻丝轴的进给量等于丝锥的螺距,这样可提高精度和效率。欲实现刚性攻丝,主轴上必须装有位置编码器(通常是 1024 脉冲/r),并要求编制相应梯形图,设定有关的系统参数。铣床、车床(车削中心)都可实现刚性攻丝,但车床不能像铣床一样实现反攻丝。

32. 主轴同步控制(Spindle synchronous control)

该功能可实现两个主轴(串行)的同步运行,除速度同步回转外,还可实现回转相位的同步。利用相位同步,在车床上可用两个主轴夹持一个形状不规则的工件。根据 CNC 系统的不同,可实现一个轨迹内的两个主轴的同步,也可实现两个轨迹中的两个主轴的同步。接受 CNC 指令的主轴称为主主轴,跟随主主轴同步回转的称为从主轴。

33. 主轴简易同步控制(Simple spindle synchronous control)

两个串行主轴同步运行,接受 CNC 指令的主轴为主主轴,跟随主主轴运转的为从主轴。两个主轴可同时以相同转速回转,可同时进行刚性攻丝、定位或 C_s 轴轮廓插补等操作。与上述的主轴同步不同,简易主轴同步不能保证两个主轴的同步化。进入简易同步状态由 PMC 信号控制,因此必须在 PMC 程序中编制相应的控制语句。

34. 主轴输出的切换(Spindle output switch)(T)

这是主轴驱动器的控制功能,使用特殊的主轴电动机,这种电动机的定子有两个绕组:高速绕组和低速绕组,用该功能切换两个绕组,以实现宽的恒功率调速范围。绕组的切换用继电器。切换控制由梯形图实现。

35. 刀具补偿存储器 A,B,C(Tool compensation memory A,B,C)

刀具补偿存储器可用参数设为 A 型、B 型或 C 型的一种。A 型不区分刀具的几何形状补偿量和磨损补偿量。B 型是把几何形状补偿与磨损补偿分开,通常几何补偿量是测量刀具尺寸的差值,磨损补偿量是测量加工工件尺寸的差值。C 型不但将几何形状补偿与磨损补偿分开,将刀具长度补偿代码与半径补偿代码也分开。长度补偿代码为 H,半径补偿代码为 D。

36. 刀尖半径补偿(Tool nose radius compensation)(T)

车刀的刀尖都有圆弧,为了精确车削,根据加工时的走刀方向和刀具与工件间的相对方位对刀尖圆弧半径进行补偿。

37. 三维刀具补偿(Three - dimension tool compensation)(M)

在多坐标联动加工中,刀具移动过程中可在三个坐标方向对刀具进行偏移补偿。可实现用刀具侧面加工的补偿,也可实现用刀具端面加工的补偿。

38. 刀具寿命管理(Tool life management)

使用多把刀具时,将刀具按其寿命分组,并在 CNC 的刀具管理表上预先设定好刀具的使用顺序。加工中使用的刀具到达寿命值时可自动或人工更换上同一组的下一把刀具,同一组的刀具用完后就使用下一组的刀具。刀具的更换无论是自动还是人工,都必须编制梯形图。刀具寿命的单位可用参数设定为"分"或"使用次数"。

39. 自动刀具长度测量(Automatic tool length measurement)

在机床上安装接触式传感器,和加工程序一样编制刀具长度的测量程序(用 G36、G37),在程序中要指定刀具使用的偏置号。在自动方式下执行该程序,使刀具与传感器接触,从而测出其与基准刀具的长度差值,并自动将该值填入程序指定的偏置号中。

40. 极坐标插补(Polar coordinate interpolation)(T)

极坐标编程就是把两个直线轴的笛卡儿坐标系变为横轴为直线轴,纵轴为回转轴的坐标系,用该坐标系编制非圆型轮廓的加工程序。通常用于车削直线槽,或在磨床上磨削凸轮。

41. 圆柱插补(Cylindrical interpolation)

在圆柱体的外表面上进行加工操作时(如加工滑块槽),为了编程简单,将两个直线轴的笛卡儿坐标系变为横轴为回转轴(C),纵轴为直线轴(Z)的坐标系,用该坐标系编制外表面上的加工轮廓。

42. 虚拟轴插补(Hypothetical interpolation)(M)

在圆弧插补时将其中的一个轴定为虚拟插补轴,即插补运算仍然按正常的圆弧插补,但插补出的虚拟轴的移动量并不输出,因此虚拟轴也就无任何运动。这样使得另一轴的运动呈正弦函数规律。可用于正弦曲线运动。

43. NURBS 插补(NURBS Interpolation)(M)

汽车和飞机等工业用的模具多数用 CAD 设计,为了确保精度,设计中采用了非均匀有理化 B-样条函数(NURBS)描述雕刻(Sculpture)曲面和曲线。因此,CNC 系统设计了相应的插补功能,这样,NURBS 曲线的表示式就可以直接指令 CNC,避免了用微小的直线线段逼近的方法加工复杂轮廓的曲面或曲线。其优点是:①程序短,从而使得占用的内存少。②因为轮廓不是用微小线段模拟,故加工精度高。③程序段间无中断,故加工速度快。④主机与 CNC 之间无需高速传送数据,普通 RS-232C 口速度即可满足。FANUC 的 CNC,NURBS 曲线的编程用 3 个参数描述:控制点、节点和权。

44. 返回浮动参考点(Floating reference position return)

为了换刀快速或其它加工目的,可在机床上设定不固定的参考点称为浮动参考点。该点可在任意时候设在机床的任意位置,程序中用 G30.1 指令使刀具回到该点。

45. 极坐标指令编程(Polar coordinate command)(M)

编程时工件尺寸的几何点用极坐标的极径和角度定义。按规定,坐标系的第一轴为直线轴(即极径),第二轴为角度轴。

46. 先行(提前预测)控制(Advanced preview control)(M)

该功能是提前读入多个程序段,对运行轨迹插补和进行速度及加速度的预处理。这样可以减小由于加减速和伺服滞后引起的跟随误差,刀具在高速下比较精确地跟随程序指令的零件轮廓,使加工精度提高。预读控制包括以下功能:插补前的直线加减速;拐角自动降速等功能。预读控制的编程指令为 G08 P1。不同的系统预读的程序段数量不同,16i 最多可预读 600 段。

47. 高精度轮廓控制(High-precision contour control)(M)

High-precision contour control 缩写为 HPCC。有些加工误差是由 CNC 引起的,其中包括插补后的加减速造成的误差。为了减小这些误差,系统中使用了辅助处理器 RISC,增加了高速,高精度加工功能,这些功能包括:①多段预读的插补前直线加减速。该功能减小了由于加减速引起的加工误差。②多段预读的速度自动控制功能。该功能考虑工件的形状、机床允许的速度和加速度的变化,使执行机构平滑的进行加/减速。高精度轮廓控制的编程指令为 G05 P10000。

48. AI 轮廓控制/AI 纳米轮廓控制功能（AI Contour control/AI nano Contour control）（M）

这两个功能用于高速、高精度、小程序段、多坐标联动的加工。可减小由于加减速引起的位置滞后和由于伺服延时引起的而且随着进给速度增加而增加的位置滞后，从而减小轮廓加工误差。这两种控制中有多段预读功能，并进行插补前的直线加减速或铃型加减速处理，从而保证加工中平滑地加减速，并可减小加工误差。在纳米轮廓控制中，输入的指令值为微米，但内部有纳米插补器。经纳米插补器后给伺服的指令是纳米，这样，工作台移动非常平滑，加工精度和表面质量能大大改善。程序中这两个功能的编程指令为 G05.1 Q1。

49. AI 高精度轮廓控制/AI 纳米高精度轮廓控制功能（AI high precision contour control/AI nano high precision contour control）（M）

该功能用于微小直线或 NURBS 线段的高速高精度轮廓加工。可确保刀具在高速下严格地跟随指令值，因此可以大大减小轮廓加工误差，实现高速、高精度加工。与上述 HPCC 相比，AI HPCC 中加减速更精确，因此可以提高切削速度。AI nano HPCC 与 AI HPCC 的不同点是 AI nano HPCC 中有纳米插补器，其它均与 AI HPCC 相同。在这两种控制中有以下一些 CNC 和伺服的功能：插补前的直线或铃形加减速；加工拐角时根据进给速度差的降速功能；提前前馈功能；根据各轴的加速度确定进给速度的功能；根据 Z 轴的下落角度修改进给速度的功能；200 个程序段的缓冲。程序中的编程指令为 G05 P10000。

50. DNC 运行（DNC Operation）

是 CNC 机床自动加工运行的一种工作方式。用 RS-232C 或以太网口将 CNC 系统或计算机连接，加工程序存在计算机的硬盘或软盘上，一段段地输入到 CNC，每输入一段程序即加工一段，这样可解决 CNC 内存容量的限制。这种运行方式由 PMC 信号 DNCI 控制。i 系列 CNC 系统还可用存储卡（CF 卡）实现 DNC 运行。

51. 以太网口（Ethernet）

以太网口是 CNC 系统与以太网的接口。目前，FANUC 提供了两种以太网口：PCMCIA 卡口和内埋的以太网板。用 PCMCIA 卡可以临时传送一些数据，用完后即可将卡拔下。以太网板是装在 CNC 系统内部的，因此用于长期与主机连接，实施加工单元的实时控制。

52. 数据服务器（Data Server）

数据服务器是使用计算机的 FTP（Windows 的文件传输协议）进行数控系统的数据传输或 DNC 运行。此功能使用安装在 CNC 中的 DATA SERVER 板上的 ATA 卡作为数控系统的存储器存储大容量数据或加工程序。DATA SERVER 有存储模式和 FTP 模式两种模式。存储模式是使用 ATA 卡作数据服务器。FTP 模式是使用与 CNC 连接的 PC 机的硬盘作为数据服务器，用户通常用该功能进行模具件的 DNC 加工，解决大容量程序存储和快速数据传输问题。

53. 双安全检查（Dual Safety Check）

在 CNC 机床通电状态下，操作人员调整机床时，如安装工件、找正、对刀等，是在保护门打开的情况下进行的,此时必须绝对保障操作的人身安全,为此设计了该功能。该功能在一些欧洲国家已经列入了控制设备的国家标准。该功能的基本原理是利用两个 CPU 对关系到系统和机床安全运行的因素进行交叉冗余检查,如果两个 CPU 对监察的运行状态、不安全因素检测出的状态不一致时,立即停机或切断机床与系统的电源,以保护操作者和机床。

附录 2　电气图常用文字符号(摘自 GB 7159—87)

文字符号	名　称	文字符号	名　称
A	激光器,调节器	GB	蓄电池
AD	晶体管放大器	GF	旋转或静止变频器
AJ	集成电路放大器	GS	同步发电机
AM	磁放大器	H	信号器件
AV	电子管放大器	HA	音响信号器件
AP	印制电路板	HL	光信号器件、指示灯
AT	抽屉柜	K	继电器、接触器
B	光电池、测功计、晶体换能器、送话器、拾音器、扬声器	KA	瞬时接触器式继电器、瞬时通断继电器
		KL	锁扣接触式继电器、双稳态继电器
BP	压力变换器	KM	接触器
BQ	位置变换器	KP	极化继电器
BR	转速变换器(测速发电机)	KR	舌簧继电器
BT	温度变换器	KT	延时通断继电器
BV	速度变换器	L	电感器、电抗器
C	电容器	M	电动机
D	数字集成电路和器件,延迟线、双稳态元件、单稳态元件、寄存器、磁芯存储器、磁带或磁盘记录机	MG	发电或电动两用电机
		MS	同步电动机
E	未规定的器件	MT	力矩电动机
EH	发热器件	N	模拟器件、运算放大器、模拟数字混合器件
El	照明灯		
EV	空气调节器	P	测量设备、试验设备信号发生器
F	保护器件、过电压放电器件避雷器	PA	电流表
FA	瞬时动作限流保护器件	PC	脉冲计数器
FR	延时动作限流保护器件	PJ	电度表
FS	延时和瞬时动作限流保护器件	PS	记录仪
FU	熔断器	PT	时钟、操作时间表
FV	限电压保护器件	PV	电压表
G	发生器、发电机、电源	Q	动力电路的机械开关器件
GA	异步发电机	QF	断路器

299

文字符号	名　称	文字符号	名　称
QM	电动机的保护开关	U	鉴别器、解调器、变频器、编码器、交换器、逆变器、电报译码器
QS	隔离开关		
R	电阻器、变阻器	V	电子管、气体放电管、二极管、晶体管、晶闸管
RP	电位器	VC	控制电路电源的整流桥
RS	测量分流表	W	导线、电缆、汇流条、波导管、方向耦合器、偶极天线、抛物型天线
RT	热敏电阻器		
RV	压敏电阻器	X	接线端子、插头、插座
S	控制、记忆、信号电路开关器件选择器	XB	连接片
		XJ	测试插孔
SA	控制开关	XP	插头
SB	按钮	XS	插座
SL	液压传感器	XT	接线端子板
SP	压力传感器	Y	电动器件
SQ	极限开关（接近开关）	YA	电磁铁
SR	转数传感器	YB	电磁制动器
ST	温度传感器	YC	电磁离合器
T	变流器、变压器	YH	电磁卡盘、电磁吸盘
TA	电流互感器	YM	电动阀
TC	控制电路电源变压器	YV	电磁阀
TM	动力变压器	Z	电缆平衡网络、压伸器、晶体滤波器、补偿器、限幅器、终端装置、混合变压器
TS	磁稳压器		
TV	电压互感器		

附录3　FANUC 16/18/21/0i 系列 PMC 信号表

信号　　　　　　　地址	16/18/21/16i/18i/21i/0i	
	T	M
自动循环启动：ST	G7/2	G7/2
进给暂停：　＊SP	G8/5	G8/5
方式选择：MD1,MD2,MD4	G43/0.1.2	G43/0.1.2
进给轴方向 　　＋J1,＋J2,＋J3,＋J4 　　－J1,－J2,－J3,－J4	G100/0.1.2.3 G102/0.1.2.3	G100/0.1.2.3 G102/0.1.2.3
手动快速进给：RT	G19/7	G19/7
手摇进给轴选择： 　　HS1A～HS1D	G18/0.1.2.3	G18/0.1.2.3

地址 信号	16/18/21/16i/18i/21i/0i	
	T	M
手摇进给/增量进给倍率: MP1,MP2	G19/4.5	G19/4.5
单程序段运行:SBK	G46/1	G46/1
空运行:DRN	G46/7	G46/7
程序再启动:SRN	G6/0	G6/0
程序段选跳:BDT	G44/0;G45	G44/0;G45
零点返回:ZRN	G43/7	G43/7
回零点减速: ＊DECX,＊DECY,＊DECZ,＊DEC4	X0009/0.1.2.3(外) X1009/0.1.2.3(内)	X0009/0.1.2.3(外) X1009/0.1.2.3(内)
机床锁住:MLK	G44/1	G44/1
急停:＊ESP	G8/4	G8/4
进给暂停灯: SPL	F0/4	F0/4
自动循环启动灯:STL	F0/5	F0/5
回零点结束: ZP1,ZP2,ZP3,ZP4	F94/0.1.2.3	F94/0.1.2.3
自动进给倍率: ＊FV0～＊FV7	G12	G12
手动进给倍率: ＊JV0～＊JV15	G10,G11	G10,G11
快速移动倍率:ROV1,ROV2	G14/0.1	G14/0.1
所有轴锁住: ＊IT	G8/0	G8/0
各轴分别锁住: ＊ITX,＊ITY,＊ITZ,＊IT4(0 系统) ＊IT1～＊IT4(16)	G130/0.1.2.3	G130/0.1.2.3
各轴各方向锁住: ＋MIT1～＋MIT4;(－MIT1)～(－MIT4)	X004/2.3.4.5(外) X1004/2.3.4.5(内)	G132/0.1.2.3 G134/0.1.2.3
外部减速:＊＋ED1～＊＋ED4 ＊－ED1～＊－ED4	G118/0.1.2.3 G120/0.1.2.3	G118/0.1.2.3 G120/0.1.2.3
M 功能代码:M00～M31	F10～F13	F10～F13
M00,M01,M02,M30 代码	F9/4.5.6.7	F9/4.5.6.7
M 功能(读 M 代码):MF	F7/0	F7/0
进给分配结束:DEN	F1/3	F1/3
S 功能代码:S00～S31	F22～F25	F22～F25
S 功能(读 S 代码):SF	F7/2	F7/2
T 功能代码:T00～T31	F26～F29	F26～F29
T 功能(读 M 代码):TF	F7/3	F7/3

信号 \ 地址	16/18/21/16i/18i/21i/0i	
	T	M
功能结束：FIN	G4/3	G4/3
MST 结束：MFIN,SFIN,TFIN,BFIN	用户定义	用户定义
倍率无效：OVC	G6/4	G6/4
外部复位：ERS	G8/7	G8/7
复位：RST	F1/1	F1/1
NC 准备好：MA	F1/7	F1/7
伺服准备好：SA	F0/6	F0/6
自动（存储器）方式运行：OP	F0/7	F0/7
程序保护：KEY	G46/3.4.5.6	G46/3.4.5.6
外部工件号检索：PN1,PN2,PN4,PN8,PN16	G9/0.1.2.3.4	G9/0.1.2.3.4

进给轴硬超程：
  * +L1～ * +L4；
  * −L1～ * −L4
	G114/0.1.2.3
	G116/0.1.2.3
		G114/0.1.2.3
		G116/0.1.2.3

伺服断开： SVFX,SVFY,SVFZ,SVF4	G126/0.1.2.3	G126/0.1.2.3
位置跟踪：* FLWU	G7/5	G7/5
手动绝对值：* ABSM	G6/2	G6/2
手轮中断轴：HS11A～HS11D	G41/0.1.2.3	G41/0.1.2.3
镜像：MIRX,MIRY,MIRZ,MIR4	G106/0.1.2.3	G106/0.1.2.3
系统报警：AL	F1/0	F1/0
电池报警：BAL	F1/2	F1/2
DNC 加工方式：DNC1	G43/5	G43/5
跳转：SKIP	X4/7	X4/7
PMC 轴选择：EAX1～EAX4	G136/0.1.2.3	G136/0.1.2.3
主轴转速到达：SAR	G29/4	G29/4
主轴停止转动：* SSTP	G29/6	G29/6
换挡时主轴定向：SOR	G29/5	G29/5
主轴转速倍率： SOV0～SOV7	G30	G30
主轴换挡：GR1,GR2(T) GR10,GR20,GR30(M)	G28/1.2	F34/0.1.2
串行主轴正转：SFRA	G70/5	G70/5
串行主轴反转：SRVA	G70/4	G70/4
S12 位代码输出：R010～R120	F36；F37	F36；F37
S12 位代码输入：R011～R121	G32；G33	G32；G33
主轴电机速度控制选择：SIND	G33/7	G33/7

地址 信号	16/18/21/16i/18i/21i/0i	
	T	M
主轴电机速度指令极性选择：SSIN	G33/6	G33/6
极性方向选择：SGN	G33/5	G33/5
机床就绪：MRDY（也可由2参数设）	G70/7	G70/7
主轴急停：＊ESPA	G71/1	G71/1
定向指令：ORCMA	G70/6	G70/6
定向完成：ORARA	F45/7	F45/7
CS轴选择：CON	G27/7	G27/7
刚性攻丝：RGTAP	G61/0	G61/0
齿轮选择：CTH1A，CTH2A	G70/2.3	G70/2.3
用户宏程序的输入信号：UI000～UI015	G54，G55	G54，G55
用户宏程序的输出信号：UO000～UO015	F54，F55	F54，F55

附录 4 CK6136 数控车床电气原理图

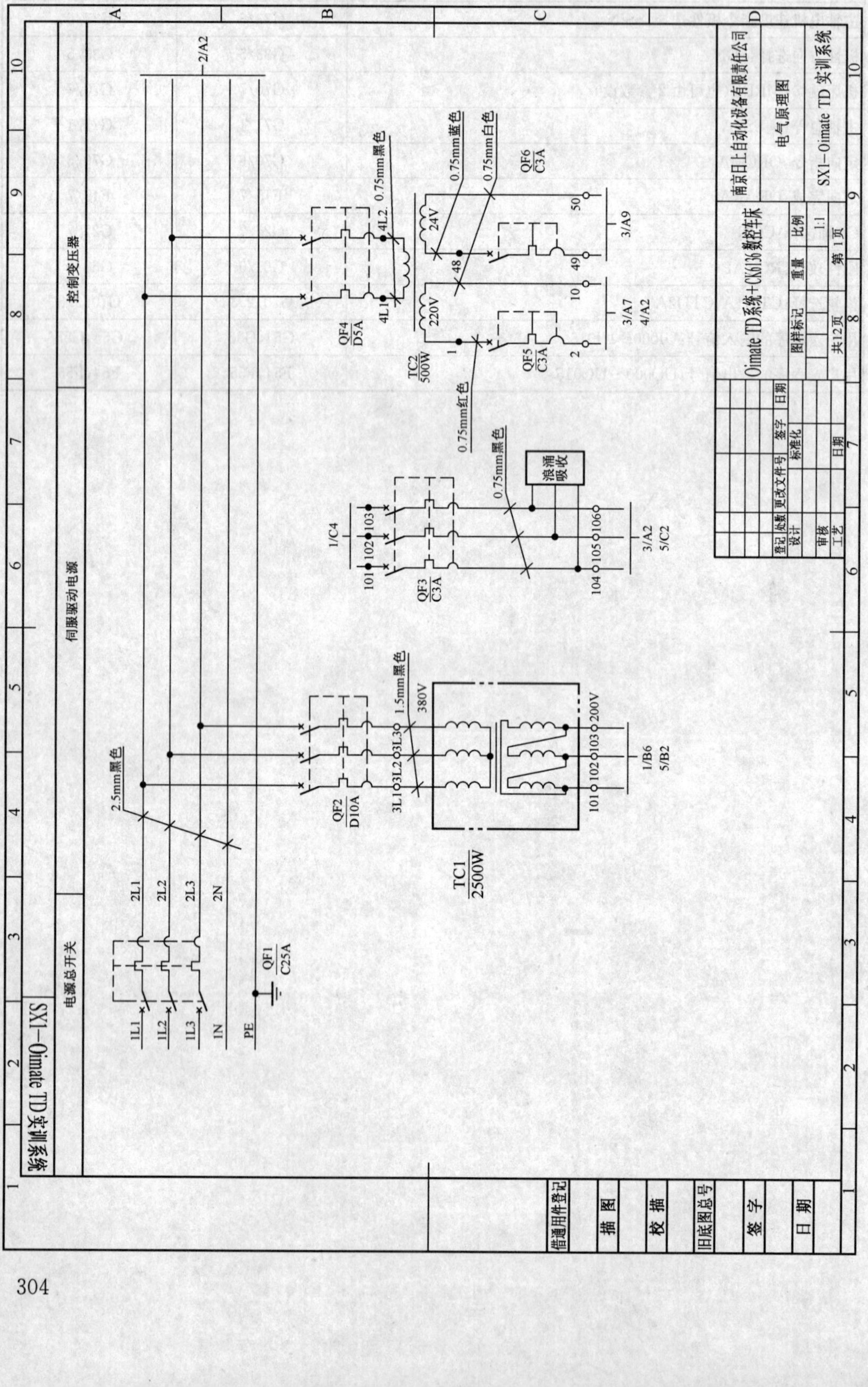

南京日上自动化设备有限责任公司

电气原理图

SX1—0imate TD 实训系统

0imate TD 系统+CK6136 数控车床

| 图样标记 | 比例 | 1:1 |
| 重量 | 第 1 页 |
| 共 12 页 |

设计 / 日期
标准化
审核
工艺

更改文件号 签字 日期

标记 处数

描图
校描
旧底图总号
签字
日期

借通用件登记

SX1—0imate TD 数控车床

电源总开关 伺服驱动电源 控制变压器

QF1 C25A
1L1 1L2 1L3 1N PE
2L1 2L2 2L3 2N
2.5mm 黑色

QF2 D10A
3L1○3L2○3L3○ 1.5mm 黑色
380V
TC1 2500W
101○102○103○ 200V
1/B6 5/B2

QF3 C3A
101 102 103
浪涌吸收
0.75mm
104○105○106○
3/A2 5/C2

QF4 D5A
4L2 0.75mm 黑色 0.75mm 蓝色
0.75mm 白色
QF6 C3A
24V
TC2 500W
220V
0.75mm 红色 0.75mm 黑色
48 49 50
3/A9
10 2
3/A7 4/A2
QF5 C3A

2/A2

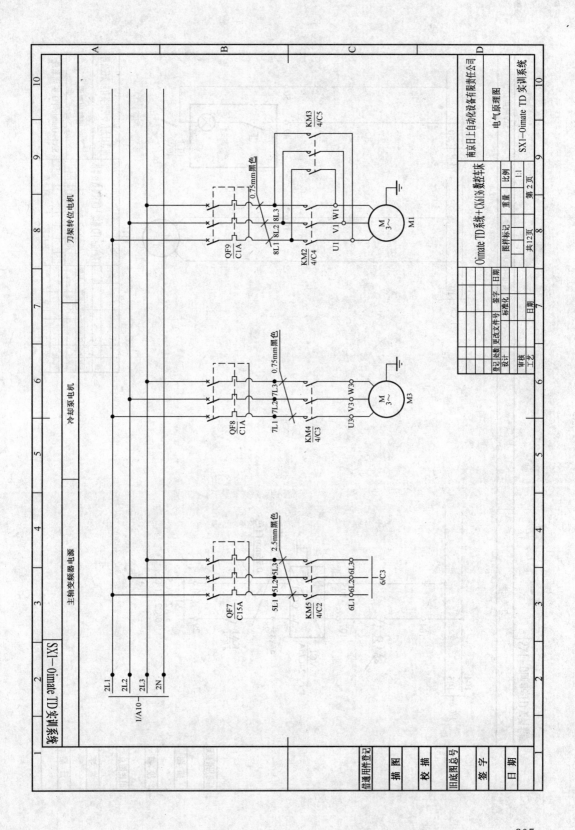

南京日上自动化设备有限责任公司

Oimate TD系统–CAK6136数控车床

电气原理图

SX1–0imate TD 实训系统

比例 1:1

第 2 页 共12页

M1 刀架转位电机

M3 冷却泵电机

主轴变频器电源

SX1–0imate TD 实训系统

QF9 C1A

QF8 C1A

QF7 C15A

KM3 4/C5

KM2 4/C4

KM4 4/C3

KM5 4/C2

0.75mm 黑色

0.75mm 黑色

2.5mm 黑色

8L1 8L2 8L3

7L1 7L2 7L3

5L1 5L2 5L3

U1 V1 W1

U30 V30 W30

6L1 6L2 6L3

6/C3

2L1 2L2 2L3 2N

1/A10

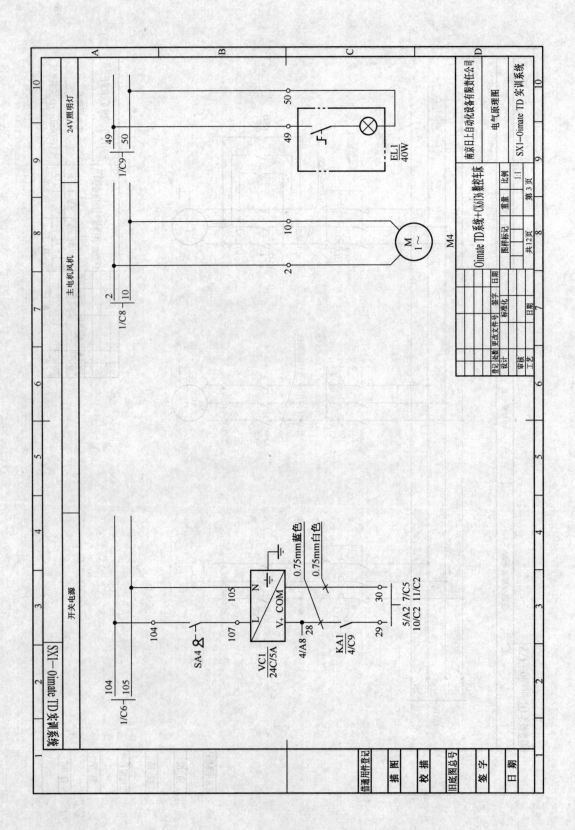

306

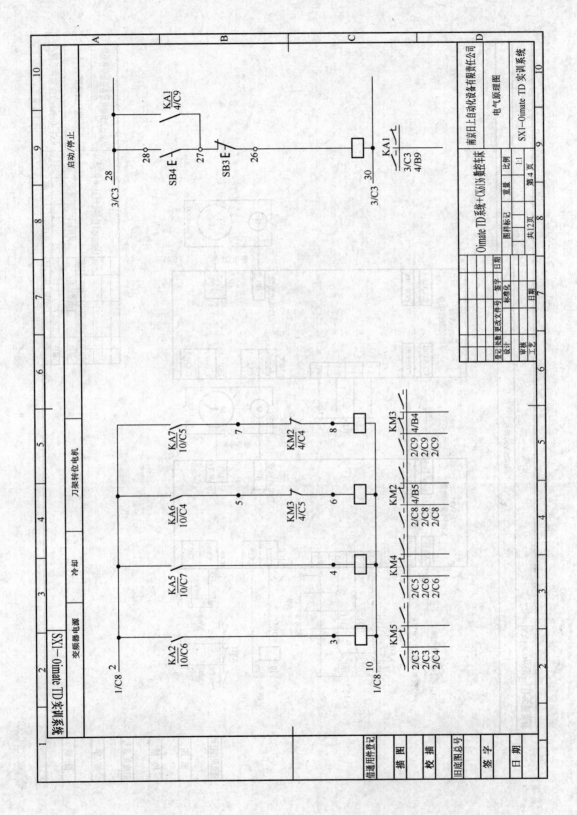

307

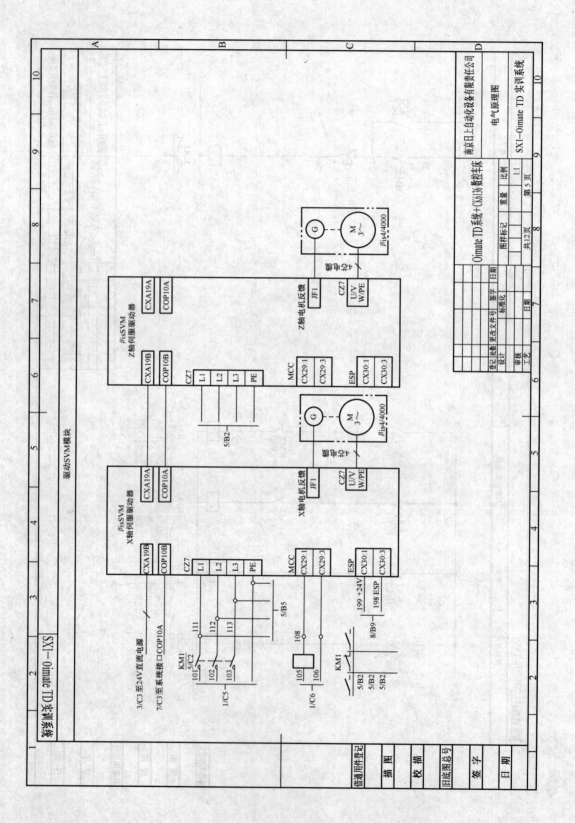

SX1—Oimate TD 实训系统

驱动SVM模块

βisSVM
Z轴伺服驱动器

CXA19A
COP10A
CXA19B
COP10B

CZ7
L1
L2
L3
PE

5/B2-

MCC
CX29:1
CX29:3

ESP
CX30:1
CX30:3

Z轴电机反馈 JF1

CZ7
U/V
W/PE

βis4/4000
M
3~
G

βisSVM
X轴伺服驱动器

CXA19A
COP10A
CXA19B
COP10B

CZ7
L1
L2
L3
PE

MCC
CX29:1
CX29:3

ESP
CX30:1
CX30:3

X轴电机反馈 JF1

CZ7
U/V
W/PE

βis4/4000
M
3~
G

3/C3 至24V直流电源
7/C3 至系统接口COP10A

KM1
5/C2
101
102
103

111
112
113

5/B5

108

105 106

KM1
5/B2
5/B2
5/B2

199 +24V
198 ESP

8/B9

1/C5
1/C6

南京日上自动化设备有限责任公司

Oimate TD系统+CK6136数控车床

电气原理图

SX1—Oimate TD 实训系统

图样标记 | 重量 | 比例
| | 1:1

共12页 | 第 5 页

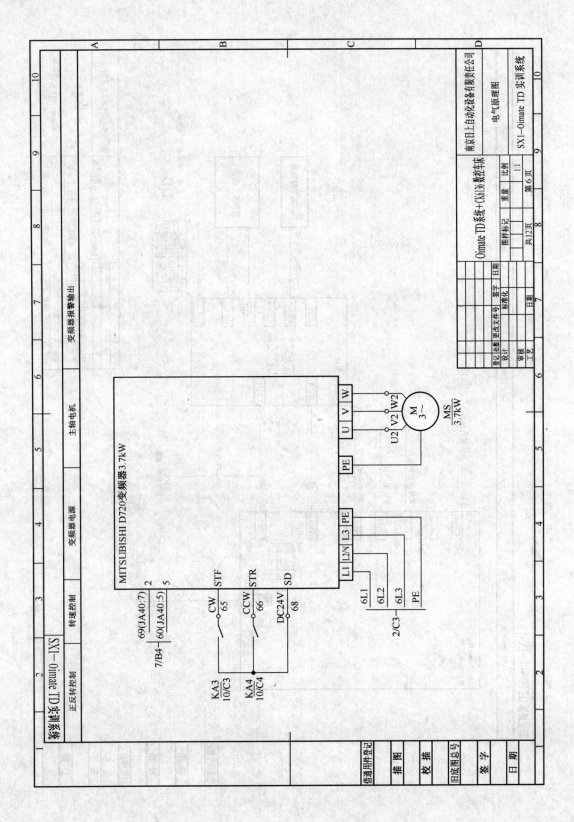

SX1-0imate TD实训系统

正反转控制	转速控制	变频器电源	主轴电机	变频器报警输出

MITSUBISHI D720变频器3.7kW

69(JA40:7) 2

7/B4 60(JA40:5) 5

CW STF
65

CCW STR
66

DC24V SD
68

KA3
10/C3

KA4
10/C4

L1 L2/N L3 PE

U V W

PE

U2 V2 W2

M
3～
MS
3.7kW

6L1
6L2
6L3
PE

2/C3

南京日上自动化设备有限责任公司

电气原理图

SX1-0imate TD 实训系统

Oimate TD 系统+CK0136数控车床

登记	换版	更改文件号	签字	日期		图样标记		重量	比例	
设计					标准化				1:1	
审核										
工艺		日期					共12页	第6页		

借通用件登记					
描 图					
校 描					
旧底图总号					
签 字					
日 期					

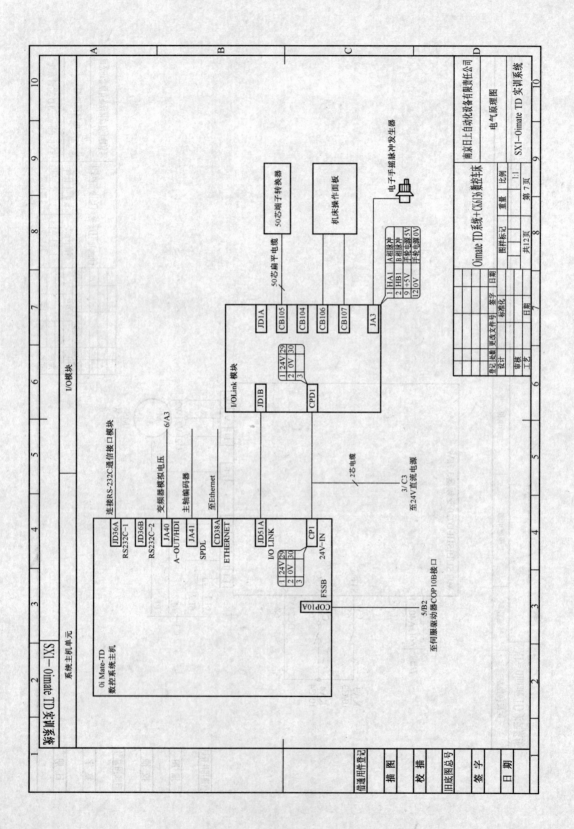

数控系统 0i mate-TD

I/O模块

系统主机单元

Oi Mate-TD
数控系统主机

连接RS-232C通信接口模块
RS232C-1   JD36A
RS232C-2   JD36B
变频器模拟电压   JA40   6/A3
A-OUT/HDI
主轴编码器   JA41
SPDL
至Ethernet   CD38A
ETHERNET
I/O LINK   JD51A
1 24V 29
2 0V 30
3
24V-IN   CP1
FSSB
COP10A   至同服驱动器COP10B接口   5/B2

50芯端子转换器

机床操作面板

电子手摇脉冲发生器

I/OLink 模块
JD1A
CB105
CB104
CB106
CB107

JD1B
1 24V 29
2 0V 30
3
CPD1

50芯扁平电缆

JA3
1 HA1 A相脉冲
2 HB1 B相脉冲
9 +5V 手柜电源 5V
12 0V 手柜电源 0V

2芯电缆
3/ C3
至24V直流电源

南京日上自动化设备有限责任公司

电气原理图

Oimate TD 系统+CK6136数控车床

SX1-Oimate TD 实训系统

图样标记   重量   比例
1:1
共12页   第 7 页

皂记 处数 更改文件号 签字 日期
设计   标准化
审核   日期
工艺

借用件样登记
描图
校描
旧底图总号
签字
日期

310

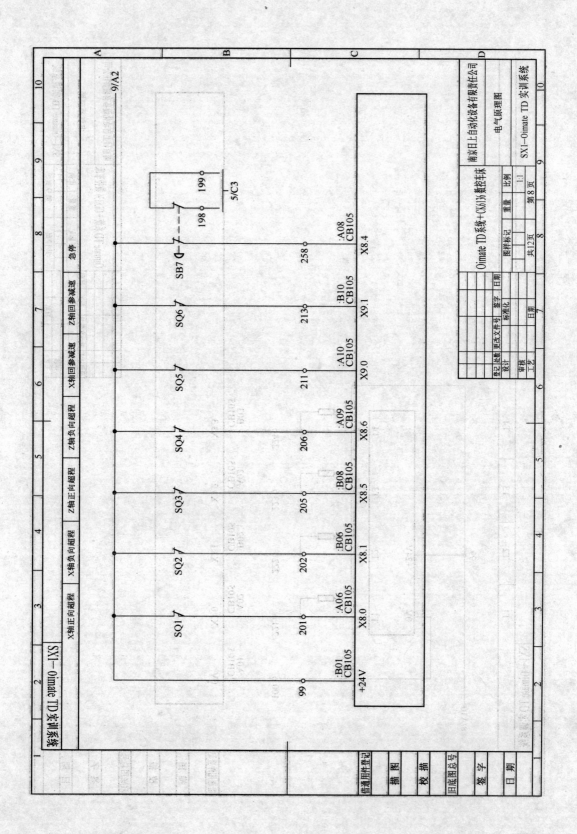

311

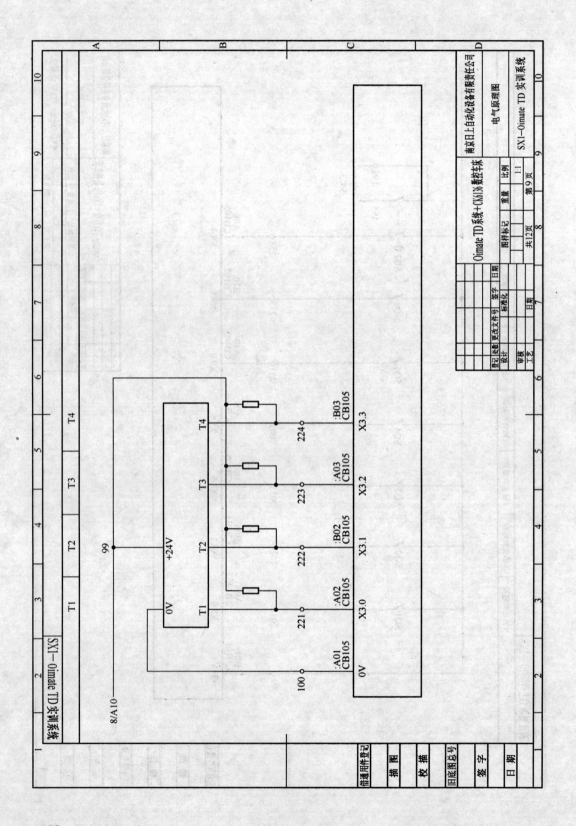

312

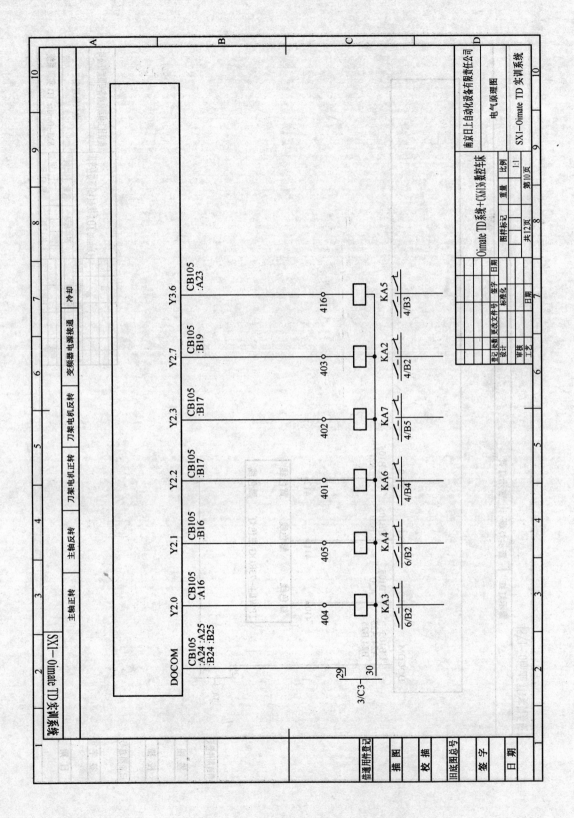

SX1-0imate TD实训系统

	主轴正转	主轴反转	刀架电机正转	刀架电机反转	变频器电源接通	冷却

DOCOM

CB105
:A24 :A25
:B24 :B25

Y2.0
CB105
:A16

Y2.1
CB105
:B16

Y2.2
CB105
:B17

Y2.3
CB105
:B17

Y2.7
CB105
:B19

Y3.6
CB105
:A23

29

30

3/C3

404

405

401

402

403

416

KA3
6/B2

KA4
6/B2

KA6
4/B4

KA7
4/B5

KA2
4/B2

KA5
4/B3

南京日上自动化设备有限责任公司

电气原理图

SX1-0imate TD 实训系统

0imate TD 系统+CK6136数控车床		比例	1:1
		重量	
	图样标记	图样标记	
第10页	共12页		

登记处
更改文件号 签字 日期
设计
审核
工艺
标准化

签字
日期

借通用件登记
描图
校描
旧底图总号
签字
日期

313

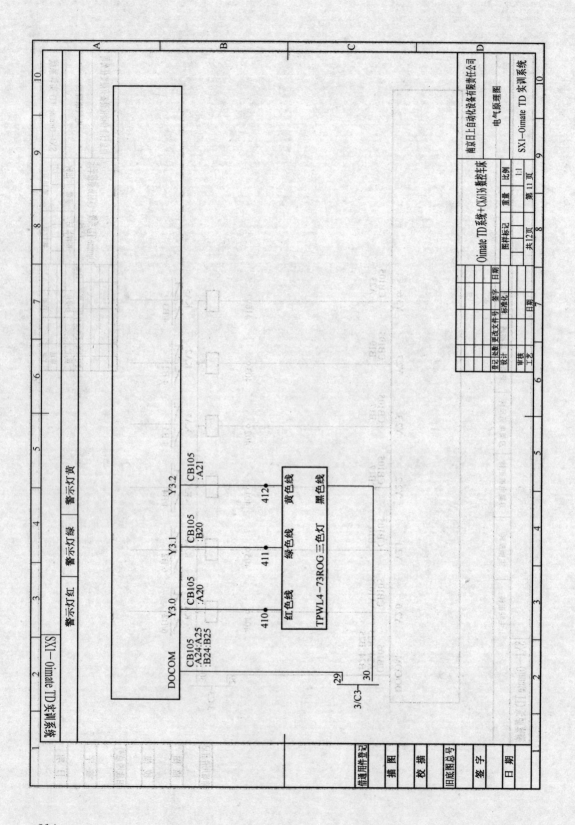

314

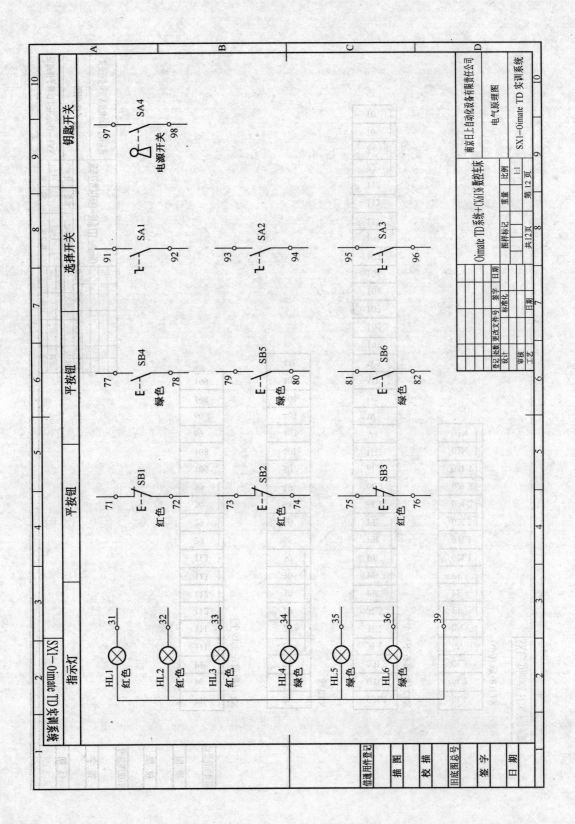

SX1—0imate TD 实训系统

指示灯	平按钮	平按钮	选择开关	钥匙开关

HL1 红色 31
HL2 红色 32
HL3 红色 33
HL4 绿色 34
HL5 绿色 35
HL6 绿色 36
39

71 SB1 红色 72
73 SB2 红色 74
75 SB3 红色 76

77 SB4 绿色 78
79 SB5 绿色 80
81 SB6 绿色 82

91 SA1 92
93 SA2 94
95 SA3 96

97 SA4 98
电源开关

登记	处数	更改文件号	签字	日期			0imate TD 系统+CK6136 数控车床
设计					图样标记	重量	比例
审核			标准化				1:1
工艺			日期		共12页	第12页	

南京日日自动化设备有限责任公司

电气原理图

	借通用件登记			
	描图			
	校描			
	旧底图总号			
	签字			
	日期			

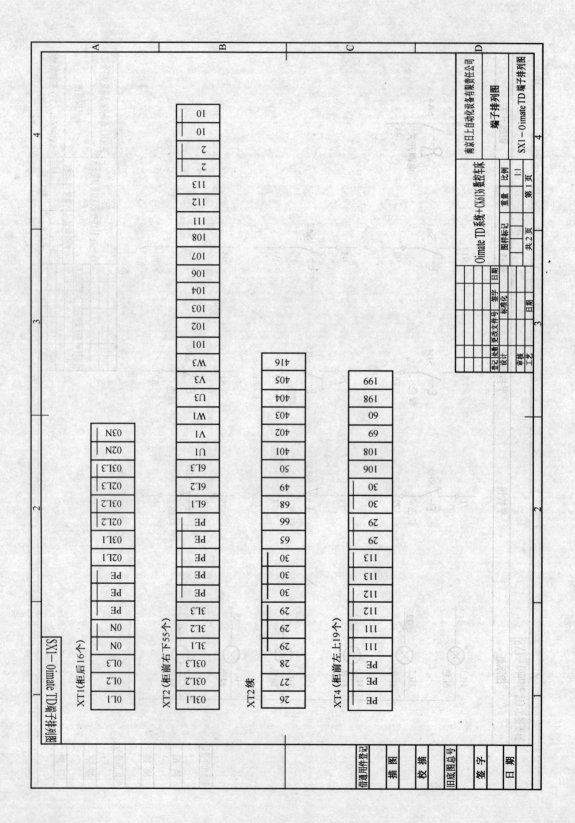

SX1-0imate TD端子排列图

南京日上自动化设备有限责任公司

Oimate TD系统+CK0136数控车床

端子排列图

SX1-0imate TD端子排列图

比例 1:1

重量

图样标记

共2页　第1页

XT1(柜后16个)
| 0L1 |
| 0L2 |
| 0L3 |
| 0N |
| 0N |
| PE |
| PE |
| PE |
| PE |
| 02L1 |
| 03L1 |
| 02L2 |
| 03L2 |
| 02L3 |
| 03L3 |
| 02N |
| 03N |

XT2(柜前右下55个)
| 03L1 |
| 03L2 |
| 03L3 |
| 3L1 |
| 3L2 |
| 3L3 |
| PE |
| PE |
| PE |
| PE |
| 6L1 |
| 6L2 |
| 6L3 |
| U1 |
| V1 |
| W1 |
| U3 |
| V3 |
| W3 |
| 101 |
| 102 |
| 103 |
| 104 |
| 106 |
| 107 |
| 108 |
| 111 |
| 112 |
| 113 |
| 2 |
| 2 |
| 10 |
| 10 |

XT2续
| 26 |
| 27 |
| 28 |
| 29 |
| 29 |
| 30 |
| 30 |
| 30 |
| 65 |
| 66 |
| 68 |
| 49 |
| 50 |
| 401 |
| 402 |
| 403 |
| 404 |
| 405 |
| 416 |

XT4(柜前左上19个)
| PE |
| PE |
| PE |
| 111 |
| 111 |
| 112 |
| 112 |
| 113 |
| 113 |
| 29 |
| 29 |
| 30 |
| 30 |
| 106 |
| 108 |
| 69 |
| 09 |
| 198 |
| 199 |

借用件登记
描图
校描
旧底图总号
签字
日期

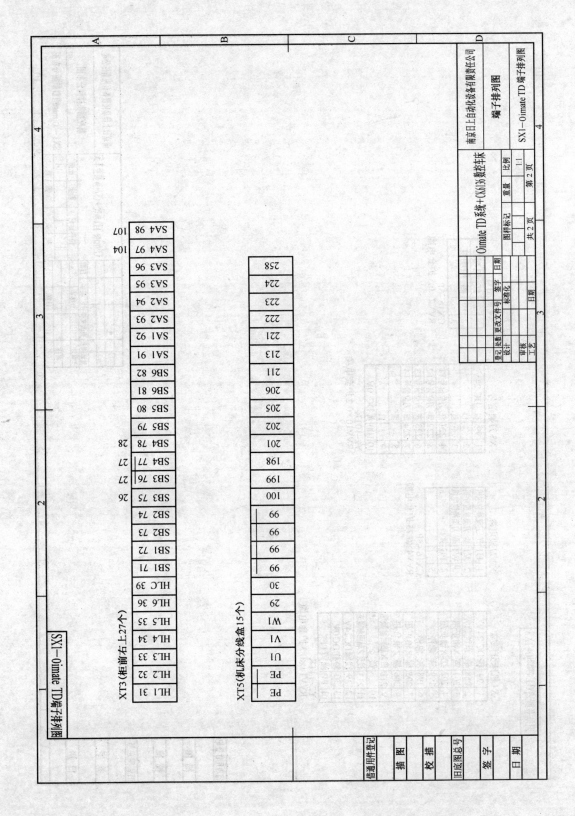

SX1—0imate TD端子排列图

XT3(柜前右上27个)

107	SA4 98		
104	SA4 97		
	SA3 96		
	SA3 95		
	SA2 94		
	SA2 93		
	SA1 92		
	SA1 91		
	SB6 82		
	SB6 81		
	SB5 80		
	SB5 79		
28	SB4 78		
27	SB4 77		
27	SB3 76		
26	SB3 75		
	SB2 74		
	SB2 73		
	SB1 72		
	SB1 71		
	HLC 39		
	HL6 36		
	HL5 35		
	HL4 34		
	HL3 33		
	HL2 32		
	HL1 31		

XT5(机床分线盒15个)

258
224
223
222
221
213
211
206
205
202
201
198
199
100
99
99
99
99
30
29
W1
V1
U1
PE
PE

南京日上自动化设备有限责任公司

端子排列图

SX1—0imate TD端子排列图

Oimate TD系统+CK6136 数控车床

比例 1:1　重量

第 2 页　共 2 页

图样标记

登记	处数	更改文件号	签字	日期
设计				
标准化			日期	
审核				
工艺				

借通用件登记　描图　校描　旧底图总号　签字　日期

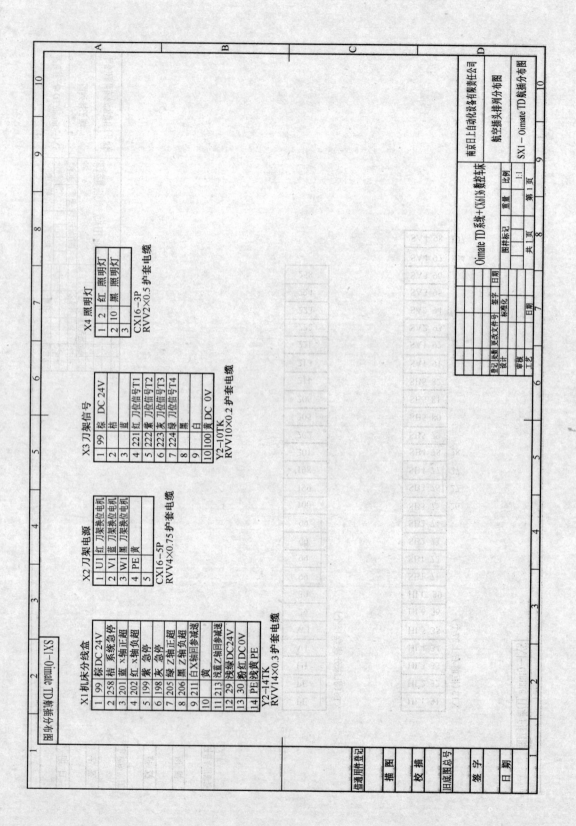

X1 机床分线盒

1	99	棕	DC 24V
2	258	棕	系统急停
3	201	蓝	x轴正超
4	202	红	x轴负超
5	199	紫	急停
6	198	灰	急停
7	205	绿	Z轴正超
8	206	黑	Z轴负超
9	211	白	X轴回参减速
10		黄	
11	213	浅蓝	Z轴回参减速
12	29	浅绿	DC24V
13	30	粉红	DC0V
14	PE	浅黄	PE

Y2-14TK RVV14×0.3 护套电缆

X2 刀架电源

1	U1	红	刀架换位电机
2	V1	蓝	刀架换位电机
3	W1	黑	刀架换位电机
4	PE	黄	
5			

CX16-5P RVV4×0.75 护套电缆

X3 刀架信号

1	99	棕	DC 24V
2		桔	
3		蓝	
4	221	红	刀位信号T1
5	222	紫	刀位信号T2
6	223	灰	刀位信号T3
7	224	绿	刀位信号T4
8		黑	
9		白	
10	100	黄	DC 0V

Y2-10TK RVV10×0.2 护套电缆

X4 照明灯

1	2	红	照明灯
2	10	黑	照明灯
3			

CX16-3P RVV2×0.5 护套电缆

南京日上自动化设备有限责任公司

Oimate TD 系统+CK6136 数控车床

航空插头列分布图

SX1-Oimate TD 航插分布图

				图样标记		重量	比例 1:1
标记	处数	更改文件号	签字	日期			第1页 共1页
设计					标准化		
审核							
工艺				日期			

借通用件登记

描图

校描

旧底图总号

签字

日期

318

附录5 XH7132加工中心电气原理图

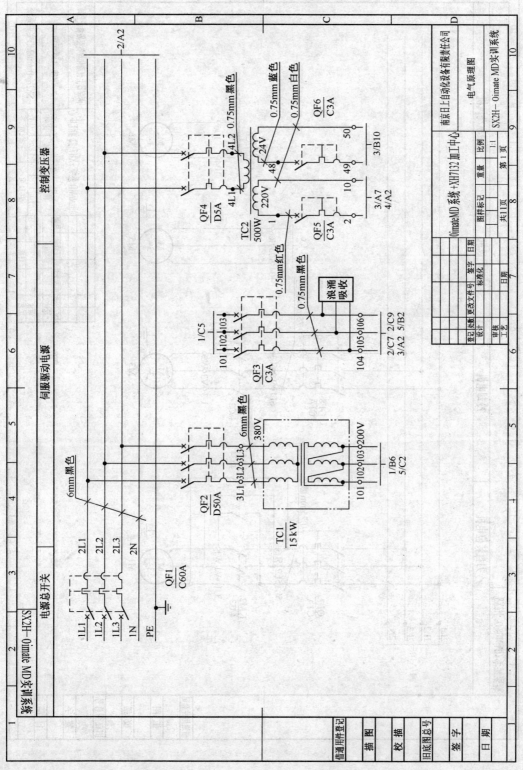

319

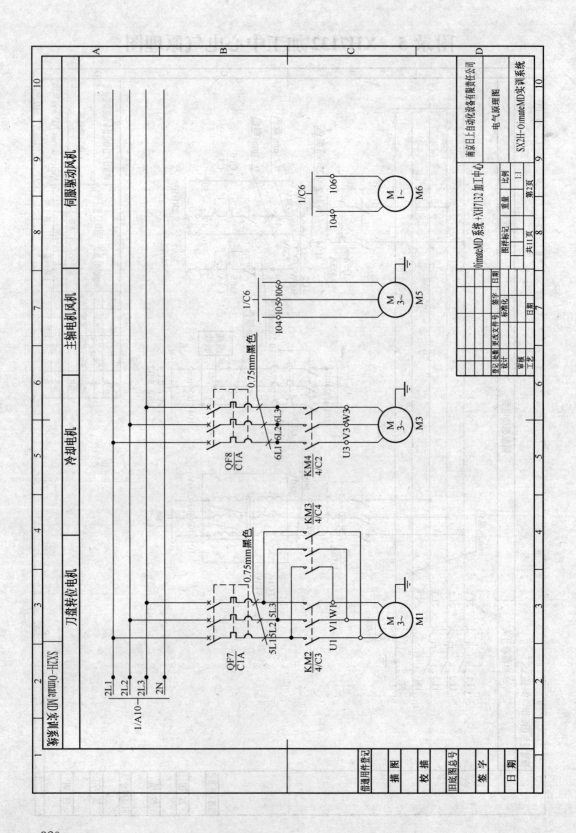

320

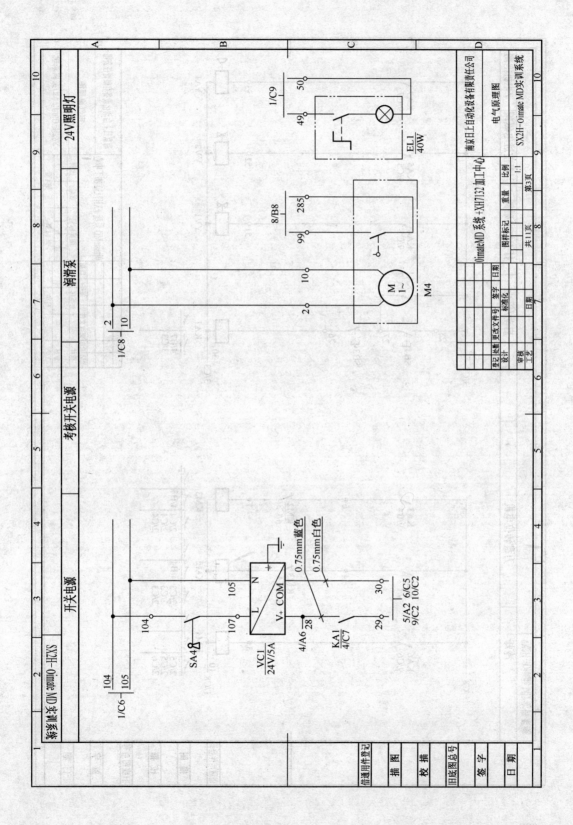

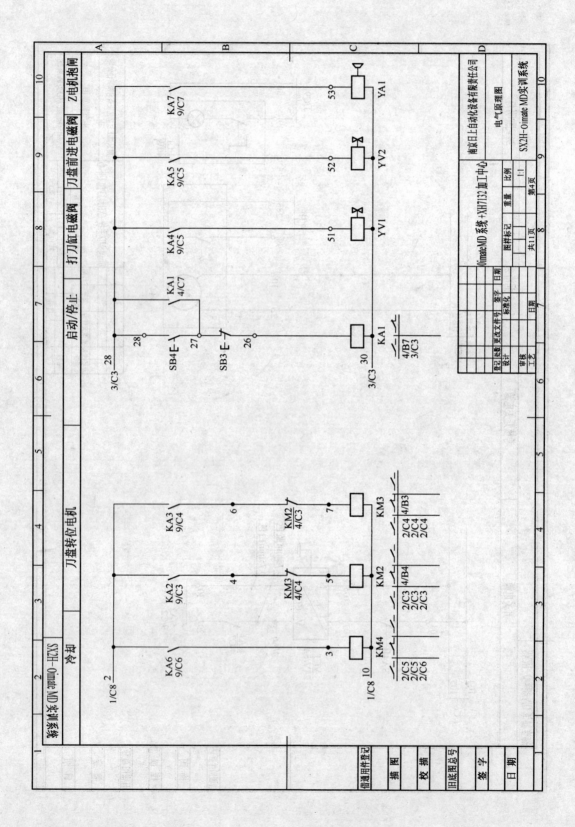

322

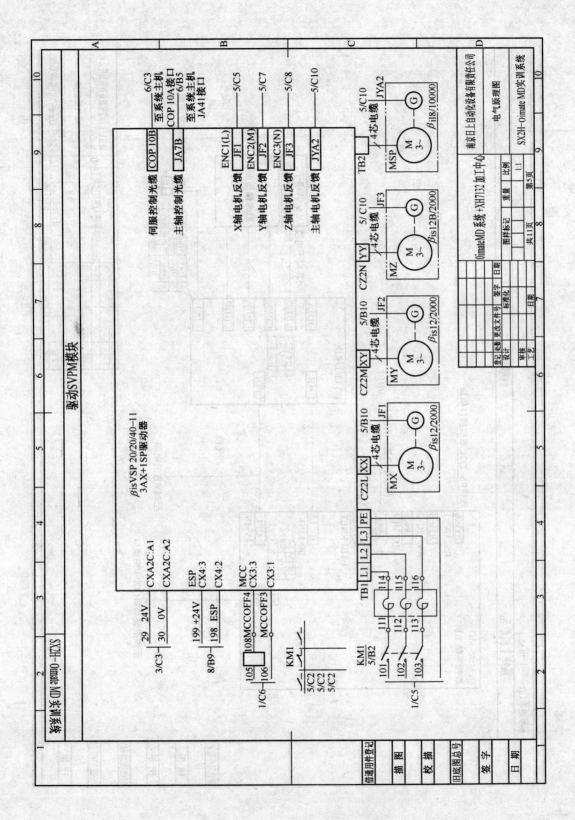

SX2H-0imate MD实训系统

驱动SVPM模块

βisVSP 20/20/40-11
3AX+1SP驱动器

伺服控制光缆	COP 10B	6/C3 至系统主机
主轴控制光缆	JA7B	COP 10A接口 6/B5 至系统主机 JA41接口
X轴电机反馈	ENC1(L) JF1	5/C5
Y轴电机反馈	ENC2(M) JF2	5/C7
Z轴电机反馈	ENC3(N) JF3	5/C8
主轴电机反馈	JYA2	5/C10

CXA2C:A1 29 24V 3/C3
CXA2C:A2 30 0V

ESP 199 +24V 8/B9
CX4:3 198 ESP
CX4:2

MCC 105 108MCCOFF4
CX3:3 106 MCCOFF3 1/C6
CX3:1

KM1
5/C2
5/C2
5/C2

KM1
5/B2
101
102
103 1/C5

TB1 L1 L2 L3 PE

I11
I12
I13

I14
I15
I16

CZ2L XX
MX M 3~ G βis12/2000 JF1 5/B10 4芯电缆

CZ2M XY
MY M 3~ G βis12/2000 JF2 5/B10 4芯电缆

CZ2N YY
MZ M 3~ G βis12B/2000 JF3 5/C10 4芯电缆

TB2
MSP M 3~ G βii8/10000 JYA2 5/C10 4芯电缆

0imateMD 系统 +XH7132 加工中心
南京日上自动化设备有限责任公司
电气原理图
SX2H-0imate MD实训系统

登记	处数	更改文件号	签字	日期		比例		第5页
设计					标准化	1:1		
审核					工艺	重量		共11页

借通用样登记	
描图	
校描	
旧底图总号	
签字	
日期	

323

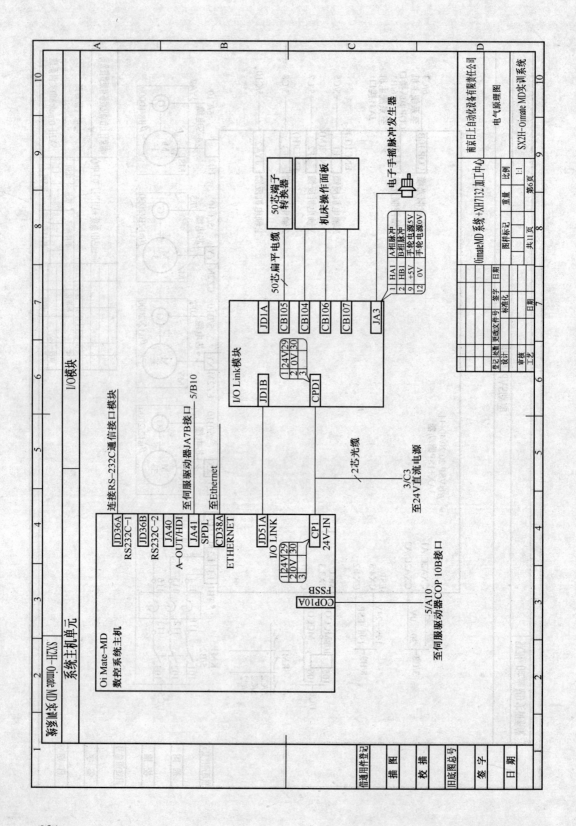

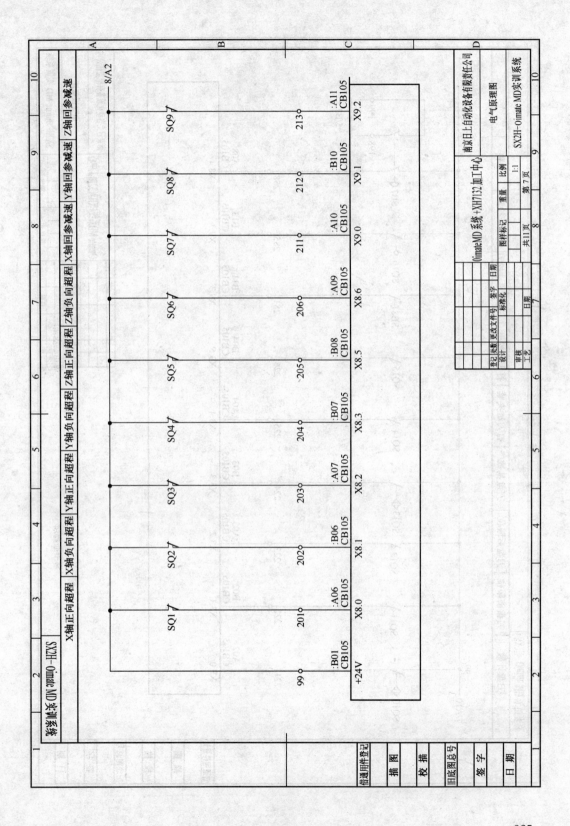

SX2H-Oimate MD实训系统

X轴正向超程 | X轴负向超程 | Y轴正向超程 | Y轴负向超程 | Z轴正向超程 | Z轴负向超程 | X轴回参减速 | Y轴回参减速 | Z轴回参减速

8/A2

SQ1 SQ2 SQ3 SQ4 SQ5 SQ6 SQ7 SQ8 SQ9

:B01   :A06   :B06   :A07   :B07   :B08   :A09   :A10   :B10   :A11
CB105 CB105 CB105 CB105 CB105 CB105 CB105 CB105 CB105 CB105

99   201   202   203   204   205   206   211   212   213

+24V X8.0 X8.1 X8.2 X8.3 X8.5 X8.6 X9.0 X9.1 X9.2

南京日上自动化设备有限责任公司

电气原理图

Oimate MD 系统 +XH7132 加工中心

SX2H-Oimate MD实训系统

标记	处数	更改文件号	签字	日期		比例	
设计		标准化			重量	1:1	
审核					共11页	第 7 页	
工艺			日期				

借通用件登记
描图
校描
旧底图总号
签字
日期

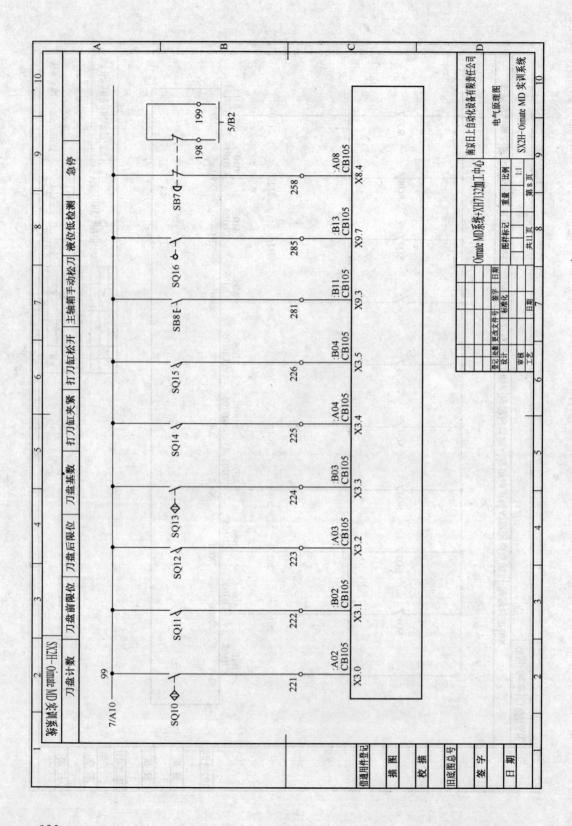

刀盘计数 | 刀盘前限位 | 刀盘后限位 | 刀盘基数 | 打刀缸夹紧 | 打刀缸松开 | 主轴箱手动松刀 | 液位低检测 | 急停

SX2H-Oimate MD系统参数

7/A10

SQ10　221　X3.0　:A02 CB105

SQ11　222　X3.1　:B02 CB105

SQ12　223　X3.2　:A03 CB105

SQ13　224　X3.3　:B03 CB105

SQ14　225　X3.4　:A04 CB105

SQ15　226　X3.5　:B04 CB105

SB8　281　X9.3　:B11 CB105

SQ16　285　X9.7　:B13 CB105

SB7　258　X8.4　:A08 CB105

198　199　5/B2

99

南京日上自动化设备有限责任公司

电气原理图

SX2H-Oimate MD 实训系统

Oimate MD系统+XH713加工中心

登记	处数	更改文件号	签字	日期			
设计					标准化		比例 1:1
审核							重量
工艺							第 8 页 共 11 页

借用件登记

描图

校描

旧底图总号

签字

日期

326

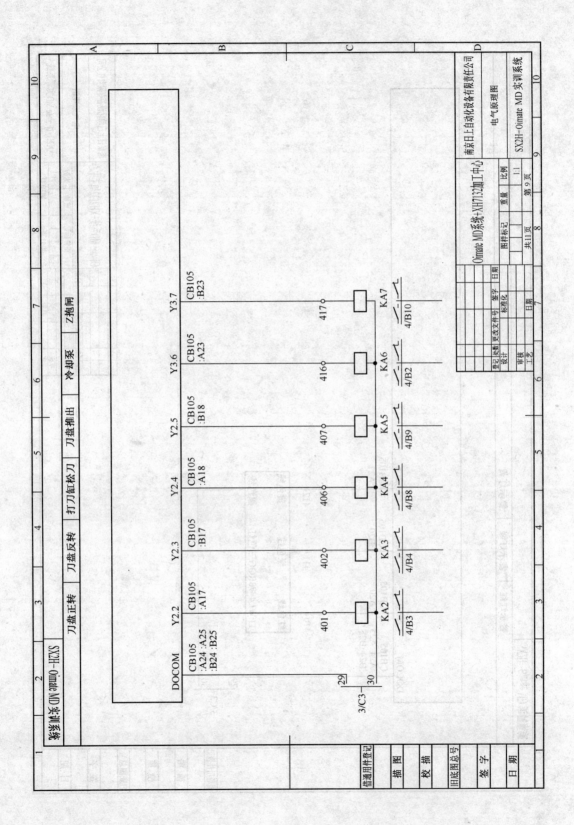

南京日自动化设备有限责任公司

电气原理图

SX2H-0imate MD 实训系统

Oimate MD系统+XH713加工中心

图样标记　比例　1:1

共11页　第9页

第11页　第9页

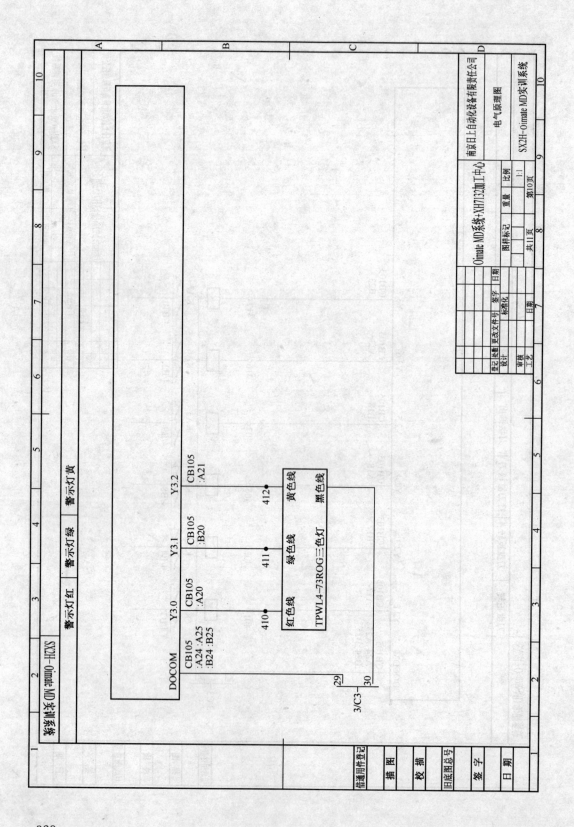

328

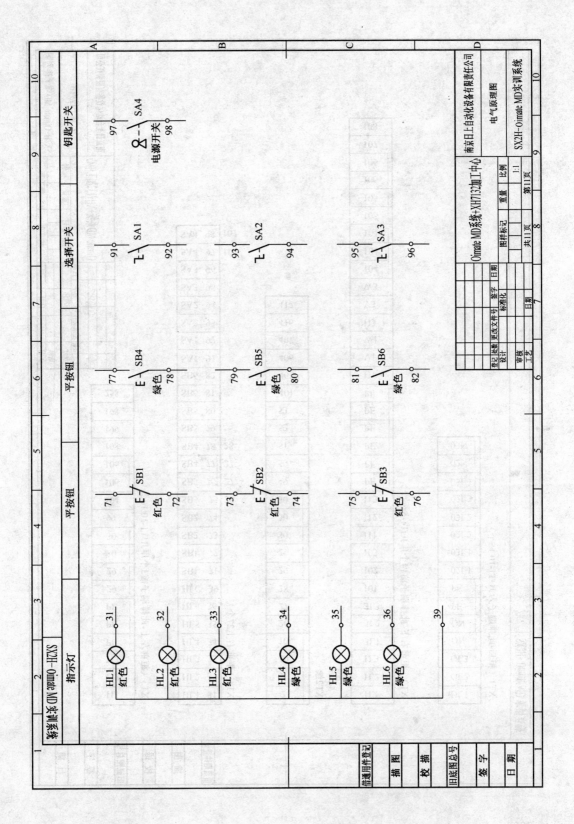

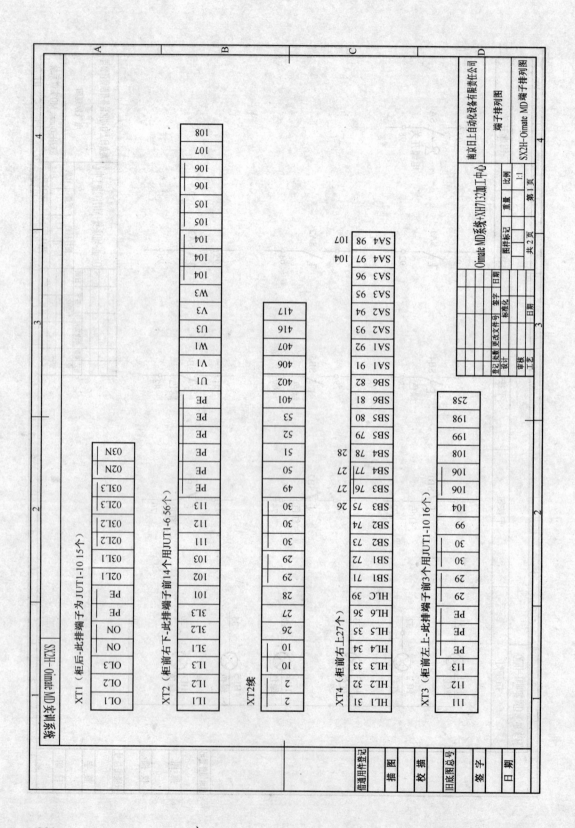

SX2H-Oimate MD 端子排列图

XT1（柜后-此排端子为 JUT1-10 15个）

XT2（柜前右下-此排端子14个用JUT1-6 56个）

XT2续

XT4（柜前右上27个）

XT3（柜前左上-此排端子前3个用JUT1-10 16个）

南京日上自动化设备有限公司

Oimate MD系统(XH713)加工中心

端子排列图

比例 1:1　重量　第1页　共2页

SX2H-Oimate MD 端子排列图

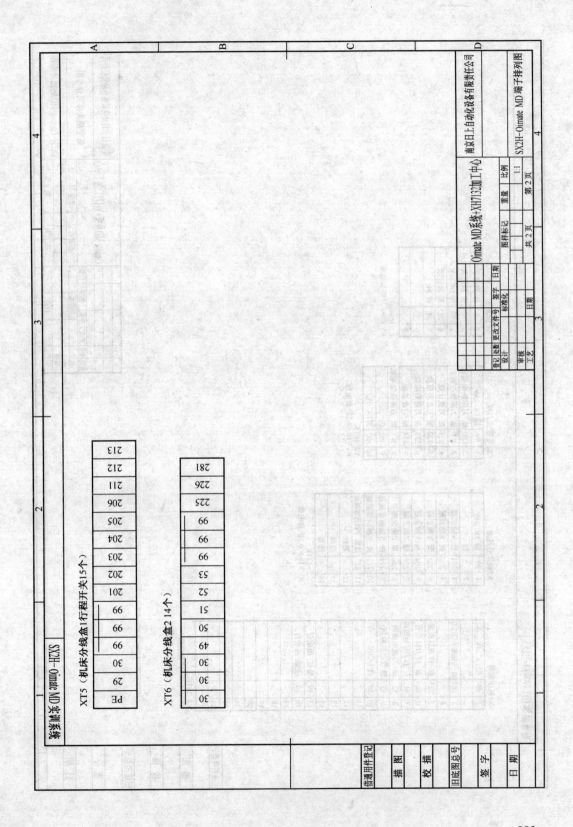

SX2H-Oimate MD 端子接线图

XT5（机床分线盒1行程开关15个）

PE	29	30	66	66	66	201	202	203	204	205	206	211	212	213

XT6（机床分线盒2 14个）

30	30	30	49	50	51	52	53	66	66	66	225	226	281

Oimate MD系统-XH7132加工中心　南京日上自动化设备有限责任公司

SX2H-Oimate MD 端子排列图

比例 1:1　重量　第2页　共2页

图样标记

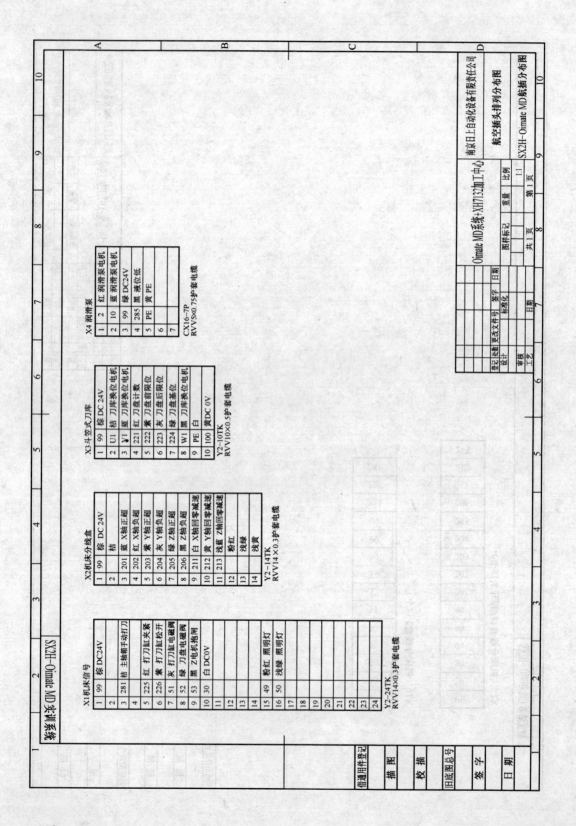

SX2H-Oimate MD系统原理图

X1机床信号

1	99	棕	DC24V
2			
3	281	桔	主轴箱手动打刀
4			
5	225	红	打刀缸夹紧
6	226	紫	打刀缸松开
7	51	灰	打刀盘电磁阀
8	52	绿	Z电机抱闸
9	53	蓝	Z电机抱闸
10	30	白	DC0V
11			
12			
13			
14			
15	49	粉红	照明灯
16	50	浅绿	照明灯
17			
18			
19			
20			
21			
22			
23			
24			

Y2-24TK
RVV14×0.3护套电缆

X2机床分线盒

1	99	棕	DC 24V
2		桔	
3	201	蓝	X轴正超
4	202	红	X轴负超
5	203	紫	Y轴正超
6	204	灰	Y轴负超
7	205	绿	Z轴正超
8	206	黑	Z轴负超
9	211	白	X轴回零减速
10	212	黄	Y轴回零减速
11	213	浅蓝	Z轴回零减速
12		粉红	
13		浅绿	
14		浅黄	

Y2-14TK
RVV14×0.3护套电缆

X3斗笠式刀库

1	99	棕	DC 24V
2	U1	桔	刀库换位电动机
3	V1	蓝	刀库换位电动机
4	221	红	刀盘计数
5	222	紫	刀盘前限位
6	223	灰	刀盘后限位
7	224	绿	刀盘基位
8	W1	黑	刀库换位电机
9	PE	白	
10	100	黄	DC 0V

Y2-10TK
RVV10×0.5护套电缆

X4润滑泵

1	2	红	润滑泵电机
2	10	蓝	润滑泵电机
3	99	绿	DC24V
4	285	黑	液位低
5	PE	黄	PE
6			
7			

CX16-7P
RVV5×0.75护套电缆

南京日上自动化设备有限责任公司

Oimate MD系统+XH713加工中心

航空插头列分布图

SX2H-Oimate MD航插布分布图

标记	处数	更改文件号	签字	日期				
设计					标准化		比例	1:1
审核						图样标记	重量	
工艺			日期		共1页	第1页		

借通用件登记

描图

校描

旧底图总号

签字

日期

参 考 文 献

[1] 杨克冲,陈吉红,郑小年. 数控机床电气控制[M]. 武汉:华中科技大学出版社,2005

[2] 吴文龙,王猛. 数控机床控制技术基础——电气控制基本常识[M]. 北京:高等教育出版社,2004

[3] 袁维义. 电机及电气控制[M]. 北京:化学工业出版社,2006

[4] 刘永久. 数控机床故障诊断与维修技术[M]. 北京:机械工业出版社,2006

[5] 郑小年,杨克冲. 数控机床故障诊断与维修[M]. 武汉:华中科技大学出版社,2005

[6] 潘海丽. 数控机床故障分析与维修[M]. 西安:西安电子科技大学出版社,2006

[7] 韩鸿鸾,荣维芝. 数控机床的结构与维修[M]. 北京:机械工业出版社,2004

[8] 周晓宏. 数控机床操作与维护技术[M]. 北京:人民邮电出版社,2006

[9] 中国机械工业教育协会. 数控机床及其使用维修[M]. 北京:机械工业出版社,2001

[10] 黄文广,邵泽强,韩亚兰. FANUC数控系统连接与调试[M]. 北京:高等教育出版社,2011